高等学校智能科学与技术/人工智能专业教材

科技史与方法论

梁洪亮　编著
韩力群　主审

U0378257

清华大学出版社
北京

内 容 简 介

本书在系统地介绍科学技术简史的基础上,重点介绍了人类在物质工具时代和能源工业时代已经发展出来、并经实践反复检验过的科学方法论,同时介绍了不同工具时代的基本科学问题及其对人们的科学世界观和科学方法论的影响方式和规律。本书的目标是让读者以史为鉴,用发展的眼光更好地认识和适应当前的信息工具时代,认清当今时代的基本科学问题,确立与之相适应的新的科学宇宙观,掌握与之相适应的科学方法论。

全书共分 4 个部分。第 1 部分(第 1,2 章)主要阐述科学技术、科技史以及方法论的基本概念并总体论述人类能力进化与扩展的规律。第 2 部分(第 3~5 章)分别阐述人的能力的扩展过程和科学技术的发展历程以及其中的方法论。第 3 部分(第 6,7 章)着重讲述信息科学技术和智能科学技术的发展及其方法论。第 4 部分(第 8 章)对未来科学技术发展进行思考和展望。每章后均附有思考题。

本书适合作为高等院校高年级本科生、研究生的教材,同时可供从事创新研究的科技工作者和研究人员参考。

本书封面贴有清华大学出版社防伪标签,无标签者不得销售。

版权所有,侵权必究。举报:010-62782989,beiqinquan@tup.tsinghua.edu.cn。

图书在版编目(CIP)数据

科技史与方法论/梁洪亮编著. --北京:清华大学出版社,2016(2023.7重印)

全国高等学校智能科学与技术专业规划教材

ISBN 978-7-302-44996-6

Ⅰ. ①科… Ⅱ. ①梁… Ⅲ. ①科学技术-技术史-世界-高等学校-教材②科学方法论-高等学校-教材 Ⅳ. ①N091 ②G304

中国版本图书馆 CIP 数据核字(2016)第 216150 号

责任编辑:张 玥 战晓雷
封面设计:常雪影
责任校对:李建庄
责任印制:丛怀宇

出版发行:清华大学出版社
　　　网　　　址:http://www.tup.com.cn,http://www.wqbook.com
　　　地　　　址:北京清华大学学研大厦 A 座　　　　　　邮　　编:100084
　　　社 总 机:010-83470000　　　　　　　　　　　　　邮　　购:010-62786544
　　　投稿与读者服务:010-62776969,c-service@tup.tsinghua.edu.cn
　　　质量反馈:010-62772015,zhiliang@tup.tsinghua.edu.cn
　　　课件下载:http://www.tup.com.cn,010-62795954
印 装 者:三河市龙大印装有限公司
经　　销:全国新华书店
开　　本:185mm×260mm　　　印　张:15.25　　　字　　数:368 千字
版　　次:2016 年 10 月第 1 版　　　　　　　　　　　印　　次:2023 年 7 月第 5 次印刷
定　　价:55.00 元

产品编号:066574-02

全国高等学校智能科学与技术专业规划教材

 编审委员会

顾　问：涂序彦　何华灿　韩力群

主　任：钟义信

副主任：蔡自兴　卢先和　邓志鸿

秘书长：王万森

委　员：(按姓名拼音排序)

陈雯柏（北京信息科技大学）　　　　程　洪（电子科技大学）

党选举（桂林电子科技大学）　　　　何建忠（上海理工大学）

蒋川群（上海第二工业大学）　　　　焦李成（西安电子科技大学）

李绍滋（厦门大学）　　　　　　　　李晓东（中山大学）

李智勇（湖南大学）　　　　　　　　刘冀伟（北京科技大学）

刘丽珍（首都师范大学）　　　　　　彭　岩（首都师范大学）

申　华（大连东软信息学院）　　　　谭新全（青岛大学）

唐　琎（中南大学）　　　　　　　　唐　苑（中南民族大学）

王国胤（重庆邮电大学）　　　　　　王文庆（西安邮电大学）

王小捷（北京邮电大学）　　　　　　王艳红（沈阳工业大学）

许　林（南开大学）　　　　　　　　俞祝良（华南理工大学）

张　俊（大连海事大学）　　　　　　张　磊（河北工业大学）

张彦铎（武汉工程大学）

本书主审人：韩力群

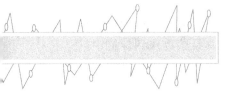 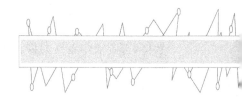

出 版 说 明

随着时代的发展和进步,以智慧地球、智能制造、智能城市等为信息化社会智能标志的智能化进程在稳步推进,智能机器人、互联网＋与各行各业的结合,在新的领域创造新的生态活动,使信息技术和传统产业形成生态融合。随着智能化时代的到来,智能科学与技术已经登上历史舞台,渗透到社会生活的各方面,在信息社会中扮演了极其重要的角色。

随着智能产业的快速发展,社会对智能科学与技术人才的需求不断增长,但我国的人才储备极度匮乏,远不能满足社会需求。为了加快智能科学与技术人才的培养速度,提高培养质量,为智能产业输送合格毕业生,2004 年,北京大学首次设立智能科学与技术本科专业,随后的十几年时间内,教育部又批准多所高等院校设立智能科学与技术专业,众多高校在本校现有一级学科下增设了智能科学与技术方面的二级学科,一个包括本科生、硕士生、博士生在内的智能科学技术教育体系逐步形成。

智能科学是 21 世纪现代科技的前沿和创新点,智能科学与技术是高等学校的年轻专业。对于该专业的培养模式、专业建设、课程教学、教材编写等,各校进行了探索和实践,但成熟的经验较少。在一年一度的全国智能科学技术教育暨教学学术研讨会上,中国人工智能学会教育工作委员会组织了一系列研讨活动,并与清华大学出版社开展了系列教材的编写合作,于 2013 年成立了"全国高等学校智能科学与技术专业规划教材编委会",由我国信息科学、人工智能专家,北京邮电大学钟义信教授担任编委会主任,智能控制、机器人学专家,中南大学蔡自兴教授和清华大学出版社卢先和编审担任编委会副主任,共同指导"全国高等学校智能科学与技术专业规划教材"的编写工作。编委会每年召开一次会议,认真研讨国内外高等院校智能科学与技术专业的教学体系和课程设置,制定了编委会工作简章、编写规则和注意事项,规划了核心课程和自选课程。经过编委会全体委员及专家的推荐和审定,本套丛书首批教材的作者应运而生,他们大多是在本专业领域有深厚学术积累的骨干教师,在科研的同时从事一线教学工作,有很深的研究功底和丰富的教学经验。

本套教材是国内智能科学与技术专业第一套较为完整的规划教材,具有以下特色:

(1) 体系结构完整,内容具有开放性和先进性,结构合理。

(2) 除满足智能科学与技术专业的教学要求外,还能够满足计算机、自动化等相关专业对智能科学与技术领域课程的教学需求。

(3) 既有核心课程教材,又有选修课程教材,内容丰富,特色鲜明。

（4）除主教材外，每本书还提供配套的多媒体电子教案、习题和实验指导等。

（5）紧跟科学技术的新发展，及时更新版本。

为了保证出版质量，满足教学需要，我们坚持成熟一本，出版一本的原则。对每一本教材，都要求作者努力将智能科学与技术领域的最新成果和成熟经验反映到教材中，还邀请了本专业专家学者对书稿进行审定，对符合规划要求的书稿提出修改意见和建议，以提高本套丛书的内容质量。热切期望广大教师和科研工作者加入我们的编写队伍，并欢迎广大读者对本系列教材提出宝贵意见，以便我们不断改进策划、组织、编写与出版工作，为我国智能科学与技术人才的培养做出更多的贡献。

我们的联系方式是：jsjjc_zhangy@126.com，联系人：张玥。

清华大学出版社

2016 年 5 月

 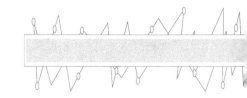

总　序

在"全国高等学校智能科学与技术专业规划教材"出版之际,编审委员会(以下简称编委会)愿借此机会阐明规划出版这套教材的学理构思。

信息化和智能化是人类社会发展的大趋势。信息化的发展正在日益走向成熟,智能化的发展正在成为关注的焦点。战胜国际象棋世界冠军的 Deeper Blue,战胜"危险边沿"问题抢答竞赛全美冠军的 Watson,以及战胜围棋世界冠军的 AlphaGo,都是智能科学技术突飞猛进的象征。

科技发展,人才必须先行。为了适应智能化的社会需求,我国高等学校设置了智能科学与技术本科专业。经过十多年的实践探索,各校在学科建设中积累了丰富的经验。在此基础上,编委会对本专业的教学计划和课程设置展开了深入分析,形成以下共识。

第一,注意到本专业的崭新性、高难性、重要性的特点,为了使那些刚刚脱离中学学习环境、初次踏进陌生而又神往的大学校门的莘莘学子真正学好这个专业,设置一门高屋建瓴而又深入浅出的"智能科学与技术导论"课程,在专业理念和学习规律两方面实施循循善诱的入门引导,是至关重要的举措。

第二,智能科学与技术的学科目的,是探索自然智能的机理,并根据自然智能机理的启示研究具有一定智能水平的机器。前者是自然智能研究,后者是机器智能(也称人工智能)研究,两者互相联系,相辅相成。因此,智能科学与技术专业直接需要的自然科学基础是"脑与认知科学基础"。

第三,当今时代面临越来越多复杂问题的挑战。复杂问题的共同特点是不仅存在随机型的不确定性,而且存在多种类型的不确定性因素。认识和克服这些不确定性因素所造成的影响,是智能科学与技术不可回避的特殊任务。因此,智能科学与技术专业需要掌握"不确定性数学基础"。

第四,完整的智能过程包括信息获取(传感)、信息传递(通信)、信息处理(计算)、知识生成(认知)、策略创建(决策)和策略执行(控制)。其中,作为核心智能过程的知识生成和策略创建是本专业的基本内涵。因此,设置"机器智能"来阐述核心智能的理论和方法就成为顺理成章的选择。

第五,由于智能奥秘本身所具有的基础性和深刻性,智能科学技术的研究注定需要科学研究方法论的指导,而且,智能科学技术的发展本身就是一部科学方法论的生动教材。因此,为了使本专业学生具有驾驭未来智能科学技术的创新意识,设置"科技史与方法论"的课程是富有远见的明智之举。

根据以上分析,编委会建议我国高等学校智能科学与技术专业的核心课程包括智能科学与技术导论(第一学期)、脑与认知科学基础(第三学期)、不确定性数学基础(第四学期)、机器智能(第五学期)、科技史与方法论(第六学期),它们是本专业教学的公共必修课程。当然,随着智能科学技术的发展,核心课程会相应地推陈出新。

深刻性,复杂性,源源不断的创新性,无处不在的广泛应用性,这些都是智能科学技术的基本特征。因此,除了核心课程教材,编委会还规划了一系列配套课程教材,如《自然语言理解》、《机器学习》、《智能决策》、《知识处理》、《智能机器人》和《智能游戏》等。编委会同时呼吁广大教师自主编写和推荐具有各校个性化特色的专业课程教材。

编委会对于本套教材的编写提出了以下要求,在取材范围上要符合课程定位,符合大纲要求;在内容上要强调体系性、开放性和前瞻性;在章节安排上要体现认识规律;在叙述方式上要引导读者积极思维;在文字风格上要采用规范语言,在语言格调上要亲和、清新、简练。

编委会相信,通过作者们的共同努力,编写好以上核心课程教材和丰富多彩的配套课程教材,就可以较好地满足智能科学与技术专业的教学需要,为培养高质量的智能科学与技术专门人才提供优良的服务。

饮水思源,在全国高等学校智能科学与技术专业规划教材问世之际,编委会对为这套教材的出版做出贡献的各有关方面表示崇高的敬意和衷心的感谢。

2001 年,中国人工智能学会及其教育工作委员会开始积极推动在我国高校设立智能科学与技术本科专业。2004 年,北京大学自设的本科专业开始招生。2005 年,国家教育部正式批准一批高校设立本专业。自此,智能科学与技术专业开始在祖国的大地上茁壮成长。

清华大学出版社对本系列教材的编辑出版给予了高度重视和大力帮助,主动与中国人工智能学会教育工作委员会开展合作,组织和支持了全国高等学校智能科学与技术专业规划教材的策划与编审委员会的组建和运转。

智能科学技术正处在迅速发展和不断创新的阶段。编委会真诚地希望,本套规划教材的出版不仅对我国高等学校智能科学与技术专业的学科建设发挥积极的作用,而且对世界智能科学技术的研究与教育做出积极的贡献。

同时,正因为智能科学技术处在快速发展的阶段,我国高校智能科学与技术专业还处在成长时期,本套教材难免存在错误和不足。为此,恳切希望广大读者对本套教材中的问题提出批评意见,以便我们不断改进和完善。

全国高等学校智能科学与技术专业规划教材编审委员会

2016 年 4 月

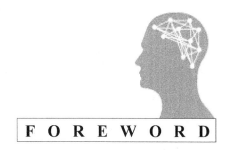

前　言

FOREWORD

　　正如培根在《论读书》中所述,"读史使人明智"。学习科技史可以帮助我们了解科学技术的发展历程,给我们以宝贵的启示。学习方法论可以帮助我们学会科学研究的方法,少走弯路,特别在面对复杂研究对象的时候,能够高瞻远瞩地发现问题,高屋建瓴地解决问题,始终把握住正确的前进方向。

　　方法是无形的指南针。本书主要目标是在讲述人类科技发展历史概要的基础上,着力探讨和总结其中蕴含和体现的方法论。

　　本书所持的主要观点是:科学技术是人类为了不断深入认识世界和改造世界从而改善自身生存发展环境与条件,在长期实践过程中发现、发明和积累的理论、方法和工具的体系。因此,科学技术的天然功能就是扩展人类认识世界和改造世界的能力(称为"辅人");而为了执行"辅人"的功能,科学技术就必须不断理解、模拟和扩展人类的能力(称为"拟人")。人类发展的历史表明,人类能力进化的宏观进程大体是"体质能力→体力能力→智力能力"交替成长而在总体上又协同发展的过程,因此,科学技术的宏观演进也大体是"物质科学技术→能量科学技术→信息科学技术"交替进步而在总体上又协同发展的过程。本书就是按照这个思想脉络向读者展示科学技术的发展以及驾驭这种发展的方法论的。

　　科技史是方法论的基础。恩格斯在评价黑格尔的研究方法时曾指出,"黑格尔的思维方式不同于所有其他哲学家的地方,就是他的思维方式有巨大的历史感作基础"。通过科技史的研究,可以总结出人类科学思维的发展过程。这个过程与每个科学工作者在作出某项科学发现时的科学认识过程是一致的。这是由黑格尔提出的逻辑与历史相统一的原则决定了的。黑格尔认为,生物个体的发生到成熟有一段胚胎发育过程,而这个过程是物种演化史的重演;个体的认识过程也是人类思维发展过程的重演。恩格斯在《自然辩证法》中曾对这种重演加以肯定。他说:"在思维的历史中,某种概念或概念关系(肯定和否定,原因和结果,实体和变体)的发展和它在个别辩证论者头脑中的发展的关系,正如某一有机体在古生物学中的发展和它在胚胎学中(或者不如说在历史中和个别胚胎中)的发展的关系一样。"

　　方法论是科技史的灵魂,源自科学技术活动又驾驭科学技术活动。科学方法论的研究,必须对科学史上重大科学理论的突破所伴随的科学方法以及重要科学家的思想方法进行总结。以狭义相对论的诞生为例,在爱因斯坦以前,洛伦兹与彭加勒在物理概念及数学形式上都十分接近狭义相对论,而他们却只能对牛顿理论修修补补,极力维护绝对时空的旧有框架。为什么只有爱因斯坦才能最后提出新理论呢? 这里就涉及了方法论的因素。爱因斯坦本人曾指出,休谟与马赫的怀疑方法对他影响极大,使他敢于对牛顿理论的庞大体系产生怀疑,并树立起推翻旧理论的信心。另外,斯宾诺莎的唯理论方法给了爱因斯坦建立新理论的具体方

前　言

法手段,他采用斯宾诺莎的方法建立了公理化的相对论理论体系。而且,爱因斯坦本人还在此基础上提出了具有方法论原理的逻辑简单性原则。

在科学史中,也不乏另一方面的事例。有些科学工作者恰恰由于他们没有掌握某些方法,以至于当真理已经碰到他们的鼻子尖时,却没有抓住。例如,丹麦天文学者第谷用了近三十年的时间精密地进行天文观测。他较好地掌握了经验认识的方法,工作勤奋,所以取得的天文观测数据不仅是大量的,而且也是极为精确的。例如,他在当时条件下对各种行星位置的观测误差不大于 $0.067°$。但是,第谷不善于运用理论思维的方法,因而他在理论上就没有多大建树。真正在理论上作出贡献的却是他的助手开普勒。开普勒善于理论思维,以逐步逼近的方式概括出行星运动三大定律。

上述的正反两方面的案例十分鲜明地显示出:掌握恰当的科学方法,是人们在科学研究活动中取得成就的必要条件。法国数学家、物理学家和哲学家笛卡儿说:"我可以毫不犹豫地说,我觉得我有很大的幸运,从青年时代以来,就发现了某些途径,引导我作了一些思考,获得一些公理,我从这些思考和公理形成了一种方法,凭借这种方法,我觉得自己有了依靠,可以逐步增进我的知识,并且一点一点把它提高到我的平庸的才智和短促的生命所能容许达到的最高点。"法国天文学家拉普拉斯在评价牛顿的科学成就时说:"理解一位科学巨人的研究方法,对于科学的进步……其意义并不小于发现本身。科学研究的方法经常是极富兴趣的部分。"爱因斯坦说:"科学要是没有认识论——如果真的可以这么设想——就是原始的混乱的东西。"这些论述都是他们从事科学研究活动的体会。可以看出,在他们的心目中科学方法占据着十分重要的地位。

进一步可以认识到,科技史是方法论的历史素材,方法论是科技史的思想脉络,两者互相作用,相辅相成,不可分割。没有科技史的方法论是抽象而空洞的教条,没有方法论的科技史则是枯燥而繁杂的史料。只有以方法论的思想脉络把科技史的资料素材贯穿组织起来,才能从眼花缭乱的科技发展史实中梳理和提炼出指导科技发展的重要规律。

需要指出,方法论并不是一种孤立封闭的理论,相反,方法论一方面是人们世界观(科学观)的体现,另一方面也是研究对象性质的反映。方法论也不是一种静止不变的理论,它会随着研究对象的发展而发展,也会随着科学观的深化而深化。因此,在长期的科学技术发展历史过程中,人们总结了丰富多彩的方法论:既有通用性的方法论,也有专门领域的方法论;既有物质科学的方法论,也有信息科学的方法论,如此等等。

当今时代,信息科学技术迅速崛起,而信息科学技术又和物质科学技术有质的区别,因而需要新的科学方法论指导;智能科学技术是信息科学的核心、前沿和制高点,更加需要新的科

前　言

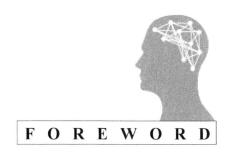

FOREWORD

学方法论的引领。因此,对于信息和智能科学技术领域的人们来说,认真学习和研究科技史与方法论就具有特别重要的意义。也正是这种社会需求,成为我写作本书的强大动力。

本书中,科学技术的使命、演进和前景,人类能力进化与扩展的规律,全信息理论等内容均出自钟义信教授的研究成果,特此对钟教授表示感谢。

作　者
2016 年 7 月

CONTENTS

目 录

目 录

CONTENTS

CONTENTS

目 录

目　录

CONTENTS

C O N T E N T S

目　录

第1章 基本概念

本章学习目标

- 掌握科学技术的含义。
- 了解科学技术的使命、演进和前景。
- 掌握科技史与方法论的含义及关系。
- 了解学习科技史与方法论的意义。

什么是科学技术？什么是科技史？什么是方法论？这些是本书所需要的基础概念。本章将分别对科学技术、科技史、方法论的含义作简要的介绍，并阐明科技史与方法论两者之间的关系。

1.1 科学技术的含义

虽然人们常常把"科学"和"技术"连起来，读作"科学技术"，并且有时候简称为"科技"，但是，实际上，"科学"与"技术"是两个不同的概念，它们既有区别又有联系，科学和技术的内涵也在不断地充实，两者之间的联系越来越紧密，相互作用，相互依存，相互渗透，共同为人类提供服务。

1.1.1 科学

"科学"一词在人们的工作和生活中经常遇到，那什么是科学呢？"科学"这个词是如何出现的呢？

"科学"一词最早源于拉丁文的 Scio，后来演变为 scientia，其本意是学问、知识。英文中的 science、德文中的 Wissenchaft 和法文中的 Scientia 也都与科学通用，主要指的是"知识"的意思。

关于"科学"在中国的出现，可以追溯到我国春秋时期。在那时，人们并不称之为"科学"。在春秋时期的《礼记·大学》一书中，就有"致知在格物，格物而后知之"的名言，意思是只有推究事物的道理，解决实际问题，才能求得知识。后来，历史学家就使用"格物致知"这个词，用"格物致知"来表达实践出真知的概念，日本转译为"致知学"。我国在清代也曾经把

物理、化学等西方自然学科称为"格致"。

"科学"这个词的真正出现是在明治维新时期,日本著名科学家、启蒙大师、教育家福泽谕吉把 Science 译为"科学",先在日本广为应用。甲午海战以后,中国掀起了学习近代西方科技的高潮,清末主要通过近代化之路上走在前面的日本学习近代科学技术。1893 年,康有为(1858—1927)在翻译介绍日本的书目《日本书目志》中列举《科学入门》《科学之原理》等书目时首先使用了"科学"二字,随后,科学理论翻译家严复(1853—1921)在翻译《天演论》和《原富》等科学著作时,也将 Science 译为"科学"。随后,"科学"这个词开始在中国应用。辛亥革命时期,中国人使用"科学"一词的频率逐渐增多,出现了"科学"与"格致"两词并存的局面。在民国时期,通过中国科学社的科学传播活动,"科学"一词才取代"格致","科学"正式成为专用名词。

在中国,教科书上一般将科学分为自然科学(或称为理科)和社会科学(或称为文科)。而诸如心理学、哲学(有别于科学)在中国与自然科学、社会科学等概念被认为存在划分不清、界限模糊的情况。因而"科学"一词常被模糊地使用。工程学科称为工科,理科和工科合成理工科,而文科和理科又合称文理科。

关于"科学"这个词的定义,历史上曾出现过多种版本,但是目前为止还没有一个是世人公认的定义。

德国著名哲学家弗里德里希·威廉·尼采(Friedrich Wilhelm Nietzsche,1844—1900)认为人们容易忘记,科学其实是一种社会的、历史的和文化的人类活动,它是发现而不是发明不变的自然规律。某些后现代主义哲学家,像费耶阿本德(P. Feyerabend,1924—1994)和理查德·罗蒂(Richard Rorty,1931—2007),也认为,落入科学主义窠臼是愚蠢的——科学主义相信科学能最终解决所有人类问题,或者发现在我们感觉经验到的日常世界背后的某些真实世界的隐藏。

历史上达尔文(Charles Robert Darwin,1802—1889)也曾给"科学"下过一个定义:"科学就是整理事实,从中发现规律,做出结论。"达尔文的定义指出了科学的内涵,即事实与规律。科学要发现人所未知的事实,并以此为依据,实事求是,而不是脱离现实的纯思维的空想。至于规律,则是指客观事物之间内在的本质的必然联系。因此,科学是建立在实践基础上,经过实践检验和严密逻辑论证的、关于客观世界各种事物的本质及运动规律的知识体系。

此外,在许多图书中也出现科学的各种定义。《辞海》1979 年版把科学定义为"科学是关于自然界、社会和思维的知识体系,它是适应人们生产斗争和阶级斗争的需要而产生和发展的,它是人们实践经验的结晶"。《辞海》1999 年版的定义是"科学:运用范畴、定理、定律等思维形式反映现实世界各种现象的本质的规律的知识体系"。法国《百科全书》的定义是:"科学首先不同于常识,科学通过分类,以寻求事物之中的条理。此外,科学通过揭示支配事物的规律,以求说明事物。"前苏联《大百科全书》的定义是:"科学是人类活动的一个范畴,它的职能是总结关于客观世界的知识,并使之系统化。'科学'这个概念本身不仅包括获得新知识的活动,而且还包括这个活动的结果。"《现代科学技术概论》的定义是:"可以简单地说,科学是如实反映客观事物固有规律的系统知识。"

可以认为,科学是人类为了认识世界而创建的"关于自然和社会(因而也包括人类自身)

的本质及其运动规律"的开放性理论知识体系,它通过长期的社会实践而在人们头脑中反映和抽象出来,又经过长期的社会实践检验而得到确立和更新。[1]

　　显然,科学的本质是一个抽象的理论知识体系,是关于研究对象的本质及其运动规律的理论描述体系。它从研究对象中抽象出来,但又不等同于对象本身:对象是具体的,科学知识是抽象的;对象是客观存在的,科学知识是人类主观思维的产物,是对象的本质及其运动规律在人们头脑中抽象的反映。这种抽象是否正确,不仅在理论上要能够"自圆其说",不产生矛盾,更重要的是应当能够经受实践的检验。

　　这个知识体系是一个不断动态更新的开放体系。所谓开放体系,是指这个知识体系的内容和结构不是终极的和封闭的,而是随着时间推移而不断增长和发展;所谓动态更新,是指这个知识体系本身在演进过程中具有新陈代谢的特性,新鲜的知识会被补充进来,陈旧的知识会被淘汰出去;正确的知识会被确立,不完善的知识会被修正。这种现象在科学发展史上随时都在进行。人们印象最深刻的科学更新包括:达尔文的生物进化论取代了上帝造人说;哥白尼的太阳中心说取代了托勒密的地球中心说;爱因斯坦的狭义相对论修正了牛顿的经典力学理论等等。所有这些取代或修正都使科学向真理更加靠近了一步。

　　上述定义还表明,知识的形成是一个复杂的过程,至少需要经历两个基本的阶段,首先是在实践过程中有所发现和创造,然后是在实践过程中经历严格的检验和确证。有的发现和创造因为不能经受实践的检验而被否定和淘汰,有的发现和创造经过实践的检验而得到完善和确认。一切科学的真知都必然经得起客观实践的检验,能够在同样的实验条件下稳定地复现。反之,一切在同样实验条件下不能稳定地复现的东西都不能被承认为科学。

　　在科学研究活动中,会常常碰到这样的情形:一种新的正确的科学理论往往不能立即被学术界所认识和接受,特别当新的理论是被一些名不见经传的小人物提出来的时候,或者某种新的理论与原有的理论有矛盾的时候,这种排斥现象更为常见。在这种情况下,除了理论本身的检验(证明或证伪)之外,实践(实验)的检验变得更为重要。

　　根据认识论的原理可以判断,科学,作为这样形成的一种知识体系,不可能也不应该是一组一成不变的绝对真理,而只能是对自然和社会的本质及其发展规律的逐渐逼近的相对真理的体系。至于科学如何逐渐逼近真理,科学会朝什么具体方向发展,这是一个相当复杂的问题,只能在发展的过程中逐渐形成相对满意的回答。

　　一般而言,为了自身生存与发展的需要,人类必须密切关注周围世界的一切现象。科学就是人们观察、思考和认识世界的结果。而人们一旦关注周围变化无穷的世界,就会发现许多熟悉和更多不熟悉的事物,引起无穷无尽的兴趣和好奇。其中,有的好奇问题可能与当时人类的生存发展问题直接相关,有的则可能已经远远超出了当时人类的生存与发展问题。大体上可以认为,许许多多大大小小的科学发现都是人类的"好奇心"所引发的。所以,科学上所关注的问题范围比较广泛,领域比较开放,思想比较自由和前瞻。

　　但是,至少有一点可以肯定:科学也不是一种不受任何约束的"自由意志的创造"。实际上,科学的发展必然受到社会需求和已有知识状况的双重约束。这是因为,一方面,科学能够研究什么问题,受到当时人们所拥有的知识的约束,科学是规律的探索和发现,不是胡思乱想。另一方面,即使人们获得了某种科学发现和发明,如果社会根本没有产生这种需求,社会就不会加以关注,这种成果就很可能会被埋没或被遗忘。因此,无论何时,科学发展

一般都会受到社会需求和已有知识状况两方面的双重制约。当然，由于科学距离社会实践比较远（特别在古代和近代是如此），这种约束不是特别明显。但这在任何意义上都不能得出结论，认为科学不受约束。相反，科学的发展必然受到社会需求的牵引和已有知识状况的支撑。这是科学发展的一个重要的原理——"需求牵引与知识支撑"原理。

1.1.2 技术

技术通常被认为是为达到某种目的而用来改造世界的一切手段和方法。

技术的历史比科学更加悠久。技术的起源可以追溯到约西元前十万年前的燧石矛头，技术历史和人类一样久远。人类学家通过考古发现，很早之前的人类就会利用天然资源（如石头、树木、草木、骨头和其他动物副产品），经由刻、凿、刮、绕等简单的方式，将原料转变为有用的制品。可以认为，技术是伴随着人类而产生的。这一时期被称为石器时代。慢慢地，人类又掌握了火的使用，开始熟食，并且将火扩展到了天然资源的加工上，出现了新的加工品，如木炭和陶器等。随着人类掌握的技术越来越多，人类先后经历了青铜器时代、铁器时代、蒸汽时代、电气时代，一直到现在的信息时代。人类也越来越认识到技术的重要性。

对技术的本质和意义的深入思考始于古希腊哲学家亚里士多德，他把技术看作是制作的智慧。自从人们开始对技术这个事物进行反思时，人们就开始试图给技术下一个定义。到目前为止，技术的定义大致有以下几种：西蒙认为"技术是关于如何行事，如何实现人类目标的知识"。[2]邦格则认为技术是"为按照某种有价值的实践目的用来控制、改造和创造自然的事物、社会的事物和过程，并受到科学方法制约的知识的总和"。[2]埃吕尔认为，技术是"在一切人类活动领域中通过理性得到的就特定发展状况来说、具有绝对有效性的各种方法的整体"。[2]R.麦基也把技术定义为一种同科学、艺术、宗教、体育一样的具有创造性的、能制造物质产品和改造物质对象的、以扩大人类的可能性范围为目的的、以知识为基础的、利用资源的、讲究方法的、受到社会文化环境影响并由其实践者的精神状况来说明的活动。[2]皮特（J.Pitt）认为"技术是人类的活动""技术是一种人类行为""技术是一种文化活动"。[3]肯.芬柯把技术看作是"加工、处理、控制物质、能量、信息进而实现一定价值目的的过程。"[4]我国科学家也提出了一些观点。远德玉教授提出"技术是一个过程"的观点，并在他的许多著作中得到了全面的阐述。倪钢认为，技术就是特定的人、物质、能量、信息、社会文化的瞬间互动。[5]到17世纪，培根把技术当作操作性的学问来研究。18世纪法国百科全书派的狄德罗给技术下了一个在今天还被很多人使用的定义，他把技术看成是"为某一目的的共同协作组成的各种工具和规则体系"。实际上狄德罗同时提出了技术构成的四个要素：（1）目的性，即凡技术都是服从于某一目的而存在的；（2）规则性，技术的主要表现就是规则和技能；（3）"工具"性，技术的实现离不开设备和条件；（4）"体系"性，完整的技术和科学一样也是成套的知识系统。虽然以上几种技术的定义都不令人满意，但是它们在某些方面却也触及了技术的基本内涵，那就是对物质、能量和信息的变换。

技术的另一种表述是：技术是人类在长期社会实践过程中发明和改良的"用以改善人类认识世界和改造世界能力的方法和工艺的开放体系"。它最重要的特征是，利用各种资源制造各种工具，改善人类认识世界和改造世界的能力。它从实践过程中被人们总结出来，或在科学理论指导下被人们发明出来，经过实践的检验而得到确认和应用。[1]

对照科学的定义可以看出,科学所研究的是自然和社会的本质及其运动规律,是关于自然和社会本身的知识体系;技术的成果则是人类创造出来用以解决各种自然和社会问题的工具和方法体系。换句话说,科学的目的主要是为了帮助人们正确认识世界,技术的目的则不仅是为了帮助人们认识世界,也为了帮助人们改变和优化世界。

正因为如此,技术与科学不同,技术更加直接与人类生存发展的需要相关,更加直接与增强和扩展人类认识世界和改造世界的能力这一目标相关;而科学的目的则主要是为了认识世界。虽然,认识世界的重要目的也在于为了更好地改造世界,但是,认识世界的活动必然要比改造世界的活动更广阔、更自由、更前瞻。

技术通常有两种不同的存在形态:一是抽象的形态,一是具体的形态。抽象的形态只告诉人们应当怎么做,是一套操作的程序,称为技术方法;具体的形态则是各种可以实际操作的系统,称为技术工具。实际上,"技术方法"是技术的"软形态",而"技术工具"则是技术的"硬形态";"工具"是看得见、摸得着、用得上的系统,方法则好像是使用工具的成文或不成文的"说明书"。它们是技术的两种相辅相成的表现方式。

毫无例外,一切成功的技术工具都具有以下一些共同的特征:

(1) 它们都依据一定的科学原理(那怕是它的原始形态)来工作。

(2) 它们都由一定的资源(自然的或社会的)加工制成。

(3) 它们都能扩展人类某一(或某些)方面的能力。

这些共同特征表明,技术与科学有紧密的联系,因为,成功的工具系统必定具有一定的科学原理作依据。即便是从实践经验中总结和发明出来的新型技术工具,即便发明者本人并不是专门从事科学理论研究的科学家,只要所发明的工具是有效的,它也必定符合一定的科学原理或这种原理的经验形态。即使现成书本上还没有这种科学原理的表述,或者这种原理还没有被真正揭示出来,这个特征也依然正确,因为在这种情况下,很可能意味着这种新工具被创造的同时新的科学原理也被发现出来了。

这些共同特征也表明,任何工具都是利用一定的自然或社会资源按照某种科学原理加工制成的。没有资源的工具是"无源之水,无本之木",是"海市蜃楼",实际上是不可能存在的。资源,无论是自然资源还是社会资源,都是人类的"身外之物"。因此,任何技术工具都是利用身外之物加工制成的。

这些共同特征还表明,任何有效的技术工具都必须能够有效地扩展人类的某种(或某些)能力,否则,无论这种技术工具怎样灵巧精致,也没有实际的意义。当然,这种"能力扩展"的方式可以是直接的扩展,也可以是间接的扩展;扩展的程度可以是显性的扩展,也可以是隐性的扩展。

因此,技术工具的重要特点可以归结为"利用身外之物扩展人类自身能力"。

正因为技术是关于认识世界和改变(优化)世界的工艺方法体系,技术就与"认识世界和优化世界"的具体领域有密切的联系,它的分类也与所解决问题的领域相关联。比如,按照所解决问题的领域不同,技术可以分为解决工业问题的工业技术,解决农业问题的农业技术,解决国防问题的国防技术,类似的还有交通运输技术、商业贸易技术、教育技术、实验技术、医疗技术等等,并可以把每个领域的技术不断细分。另一方面,按照解决问题所用手段和工具性质的不同,技术也可以分为机械技术、电子技术、计算机技术、控制技术、自动化技

术、人工智能技术、生物技术等等。

1.1.3 科学与技术的关系

现在,人们常常把"科学技术"缩略为"科技"二字,用以称谓"科技事业""科技现代化""科技工作""科技人员"。实际上,"科学"与"技术"还是有区别的。从定义上看,科学与技术各有其内涵,但是两者并不是孤立的。从哲学角度来讲,科学与技术的关系是一种辩证统一关系,两者既有区别又有联系。

1. 科学与技术的区别

科学与技术的区别主要有以下几点。[6]

(1) 科学与技术起源时间不同。

科学要比技术出现的时间晚。技术是伴随着人类的出现而产生的,而科学则是在奴隶社会才初具雏形。技术是从生产、生活实践中直接起源,从人类开始学会利用天然材料时,技术就诞生了。这种技术最初只是直接发端于实践经验的手工技艺,并没有科学的指导,无疑此时的技术是发展极其缓慢的。早期科学则是在奴隶社会时期,在出现文字语言和脑体分工以后才出现的。古代科学还属于经验形态,它与古代哲学融为一体,称为"自然哲学",这是它的一个显著特点。

(2) 科学与技术的任务和目的不同。

科学的任务是有所发现,从而增加人类的知识财富,揭示客观过程的规律;技术的任务是要利用自然,改造自然,创造人工自然并协调人与自然界的关系,使人类过得更好。科学的目的侧重于回答"是什么""为什么"的问题,强调解决问题的思维过程,满足主体精神需要,属于基础研究。技术的目的侧重于回答"做什么""怎么做"的问题,强调解决问题的方法、手段,满足主体物质(和精神)需要,属于开发研究。

(3) 科学与技术的研究目标和研究过程不同。

科学研究的目标是相对不确定的,活动的自由度较大,选择余地也宽。一般是从科学理论与科学实验的矛盾、科学理论自身的矛盾、多种科学假说等科学发展自身的逻辑中去寻找、发现和选择研究的课题,甚至也可以从科学家的兴趣和好奇心出发去选择课题。科学研究探索过程难以预见,要求科学探索必定成功或指日可待是不切实际的。技术主要从国民经济发展、国防建设需要、人民生活水平提高等实际需要中发现和选择所研究的课题,能付诸实施并产生一定的实际效益。技术活动也有它的不确定性,但从诸如新产品的研制和设计来说,它又可以有相对确定的目标,可以有较明确的方向、步骤和经费预算,技术工作的计划性、目的性较强。

(4) 科学与技术的成果呈现形式不同。

科学是以认识的形态存在,是由实践向理论转化的领域,属于精神财富。科学成果是观念形态的东西,如人们常说的科学发现、科学预见、科学原理等,属于由物质向精神转化的范畴。作为科学成果的知识是人类共享的;技术要借助于一定的物质形态而存在,是由理论向实践转化的领域,属于社会财富。技术成果是知识形态的东西与物质形态的东西的有机结合,其成果形式有技术样品、模型、技术规程、设计图纸等。技术是可以买卖的,发明者享有专利权。

（5）科学与技术的评价标准不同。

科学的评价标准只有一个，那就是用实践验证其是否合乎客观实际。科学知识只有正确与谬误之分，虽然在一段时间有些谬误会被作为真理，但是旧知识总是会因为它的谬误而被淘汰的。技术过程、技术活动的结果在不同民族、不同地域具有多样性。对于技术的评价也较复杂，虽然技术的程序有正确与错误之分，例如，航海技术、造船技术可以分为对的或不对的；但技术系统却只能从实用或不实用、高效或低效来划分，而不能以正确与否来评价。旧技术会因为效用差而被舍弃。

2. 科学与技术的联系

从原始社会技术产生，到奴隶社会科学出现，经历了漫长的岁月。在近代以前，科学与技术还是各行其道的；在近代前期，科学与技术的联系越来越密切。科学与技术相互转化，相互促进，相互交织，相互渗透。它们彼此推动，不断地向前发展。

（1）科学与技术相互依赖，相互促进。

科学与技术相互依赖，科学是技术发展的理论基础，技术是科学发展的手段。科学与技术相互促进，科学为技术发展提供理论支持，技术为科学探索提供必要的手段和物质帮助。同时，科学规律、科学原理等理论知识可以指导人们进行技术发明创造；技术原理和方法等又促进科学原理的进步和完善。这里只需举一个简单的例子就可以说明。生物学中的显微镜是根据凸透镜成像的科学原理制成的，而显微镜的出现可以帮助科学研究者更加方便、快捷地进行科学研究。

（2）科学与技术相互交织，相互渗透。

科学日益技术化，技术日益科学化。科学技术发展至今，已经很少有学科是纯理论或纯技术的，一般都是理论和技术交融。例如，计算机科学就是一门既有理论原理又有技术支持的学科。尤其是由此发展起来的人工智能，更是涉及多个领域的科学理论和技术方法。

科学与技术的联系越来越紧密，科技发展也越来越快。科学与技术越来越不可分割，彼此包含，共同进步。

3. 科学技术、工程与经济社会的关系[1]

在讨论技术问题的时候，不可避免地要联系到一个与"解决问题的工艺方法体系"的应用密切相关的问题，这就是工程。

工程，是指人们利用相关的科学理论和技术方法解决国计民生各种重大的共性需求问题（也称"项目"）所进行的有序而有效的公益活动，包括工程项目的定义、规划、设计、施工、检验、维护、更新等过程。

这一定义清楚地表明，"工程"首先是一类为了解决国计民生各种重大的共性需求问题所组织的大规模有序而有效的公益活动，科学和技术则往往具有更多个体活动的色彩。这是工程与科学和技术不大相同的地方。

但是，工程又与科学和技术两者都有着十分密切的联系。这至少表现在两个方面：一方面，科学为工程提供理论，技术为工程提供方法和工具；另一方面，工程实践又会反过来为科学和技术提出许多需要解决的理论和方法问题。同时，作为社会需求的直接体现，工程实践也在一定程度上促进科学技术朝着"满足社会需求"的方向发展。

工程问题的重要性还表现在：只有通过工程，科学和技术对于人类的真实价值才能得

到更好的实现。可以认为,没有实际的工程,科学理论本身不能直接给社会提供实际的物质利益;在高度自动化和高度智能化的机器系统诞生之前,没有实际的工程,技术工具同样也不能产生具有重大意义的实际的物质利益。

图1.1示出了科学、技术、工程、社会之间的相互关系。

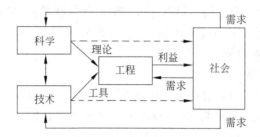

图 1.1　科学-技术-工程-社会的关系

由图可见,工程直接根据社会的具体需求立项,工程的完成则将为社会提供直接的利益服务,满足社会的需求。为了完成工程项目的建设任务,需要综合利用科学所提供的理论和技术所提供的方法和工具。

一般认为,科学是纯粹的理论,技术是工具和方法,它们两者都是人类所创造的重要财富。工程,而且正是工程,承载了科学和技术两方面的能力,因而能够按照社会的需求向社会提供人类生存发展所需要的各种实际条件,满足人们各种实际的利益需求。实际上,在解决工程问题的过程中,既涉及科学理论(即所谓工程科学)问题,也涉及技术方法(即所谓工程技术)问题。这些工程科学和工程技术问题可能由科学家、技术专家去解决,当然也可能由工程师去解决。

正如图1.1所示,无论是科学技术还是工程,从根本的意义上说,它们都是在社会需求的牵引下发生和发展起来的。所不同的是,与科学和技术的情形相比,工程与社会需求的联系最为直接,最为密切,因此也具有最为直接和最为实际的社会价值。

科学和技术是人类社会进步的杠杆,是先进社会生产力的基本要素。没有科学技术的不断创新和进步,人类社会的发展和繁荣就成为不可能。认识科学和技术的这种社会功能具有十分重要的意义,因为只有这样来认识科学和技术,才能抓住事物的本质,才能理解科学技术发生发展的机理,理解科学技术和人类社会的本质关系。

最后值得再次指出的是,科学技术(包括工程)的奇特贡献在于它们能够"利用外部世界的资源制造先进的工具来扩展人类自身的能力"。在某种意义上可以说,这对于人类的发展和人类社会的进步具有决定性的作用。倘若没有科学技术的这种神奇的贡献,人类也许至今仍然在原始时代的黑暗中摸索。

1.2　科学技术的使命、演进和前景

1.2.1　科学技术的使命:辅人律

科学技术的使命可以用两个字来概括,那就是"辅人"。何谓"辅人"?"辅"在汉语中是"从旁帮助""协助"之意,"人"当然指的是"人类"。换句话说,科学技术的使命就是"帮助人

类"。更加具体地说，科学技术就是为了帮助人类不断地认识自然、解释自然、改造自然，甚至创造自然，更加深刻地掌握自然规律，增加人类的精神、物质财富，不断地向前发展。科学技术都是为了更好地为人类服务。

世界上本来没有科学，也没有技术，科学和技术是在人类进入"文明进化"阶段为了帮助人类实现"利用身外之物，扩展自身能力"这一目标而应运出现的。换言之，科学技术的天职是为人类实现"文明进化"服务的。

在整个人类社会的演进过程中，人类始终是一个独立的进化主体，而科学技术则从来都不是将来也不可能是独立的进化的主体。它们是在人类这种独立主体进化的过程中，根据人类"不断追求更好的生存和发展条件"的需求，作为人类实现"文明进化"的一种具体的实现手段而逐渐进入人类的视野和头脑，并终于被人类所认识和利用的。

科学技术不是独立的进化主体，因而不可能具有自身的目的，不可能具有独立的意志。科学技术存在的唯一价值就是帮助人类更好地实现文明进化——利用外部世界的资源，创制各种劳动工具，扩展人类自身的能力。一句话：更好地辅助人类扩展"认识世界和改造世界"的能力。这就是科学技术的天然职能，也是它们的根本立足点。舍此，科学技术便失去了根本的立足点，失去了存在的价值和意义。我们把科学技术与人类进化之间的这种关系命名为"科学技术的辅人规律"，简称为"辅人律"。[7]

人们都会记得，20 世纪 70 年代以来，西方世界曾经制造过许多"机器人（科学技术的产物）统治人类"的恐怖电影和其他文学作品。在那里，机器人类被描写成拥有超人智慧和超人能力的一类人造系统群落，机器人类到处都在搜寻和征服人类；人类不得不展开同机器人类的斗争，但总是处于"九死一生"的不利境地。起初，人类还可以依靠切断电源一类办法使机器人类瘫痪，但是，随着电池特别是高效率的太阳电池或空气电池技术的进步，机器人类可在没有普通电源供应的情况下持久工作。于是，人类几乎就到了要彻底被征服甚至被灭绝的边缘。这些作品所宣传的观点显然是虚构的。他们的错误根源就在于不懂得或者不理解"科学技术辅人律"的客观规律。

按照科学技术发生学所揭示的"辅人律"原理，一切机器都是人类利用科学技术所制造的人工产品。同科学技术一样，机器产品（包括智能机器人）不是独立的进化主体，它们没有也不可能有自己独立的明确的目的和意志。它们天生的功能就是辅助人类的，永远是人类的工具。从本质的意义上说，机器和人类是两类根本不同的对象：人类是具有自身目的的具有自我意识的进化主体；机器是人类创造出来的既无自身目的又无自身意识的工具。因此，人类与机器之间不能等量齐观，根本不存在"谁统治谁"的问题。智力全面超过人类的机器不可能存在，机器永远不可能统治人类。那些宣扬"机器统治人类"的人们不懂得"科学技术辅人律"原理，他们把自己习惯了的阶级社会人与人之间的矛盾套用到人与机器的关系之中，这只是他们的想象，也是他们自己的世界观的反映，是完全没有科学根据的。

总之，除了"辅助人类扩展认识世界和改造世界的能力"这个本质而神圣的职能之外，人类所创造出来的科学技术还会有别的什么职能呢？结论只能是：科学技术"辅人"，天经地义；人造机器"辅人"，合情合理。当然，在"辅人"的作用上，作为人类认识世界与改造世界的工具与方法的技术，表现得比较明确，比较直接，比较显著，而作为人类认识世界的成果的科学，则表现得比较间接，比较宽泛，比较自由。但是，无论多么间接、宽泛和自由，作为技术原

理和基础的科学,它的作用归根结底还是为了"辅人",辅助人类认识世界,辅助人类创造工具,从而也在一定程度上为了辅助人类改造世界。

1.2.2 科学技术的演进:拟人律

1. 科学技术演进的阶段

根据科学技术的演进过程[6],可以把科技史分为古代科学技术(工业革命以前)、近代科学技术(从工业革命到二战前后)、现代科学技术(二战以后)3 个阶段。古代科学技术阶段主要指的是科学技术的萌芽和早期发展。在科学技术萌芽时期,科学形态还只是经验的自然知识,技术体系也只是天然的原始工具。在古代科学技术的发展阶段,科学形态主要是自然哲学、实用科学、理论自然知识,农业技术体系出现。近代科学技术阶段主要是自然科学的产生和全面发展。14~18 世纪,近代自然科学产生,即理论自然科学产生,工业技术体系产生。18~19 世纪前后,理论自然科学全面发展,相应的是工业技术体系的发展。现代科学技术阶段主要是指 19 世纪下半叶到 21 世纪之间的科学技术的发展。这一时期,理论自然科学向微观高速领域深入,横断科学产生,工业技术体系变革。

2. 科学技术演进的三个基本进程

在科学技术发展过程中,共经历了 3 次基本的科学技术演进,每一次科学技术演进都带来社会的重大变革。

在古代科学技术发展阶段,古代人类扩展体质能力的需求促使了材料科学技术的发展。古代人类所利用的表征性资源是物质资源,与此相应,古代的表征性科学技术是材料科学技术,表征性的工具是质料工具。当然,这并不是说古代人类只能利用物质资源而完全不会利用能量资源和信息资源。事实上,我国古代黄帝发明和利用了指南针同蚩尤打仗,就是利用信息技术的例证,因为指南针是用来指示方位信息的技术。同样,古代人类也会利用风车来判别风向,利用水车来灌溉农田,这些都是古代人类利用能量资源的有力证据。不过从总体上说,古代人类所利用的能量资源和信息资源都是相对浅层次的,相对简单的,古代人类所利用的真正具有表征意义的资源还是物质资源。人们使用物质资源制造的质料工具主要有木器、石器、骨器、青铜器、铁器等,例如拐杖、假牙、放大镜、望远镜等。

在近代科学技术发展阶段,近代人类扩展体力能力的需求就促使了能量科学技术的发展。通常所说的第一次和第二次科学技术的革命,其实都是扩展人类体力能力的"能量科学技术的革命",蒸汽能量和电能量都是能量,只是效率不同的能量而已。在这个阶段,首先以蒸汽动力的发明和普遍应用为主要标志,迎来了人类发展史上的蒸汽时代。蒸汽时代的到来为自然科学的发展和应用开辟了广阔的道路,加速了科学和技术相互促进的进程。其次,随着电力的广泛应用、内燃机的发明和新交通工具的发明应用,人类进入电气时代。近代科学技术的发展大大促进了经济的发展,形成许多新工业部门,如电子工业和电器制造业、石油开采业和石油化工业,以及新兴的通讯产业。本阶段人类所利用的表征性资源是能量资源,相应的表征性的科学技术是能量科学技术,表征性工具则是动力工具。

在现代科学技术发展阶段,现代人类扩展智力能力的需求促成了信息科学技术的发展。人类对准确快速计算的需求促动了计算机科技的产生和发展,人类对实时远距离通信的需求推动了电报、电话、计算机网络等科技的发展。自 20 世纪 40 年代以来,原子能技术、航天技术、电子计算机的应用等新兴技术应运而生，人类进入现代科技时代。在此阶段，人类所利用的表征性资源是信息资源，与此相应，表征性的科学技术则是信息科学技术，表征性的工具是智能工具。当然，这丝毫也不表明，在现代社会，材料科学技术和能量科学技术已经不再重要。正如前面所说，科学技术总体上是协调发展的，现代社会的材料科学技术和能量科学技术都出现了许多前所未有的进步和发展，远远超过了近代（更不要说古代）材料和能量科学技术的水平。但是与近代和古代相比，现今时代所特有的、具有表征意义的，只能是信息科学技术的发展、信息资源的利用、智能工具的创制和应用。

既然“科学技术辅人律”的要旨是“利用外在之物扩展人类自身能力”，那么，按照这个基本原理，“人类自身能力发展的实际需要”就是科学技术进步的第一要素，人类存在什么样的“能力发展需求”，就必然产生“应当利用的外在之物（应当发展的科学技术）”。换言之，究竟科学技术朝什么方向发展，或者究竟要发展什么样的科学技术，就根本的意义上说，取决于人类能力发展的实际需求。这种关系可以用图 1.2 所示的模型来表示，这也恰好就是“科学技术拟人律”含义的形象解释。[7]

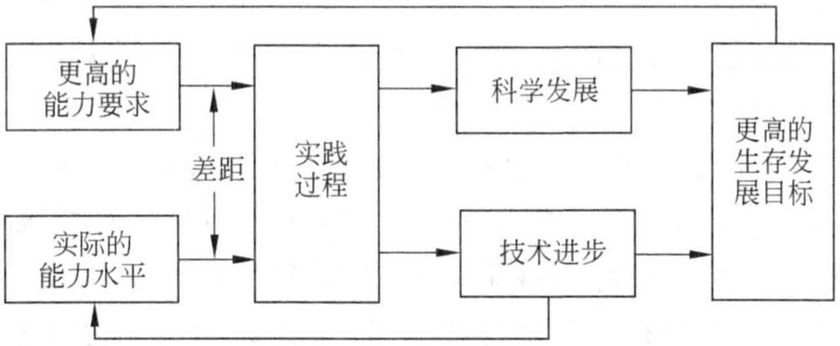

图 1.2　科学技术拟人律模型

模型表明，不断追求“更高的生存发展目标（或更好的生存发展条件）”是人类社会进步的基本的也是永恒的动力，为此，就必然会对人类自身提出“更高的能力要求”，而当时人类所具备的“实际能力水平”与这种更高的要求之间就出现能力的“差距”。正是这种能力的差距，成为一种无形的然而又是巨大的导向力（也可以称之为“看不见的手”），支配着人类在实践摸索的过程中自觉或不自觉地朝着缩小这个差距的方向努力。这种努力的理论成果就沉淀为“科学发展”，而这种努力的工具成果则成为“技术进步”，而技术进步的结果反过来就增强了人类的能力，使原来存在的能力差距缩小（见“辅人律”的分析）。科学技术发展的结果不但缩小了原来存在的能力差距，而且也必然推动人类提出“更高的生存发展目标”。于是，新的更高的能力又会成为新的需求，新的能力差距又会出现，新一轮的实践摸索和科学技术进步又要在新的基础上展开。

总之，新的生存发展目标——新的能力要求——新的能力差距——新的科学发展——新的技术进步——更新的生存发展目标——更新的能力要求——更新的能力差距——更新的科学发展——更新的技术进步……如此螺旋式上升，成为科学技术进步和人类社会发展的一个有起点而没有终点（或者目前还看不见终点）的运动发展逻辑。

在这个模型里，人们清楚地看见，科学技术的发展的的确确跟随着人类能力扩展的需求亦步亦趋，贯彻始终，从宏观上来说，从来没有脱离这个轨道。这就是为什么可以把科学技

术发展方向的规律称为"拟人律"的道理。

科学技术发展的"拟人律"不仅清晰地揭示了科学技术发展的理论逻辑,同时也准确无误地指示了现今科学技术发展的根本方向以及它们发展的宏观历程。而且,"拟人律"与"辅人律"始终保持了高度的自恰和一致性。

1.2.3 科学技术的前景:共生律

根据人类能力扩展的需要,科学技术按照"辅人律"的原理破土而出,走上了人类发展历史的大舞台,又根据扩展人类能力的需要,按照"拟人律"揭示的原理从古代、近代走到了现代。那么,按照"辅人律"和"拟人律"发生和发展起来的科学技术,将来会有什么样的前景呢?这就是本节要研究和回答的问题。

科学技术的前景无疑是光明的。古代科学技术利用物质资源创造了人力工具,部分地扩展了人类的体质能力,一定程度地提高了社会生产力水平,改善了人类生活的质量;近代科学技术利用能量资源和物质资源创造了动力工具,部分地扩展了人类的体力能力,大大提高了社会生产力水平,也显著改善了人类生活的质量;现代科学技术正在利用信息、能量和物质资源创造智力工具,扩展人类的智力能力,把社会生产力和人类的生活质量提高到崭新的水平。

从古代到近代再到现代,从农业社会到工业社会再到信息社会,一个十分清晰的科学技术发展脉络展现在我们的眼前:从古代材料科学技术只会利用一种资源(物质)扩展人的体质能力,到近代能量科学技术能够同时利用两种资源(物质与能量)扩展人的体力能力,再到现代信息科学技术学会了综合利用三种资源(物质、能量和信息)扩展人的智力能力,从古代的材料科学技术,到近代的能量科学技术和近代的材料科学技术,再到现代的信息科学技术、现代的能量科学技术和现代的材料科学技术,科学技术领域不断地得到开拓和深化,人类认识世界和改造世界的能力不断得到扩展和加强。

当然,科学技术的发展在给我们带来无限好处的同时,某些科学技术的片面发展或滥用也带来了许多危害。科学技术进步,工业尤其是重工业发展起来,重工业的片面发展造成了环境的污染。我们现在很难看到古代诗歌中山青水秀的美好景色了,新闻上报道的是某某河流因为污染散发着难闻的气味,诸如此类的事件不在少数。科学技术的滥用,不仅带来了环境的污染,而且严重危害了人类的身体健康,空气被严重污染,新的疾病不断出现。现在,环境污染问题越来越严重,温室效应等问题也日益突出,我们必须重视起来。

人们也许会提出一个问题:与人类自身的能力相比,工具体系的能力变得越来越强,会不会导致人类与人造工具之间关系的改变呢?言外之意就是担心会不会有朝一日工具"反客为主"。

这种担心表面上看似乎很有道理,合乎逻辑。但是有这种担心的人忘记了前面强调过的两个重要的事实和前提。

首先,从"科学技术辅人律"的分析知道,科学技术不是社会的自觉主体,只有人类才是社会的自觉主体(这也是前面强调过的"人本"思想);只当人类自身的能力不能满足人类改善生存发展条件的需要的时候,人类才创造了科学技术来帮助自己扩展自身的能力。所以,科学技术的发生纯粹是因为"辅人"的需要。这是科学技术的本质。前已提及,之所以有人宣扬"机器统治人类"的恐怖,一方面是因为他们不懂得或不接受"科学技术辅人律"这个客观事实和规律,另一方面也因为他们习惯于"生存竞争"的思维方式,因此有意无意地把这种"争斗"关系套用到人类与科学技术的关系之中。这种套用显然是没有根据的,因而也是没有道理的。既然科学技术及其产物(工具、机器)不是一个社会的自觉主体,那么,它与人类这个社会主体之间就不存在上述"谁统治谁"的关系。事实上,如果有人感受到"机器的压迫",那他们感受到的是"机器背后"的另一类人所施加的压迫。统治与被统治是人类内部的关系,而不是人类与机器或人类与其他事物之间的关系。

第二,于是有人就会说:如果机器的能力不断增长,有朝一日达到了甚至超过了人类的能力,会不会反过来统治人类呢?前面的分析曾经指出:信息科学技术的发展正在创造出各种各样的智能工具;同时指出:这些智能工具在信息获取、信息传递和信息执行方面的能力可以赶上和超过人类,在信息认知和决策这些创造性思维能力方面将不断向人类学习,但是永远不可能赶上更不可能超过人类。原因很显然:机器是人类创造的,但是人类自己并不能说明自己的创造性思维究竟是怎样进行和怎样实现的(或许是一个不断进步但永远说不明白的谜),也就不可能使机器拥有创造性思维的能力。更何况正如前面所指出的,人类是一切智能问题的提出者(正确地高瞻远瞩地提出问题是创造性的首要表现),同时也是智能问题求解规则的制定者,一切智能机器只能在人类给定的问题和规则约束下求解问题。因此人类必然拥有创造性智能,机器则只能拥有常规性智能。智能机器永远是智能机器,永远不可能等同于人类:即使在许多非创造性的能力方面可以超过甚至远远超过人类,但在创造性能力方面却永远不可能望其项背。这就决定了科学技术将永远遵循"辅人律"和"拟人律"的规律前进,无论科学技术怎样不断发展,无论机器的能力怎样不断增长,机器终究是辅助人类的工具,不可能统治人类,也不可能取代人类。

由此导出的便是科学技术发展的第三定律——"共生律"。它的意思是:科学技术既然是为辅人的目的而发生,按照拟人的规律、为辅人的目的而发展,那么发展的结果就必然回到它的原始宗旨——辅人。于是,人类的全部能力就应当是自身的能力加上科学技术产物(智能工具)的能力,即

$$人类能力＝人类自身能力＋智能工具能力$$

这就是"共生律"的一个表述。

在这个共生体中,人类和智能工具之间存在合理的分工:智能工具可以承担一切非创造性或常规性的劳动(广义的劳动),人类则主要承担创造性劳动,当然在需要的时候也可以承担非创造性的劳动。这样,人类和智能工具之间就形成了一种和谐默契的"优势互补"的分工与合作。在这个合作共生体中,人类处于主导地位,智能工具处于"辅人"的地位。

人类作为万物之灵,创造性是他的"灵"的集中体现。人类具有众多方面的能力,这些能力构成了一个有机的能力整体。其中,人的许多能力都可以(也应该)由机器替代,唯有创造能力是人独有的天职,是"人之所以为人"的标志,是机器不可能取代的。在这个意义上可以认为,一个人如果一生一世都没有创造,那么他的价值(除了生殖遗传之外)就几乎等同于机器。反过来说,机器几乎可以做任何事情,唯独不能创造。

但是,如果没有智能工具在共生体中发挥"辅人"的作用,人类就要亲自从事一切意义的

劳动,那么,人类的精力就不得不消耗在许多本不应消耗的地方,他的创造性也就不可能得到真正有效的实现。总而言之,人有人的作用,机器有机器的作用,两者合理分工,默契合作,人主机辅,恰到好处,相得益彰,这才是科学技术"共生律"的本意。一旦这种和谐默契的"人机共生"格局得以形成,人类的能力(自身能力+智能工具能力)就会达到史无前例的完美程度,人类社会的发展就将到达前所未有的美好境界。

需要注意的是,科学技术的利用是一把双刃剑。如果我们善用科学技术,它就会帮助我们打造更好的明天,但是如果滥用科学技术,就会带来危害,甚至自取灭亡。

科学技术和人类的关系是一种共生关系,人类的发展离不开科学技术的支持,同时,科学技术的发展也离不开人类的引领,几乎每一次科学技术的重大变革都是在人类有新的需求的情况下发生的。无论何时,科学技术与人类都会继续保持这种关系,和谐共生。

1.3　科技史与方法论

1.3.1　科技史

"科技史",顾名思义,就是"科学技术史"。科学技术史是关于科学技术的产生、发展过程及其规律性的一门综合性的学科。它是人类认识自然、改造自然和改造自身的历史,是人类文明史的重要组成部分。一部科学技术史,是基础自然科学、技术科学、社会科学交相辉映的一门综合性学科。[8]科学技术史既要研究科学技术内在的逻辑联系和发展规律,又要探讨科学技术与整个社会中各种因素的相互联系和相互制约的辩证关系。因此,科学技术史既不是一般的自然科学,也不同于一般的社会历史学。它是横跨于自然科学与社会科学之间的一门综合性学科。科学技术史是每一个人都应当学习的知识,是人类不断发展和进步的宝贵财富。

不过,科学技术的发展历史浩如烟海,如果只简单地依照事件的顺序来描述,很难概括得恰如其分。我们认为,一个比较科学的方法就是依照"辅人律"和"拟人律"的理念来观察,从"以人为本"的观点来分析,那就非常清晰了。

在远古的荒蛮时期,人类还处在茹毛饮血的原始状态。他们群居生活在浩大的原始森林之中,赤手空拳,以采集和捕猎为生,以野果和猎物为食。但是,当弱小的猎物被捕杀得越来越少,当低矮的野果被采摘得越来越稀,他们的生存便受到越来越严重的威胁。按照达尔文进化论的描述,环境改变了,"生存的需求"便自觉不自觉地驱使原始人类不断进化,以增长新的本领来适应新的环境,求得生存和发展;否则就会遭受环境的淘汰。

考察表明,人类的进化划分为两个基本阶段:生物学进化阶段(也称为初级原始进化阶段或内部进化阶段)和文明进化阶段(也称为高级文明进化阶段或外部进化阶段)。这里把考察的重点放在生物学进化阶段的过程行将结束(但并未完全停止)而文明进化的阶段即将萌生(但并未展开)的转变时期。

众所周知,在生物学进化阶段,人类主要通过自身各种器官功能的分化和强化来增强自身的各种能力。直立行走,手脚分工,就是人类生物学进化阶段的标志性成果。由四肢行走进化到直立行走,人类的视野大大开阔了,认识环境、认识世界的能力大大增强了,也使人类身体的灵活性和灵巧性大大增强。特别是通过手脚分工,使人类的双手从行走功能中获得彻底解放,手的功能得到发展,使人类适应环境和改造环境的能力空前增强。

不难理解,由于人类生理器官功能分化和强化的有限性,人类生物学意义上的进化过程不可能无限制地展开,因而不可能无限制地取得显著成效。当人类自身器官功能的分化和强化接近或达到饱和程度之后,由生物学进化所带来的新的能力增强必然也逐渐进入相对稳定的状态。然而,人类争取更好的生存和发展条件的需求却永无止歇地增长着。

毫无疑问,人类生物学进化能力的相对饱和状态与人类不断高涨的生存发展需求之间的矛盾必然要激发新的人类进化机制,以便继续满足人类不断增长的生存和发展需求,否则人类的生存就会面临威胁。这种新的进化机制便是人类的"文明进化"机制。于是,在生物学进化到达"山重水复疑无路"的境地之后,人类进化过程便由生物学进化转向文明进化的阶段,出现"柳暗花明又一村"的新的进化景象。

那么,什么是"文明进化"? 它是怎样发展起来的?

前面已经说过,"生物学意义的进化"是通过人类自身内部器官功能的分化和强化来增强人类的能力的。与此完全不同,"文明进化"是通过利用外部世界的力量来增强人类自身的能力。生物学进化是"着眼于人体内部",文明进化是"着眼于外部世界"。因此,它们是两种很不相同,然而又是相辅相成的进化机制:生物学的进化是初级的进化;文明进化则是高级的进化。一般地说,生物学进化阶段不可能有文明进化的机制,但是,文明进化阶段并不排斥生物学的进化机制,如果后者还有潜力的话。

一个饶有兴趣的问题便是:文明进化的机制是怎样出现的? 其实,这个过程很自然,但是却可能经历了十分漫长的摸索。

比如,当原始森林中那些长得比较低矮因而比较容易采摘的野果被采摘光了之后,以采摘为生存手段的原始人类就得想办法去采摘长在大树高端的果实。最直接的解决办法当然就是爬树,这是赤手空拳的原始人类能够做到的事情,不需要任何工具,也不需要任何外力的帮助。但是,这种办法充满着风险:越在高处的树枝越细,承受采摘者的能力越差,爬向高枝采摘的原始人摔下来的可能性也越大,而且摔下来致命的危险性也必然越大。

这样,在漫长的进化过程中,人们不得不继续摸索新的方法。不知道什么时候有什么人曾经漫不经意地在舞弄从地上拾起的干树枝,却忽然意外地勾下了长在树木高处原来徒手够不着的野果! 这样,这个身外之物——树枝——在客观上就"延长"了人的手,扩展了人手的能力,使原来赤手空拳办不到的事情却办成功了。其实,这种漫不经意的成功是一个伟大的发现:人们可以利用身外之物(外部世界的力量)来扩展人类自身的能力!

可惜,第一个取得这种成功的人自己也许并没有立即意识到这件事情会具有什么了不起的意义。或许,他在取得了这次成功之后也就立即忘记了(因为他是在漫不经意的情况下成功的)。但是,这种偶然的成功包含了成功的必然性。因此,尽管他自己没有意识到,尽管他的成功也没有引起他人的注意,但是无论如何,这种成功必然又会在别的时候在别的地方在别人身上再次出现。这样,一而再,再而三,频繁的偶然出现迟早会被人们注意到。一旦人们注意到这么多"偶然"的成功,这种个别的经验就会变为众人的共识。于是,"借助身外之物,强化自身的能力"就会渐渐成为人们共同的信念。

诸如此类的"偶然发现"肯定会在人类的活动中不断出现。比如,人们活动中遇到谁也

搬不动的巨石(或重物),但是,说不定什么人在无意的玩耍中把断树枝的一头插在了巨石的底部,而断树枝又恰巧垫在了旁边另一块石头的上面,结果,他在树枝的另一端轻轻地一按,竟把巨石撬动了! 这类偶然的成功多次不经意的出现也早晚会被人们注意到,终于成为人们的经验。在这里,断树枝(身外之物)就大大扩展了人的力量,如此等等。

限于篇幅,不可能在这里仔细描述当初原始人类所经历过的各种各样发人深省的"偶然"发现和"偶然"成功的过程。然而,从上述这些例子中已经可以清楚地看出,文明进化(要害是"利用身外之物,扩展自身能力")是怎样在长期的摸索过程中慢慢破土而出,逐渐被人们所认识的;同样也可以清楚地看出,作为文明进化的实现途径,科学技术是怎样在漫长的摸索过程中一次又一次地冲击,终于渐渐被人类所关注,所接受的。在上面的例子中,"断枝撬石"就是现代科学中"杠杆原理"的原始萌芽,而其中的"断枝"则是现代力学理论中"杠杆"的原始形态。

综上所述,"眼睛向内"的人类生物学进化之所以能够成功地转变为"眼睛向外"的人类文明进化,关键在于逐渐摸索、发现并积累了许多"利用外部资源,创制劳动工具,扩展自身能力"的成功案例。其中,创制工具所需要的方法就升华和提炼为科学理论,而创制工具的操作程序便凝聚和沉淀为技术。科学和技术就这样随着人类文明进化阶段的推进不断地从摸索新工具的过程中被升华提炼、被沉淀凝聚起来,直至成为今天这样庞大的现代科学和现代技术的体系。

可见,人类由生物学进化阶段向文明进化阶段的转化,是科学技术所以能够发生的前提条件;而人类进化的途径由"人体内部器官功能的分化和强化"向"利用外部资源创制劳动工具来扩展自身能力"的转化,则是科学技术所以能够发生的机制。这样,就清楚而可信地揭示了"科学技术发生的条件"和"实现这种发生过程的机制"。这两者结合在一起,就构成了科学和技术的"发生学"原理。

不妨设想,如果人类和人类社会没有"不断改善自己生存和发展条件"这种强大而不竭的动力(辅人律),如果没有"由生物学进化向文明进化"的转化,如果没有由"人体内部器官功能的分化和强化"的进化机制向"利用身外之物,创制劳动工具,扩展自身能力"这种进化机制的转变(拟人律),那么科学和技术就永远也不会有发生的机会和发展的动力。当然,在这种情况下,没有科学技术的帮助,人类自身的进化和人类社会的进步也将不可能发生。[1]

一旦科学技术因应"辅人"的需要而破土萌芽,一旦科学技术找到了"拟人"的道路成长起来,它们的发展便一发而不可阻挡:从古代到近代再到现代,科学技术学会了利用物质资源制造扩展人类体质能力的各种人力工具,开创了人类的农业文明;学会了利用物质和能量两种资源制造扩展人类体力能力的各种动力工具,创造了人类的工业文明;目前则正在学习综合利用物质、能量和信息3种资源制造扩展人类智力能力的各种智能工具,创建人类的信息文明。这就是迄今人类所创造的灿烂的科技史。

不懂得历史,不懂得继承和发扬历史经验和知识的人,便不可能有创造力,也不可能有光明的前景。从古至今科学技术发展的辉煌历史是一座内容丰富、规模宏大的知识宝库,蕴含着人类数千年积累和传承下来的无限珍贵的智慧和创造力,值得现代人们认真学习、研究和汲取,并将之融会贯通,在此基础上探讨和认识未来世界的发展规律,用来指导人类成功应对所要面对的日益复杂的挑战。这是现代人类可以拥有的宝贵财富。

1.3.2 方法论

1. 科学方法论的含义

这里的"方法论"即"科学方法论"。

"方法"是指人们认识世界和改造世界的工具、手段和活动法则。

"方法论"是指关于方法的学说或理论。实际上是研究如何运用客观规律自觉地认识世界和改造世界的理论。

"方法"一词在我国最早出现在春秋时期的《墨经》中："中吾矩者,谓之方;不中吾矩者,谓之不方……是以方与不方,皆可得而知之,此其何故,则方法明也。"

在西方,"方法"这个词起源于希腊词 μετα 和 οδοs,就是沿着正确的道路运动的意思。科学方法主要是指正确进行科学研究的理论、原则、方法和手段。科学方法从本质上讲就是认识世界、改造世界的方法。[9]

科学方法既包括研究过程中所采用的各种具体方法和手段,如观察法、实验法、模拟法、类比法、逼近法、统计法、抽象法、归纳法、演绎法、假说法等具体方法,也包括有理论、范畴、概念的认识论意义所形成的方法,如哲学方法、数学方法、控制论方法、系统论方法、各个领域、各门学科的方法等等。[9]

方法论是一种以解决问题为目标的体系或系统,通常涉及对问题阶段、任务、工具、方法技巧的论述。方法论会对一系列具体的方法进行分析研究、系统总结并最终提出较为一般性的原则。方法论也是一个哲学概念。人们关于"世界是什么、怎么样"的根本观点是世界观。用这种观点作指导去认识世界和改造世界,就成了方法论。方法论是普遍适用于各门具体科学并起指导作用的范畴、原则、理论、方法和手段的总和。历史唯物主义的著作中经常提到方法论这个概念。

总之,科学研究的方法论是一只"看不见的手",驾驭着人们的科学研究活动:无形驾驭有形。不管人们意识到没有,其实,人人都有自己的方法论——正确的方法论或者不正确的方法论。正确的方法论指导着人们取得成功,不正确的方法论使人们遭受失败。所以,我们要努力学习正确的科学观和方法论,使自己的学习和工作在正确的方向上不断取得进展。

2. 科学方法论的发展

科学史上最早的具有科学方法论原理意义的思想就是毕达哥拉斯的数学和谐假说以及德谟克利特的原子论假说。它们都是人类理性地研究自然的原理。数学和谐假说为人们提供了一个和谐有秩序的、简单有规律的、具有数学关系的自然界,这是从自然的整体性出发作出的假说。原子论假说为人们提供了一个从更低层次结构去寻求原因的研究方法,并为人们描绘了一个由最小的物质建筑起来的有层次结构的自然界,这是从自然的结构性出发作出的假说。这两种方法论思想从诞生的时刻开始就成为科学认识活动中的深沉的潜流,从未间断。从古希腊时代一直到现代科学家的科学活动,都自觉与不自觉地受到它们的影响。这两种方法论思想已成为科学认识的出发点。

亚里士多德提出了科学研究的归纳—演绎的程序。在那个时候,亚里士多德创立的科

学方法体系被认为是认识真理获取知识的万能工具。对亚里士多德演绎逻辑的强调和实际应用形成了科学研究的公理化方法。欧几里得几何学体系的建立就是公理化方法最早和最成功的应用。欧几里得把前人实践中积累起来的几何知识与公认的事实列为公理,运用演绎方法层层推演,建成初等几何学的一个演绎化的体系。公理化方法除了在数学中应用以外,在力学研究中也有成功的应用,例如,阿基米德静力学体系与牛顿力学体系都是公理化的体系。公理化方法的发展加强了亚里士多德方法中的理性成分,构成了科学方法论中的理性方法。

中世纪后期的哲学家,如格罗塞特、罗吉尔·培根等,对亚里士多德科学研究程序中经验事实的强调,以及对归纳逻辑的发展,逐步形成了科学研究中的经验方法。F.培根提出的实验—归纳的科学研究程序,标志着经验方法的成熟。实验—归纳的过程也就成为科学方法论中的经验方法。F.培根的经验方法在英国经验主义哲学家洛克那里得到进一步发挥。洛克提出了著名的白板理论。他认为,人类在没有经验与感觉之前的心理状态犹如一张白纸,上面没有任何字迹,没有任何观念。他认为,人类的知识都是起源于经验,都是从经验中来的,科学只能达到事物的现象之间的联系,理性的思考是没有意义的,科学认识程序是从经验到观念,再由观念形成知识。洛克的研究使经验方法走到极端。同一个时期,科学方法论的另一个极端倾向是唯理论。这是把公理化方法发展到极端的产物。唯理论的代表人物是笛卡儿、莱布尼茨和斯宾诺莎,他们企图把人类的整个知识都形成一个公理化的体系,自然科学的公理化体系只构成其中一个小小的层次。唯理论的方法认为,科学研究从最普遍的原理出发,逐层次地向下推演,最普遍原理的提出是先验的,没有经验基础的,经验的归纳方法在原理的形成中是没有意义的。康德企图调和经验论和唯理论这两种极端倾向,他既不排斥感觉经验,又强调非经验的数学公理的先验性质,他提出了知识系统形成的三阶段的理论。

到了19世纪后半叶,自然科学的发展使物理学家对牛顿的力学综合产生了日益严重的怀疑。他们从自然科学的角度,用不信任的目光重新审查欧几里得系统与牛顿系统。在这场推翻牛顿系统的自然科学运动中,马赫走在最前列。而且他在哲学上吸取了康德关于形式理论的构造性的教训,重点关注如何更好地重新表述康德的思想。马赫的哲学是从康德出发,却倒退到贝克莱的实证主义。但是,在马赫哲学中,一个重要的科学方法论思想是他提出的思维简洁原理,他认为科学就是用最少的思维最全面地描述事实,而要使描述简洁,特别有效的方法就是从一段原理中推演出经验定律来。因此,在科学理论的构造中,一般原理的提出就具有特别重要的意义。从科学方法论角度出发,一般原理的提出需要受到怎样的制约呢?爱因斯坦提出的逻辑简单性原则规定了一般原理在逻辑上要服从简单性的需要,并且爱因斯坦还根据这一原则构造了相对论的理论体系。

科技发展进入20世纪后,由于自然科学领域的一系列新的成就,特别是量子论和相对论,一些自然科学家尝试从哲学上进行总结,于是在20世纪30年代诞生了逻辑实证主义。相关科学家代表有奥地利的石里克和卡尔纳普、德国的莱辛巴赫和亨佩尔等。早期他们强调经验对理论的证实,他们认为,唯物论和唯心论的出发点都无法得到证实,因此科学研究的出发点就不能是物质世界或精神世界,而只能是语言。科学方法就是对科学语言进行句法分析的方法。从语言分析出发,他们把科学认识过程截然分成经验积累过程和理论形成过程。后期开始有所转变,亨佩尔在 20 世纪 60 年代吸收了观察渗透理论的观点,批评了把理论与经验截然分开的做法,对科学方法进行了合理重组,并保留了逻辑主义的论证严谨、表达清晰的优良传统。

英国的波普尔对逻辑实证主义的主要观点提出了批评,他提出了观察渗透理论、经验对理论的证伪、从问题开始研究等观点,成为科学方法论从逻辑主义到历史主义之间的桥梁。20 世纪 60 年代开始,以美国库恩为代表的科学家们提出了历史主义的科学方法论,把动态发展的科学整体作为思维对象,从科学史中抽取出科学方法论的思想。库恩认为,科学发展的过程是从前科学到常规科学,通过科学革命再到新的常规科学。同时这些科学家认识到,任何科学方法都是有局限的,或者说,试图制定一套一切科学领域都普遍适用的科学方法体系是不可能的。[10-15]

20 世纪中叶以来,由于信息科学的崛起,导致科学方法论的新发展。由于科学研究的对象和领域发生了新的重大变化,由传统的物质与能量领域进入到一个崭新的领域——信息领域,使科学研究方法论又形成了新的质变需求和条件。结果,便产生了现代科学研究方法论。现代科学研究方法论最为重要的进步是发现了"还原论"的科学观念和"分而治之"的研究方法存在严重缺陷。面对以信息为主导特征的开放复杂系统,人们研究的着眼点是系统整体的"能力",而信息系统整体的能力当然远远大于各个部分的能力的总和,这本身就意味着"还原论"不再能够成立。特别是在对开放复杂信息系统应用"分而治之"方法进行分析分解的时候,通常就会失去分解出来的各个部分之间相互联系和相互作用的"信息",而这些信息恰恰就是开放复杂信息系统的灵魂和生命线。既然丢弃了系统的灵魂和生命线,那么,把各个部分机械地"合并起来"当然就不再可能恢复出原有的开放复杂信息系统。也就是说,"还原论"的科学观念确实失效了!

钱学森先生在 1992 年提出了大成智慧工程和大成智慧学的思想。他认为,现在我们搞的从定性到定量综合集成技术,是要把人的思维,思维的成果,人的知识、智慧及各种情报、资料、信息统统集成起来,可以叫大成智慧工程。将这一工程进一步发展,在理论上提炼成一门学问,就是大成智慧学,是如何使人获得智慧与知识,提高认识世界和改造世界能力的学问。钱学森系统科学思想的形成和发展大体可分为三大阶段:第一阶段从 20 世纪 50 年代到 70 年代末,这一阶段的思想内涵集中体现于《工程控制论》和《组织管理的技术——系统工程》;第二阶段的创新发展凝结为 1990 年发表的《一个科学新领域——开放的复杂巨系统及其方法论》;第三阶段的深化研究的标志是 2001 年发表的《以人为主发展大成智慧工程》。钱学森先生在 2001 年曾说:"系统工程和系统科学已经有了很大发展,我们已经从工程系统走到了社会系统,进而提炼出开放的复杂巨系统的理论和处理这种系统的方法论,即以人为主、人-机结合,从定性到定量的综合集成法,并在工程上逐步实现综合集成体系。将来我们要从系统工程、系统科学发展到大成智慧工程,要集信息和知识之大成,以此来解决现实生活中的复杂问题。"钱学森系统科学思想是在全球化、信息化、网络化时代,中西文化交融的复杂系统思想,是当代系统思想的一种新范式和智慧结晶。[16,17] 我国学者在如何处理辩证矛盾和不确定性、如何弘扬系统科学思想方面也取得了一些阶段性成果。例如,在学习系统科学思想的基础上,钟义信教授在长期智能科学研究中总结提出了"以信息观、系统观、机制观为主导观念和以信息转换为主导方法的开放性复杂信息系统的科学方法论"。

7.6 节对此进行了详细的描述。

3. 科学方法论的性质[9]

科学方法论有以下几个性质。

（1）科学方法论是一门正趋向于独立的学科——方法学。

在人类认识史上，科学方法论一直存在于 3 个不同的领域，表现为 3 种形态，这就是哲学、逻辑学、专门或个别科学方法论（分别为各门自然科学和社会科学的方法论）。在很长一段时间内，除哲学和逻辑学之外，并不存在一门独立的为各门科学所适用的科学方法论学科。但是科学发展至今，形成这样的学科是必要的，更是可能的，同时也为这一学科的形成准备着条件。

首先，现代科学技术深刻地揭示了物质世界的统一性，从根本上提供了各门科学的理论和方法彼此渗透、移植、结合并达到一体化的客观根据。

其次，现代科学中日益强烈的渗透、移植、结合、一体化的趋势孕育并提出了建立统一科学方法论的现实要求。

再次，数学方法的发展和推广，控制论、信息论、系统论这些横断学科的产生和发展，使自然科学和社会科学在方法论上逐步互相渗透，趋向统一。

（2）科学方法论是一门思维科学。

首先，科学方法论研究的问题很大一部分是大脑在科学研究过程中如何思维的问题。

其次，科学方法论研究的问题有一部分是属于如何使用一定的物质手段变革和观测对象的问题，属于人们在科学研究过程中如何进行感性物质活动的问题。

再次，不同层次的科学方法尽管在内容和形式上有着不同的表现，但是就其认识功能来说都是解决思维方式或方法问题，都是解决研究的途径和道路问题。

（3）科学方法论是一门认识工程学。

首先，认识理论和认识实践之间有某种工程技术或系统工程来作为两者的中介和桥梁，而科学方法论就是解决认识理论向认识实践过渡的"工程"和"技术"问题，使认识活动、研究活动得以实现和进行。

其次，科学的方法论表征科学研究的这样一些因素，即它的客体，分析的对象，研究的客体，为解决这一类课题所需要的研究手段的总和，它还形成关于研究者在解决课题的过程中活动次序的观念。按照系统工程学的观点，这也是一种工程技术，是一种软工程、软技术。

再次，思维科学的发展在人工智能的产生和发展中起了极为重要的作用。科学方法论关于大脑思维方式、方法的研究成果一定可以转化为电子计算机软件的改进和完善，而电子计算机软件的改进又可以反过来推动人们进一步认识和揭示人脑思维活动规律。毫无疑问，在开发人类智能潜力的工程中，科学方法论也将发挥自己的作用和功能。

总之，无论是人工智能的发展，还是挖掘人类智能潜力，科学方法论都是名副其实的认识工程学。

4. 科学研究方法的分类[18,19]

科学方法有很多种不同的分类方法，这里介绍两种最常见的分类方法。

第一种分类方法是按科学方法的普适性程度把科学方法分为 3 个层次。

（1）哲学方法。它是一切科学的最普遍的方法，它不仅适用于自然科学研究，也适用于社会科学和思维科学。如辩证法就属于哲学方法。

(2) 自然科学的一般研究方法。这种方法是一部分学科或一大类学科都采用的研究方法，如观察法、实验法、科学抽象、数学方法、假说方法等。

(3) 专门领域学科中的一些特殊的研究方法。它只适用于比较专门的学科的研究，是一些专门的具体研究方法，如物理学中的光谱分析法、化学中的比色方法、某些学科的具体专门的技术手段和操作方法等。

第二种分类方法是从科学发展史的角度把科学方法分为古代科学方法、近代科学方法和现代科学方法。

(1) 古代科学方法。古代的人类对自然界的认识只能以简单的、直接的观察进行思维的概括和猜测，还不可能以实验来检验自己的推论，而且关于对自然界的认识还没有摆脱神学的束缚。所以古代科学主要是以自然哲学的形式存在的，还没有从哲学中分化出来。当时，观察法是人类认识自然社会的一种主要方法，归纳与演绎则是当时的主要逻辑方法，后来兴起的公理化方法和实验方法也发挥了作用。可以说当时的科学方法是笼统的、浅层的。

(2) 近代科学方法。可以分两个时期来讨论。从15世纪下半叶到18世纪中叶，自然科学开始摆脱神学的束缚，主要处于收集材料的阶段，基本上是一种经验的自然科学，这一时期的科学方法主要是观察法、实验法、归纳法、逻辑法和数学方法等。18世纪后，自然科学从分门别类的研究进入到阐明自然界各个过程的联系，从经验的领域走进了理论的领域。恩格斯的自然辩证法是这一时期科学方法论的代表作，它对观察法、实验法、数学法、比较法、假说法、分类法、归纳法和演绎法、分析和综合、抽象和具体、历史和逻辑、理想化等方法作了精辟的论述，还把实践引入了科学的认识论和方法论。

(3) 现代科学方法。自然科学进入20世纪以来，向微观和宏观两个方向深入发展，科学分化越来越细，科学的综合也越来越显著，观察法、实验法等传统方法呈现出新面貌，数学方法的广泛运用使整个科学日益数学化；各门学科的方法之间的相互渗透和移植更加突出，还出现了新的科学方法，如控制论、信息论、系统论、协同论等方法，大大突破了传统方法的局限。如果把观察法、实验法、数学法、假说法等近代科学方法称为物质科学方法学，那么控制论、信息论、系统论等方法即是信息科学方法学。

由于现代科学技术及其研究对象越来越具有复杂系统的特征，因而学者们提出了关于处理复杂系统的方法论，例如钟义信教授提出的“以信息观、系统观、机制观为主导观念和以信息转换为主导方法的开放复杂信息系统科学方法论”。[20] 物质科学处理复杂系统的方法是“分而治之，各个击破，直接还原”。与之不同的是，信息科学处理复杂系统的方法是“着眼整体，着眼信息，保信而分，剖析机制，保信而合，分合互动”。

1.3.3　科技史和方法论的关系

科技史与方法论是密不可分的。科学方法是人类在认识和改造自然的长期实践活动中产生和发展起来的，它的发展是和自然科学的发展相适应的，即科学技术的发展过程也就是方法论的发展过程。科学技术的进步产生新的科学方法，新的科学方法又反过来促进科学技术的发展，两者相辅相成。不能离开科技史而单纯地讲方法论，这是不科学的，也是不可能的。从古至今，科学的发展经历了古代、近代和现代3个历史时期，科学方法的历程也是

如此。

以观察法为例,观察法可以说是人类认识自然和社会的最早方法。观察法的发展历程就完全符合科学技术的发展历程。在原始社会时期,科技发展缓慢,科学方法也很简单、零散。此时的观察方法受技术上的限制,还只是单纯的肉眼直接观察,不仅观察的范围有限,效率低下,而且准确率不高。到了近代,理论自然科学产生并发展,各种技术工具逐渐出现,相应的科学方法也有了新的进展。观察方法不再是直接观察,而是发展为通过如显微镜、望远镜等仪器进行间接观察,观察的广度、深度和精度都有很大的提高,从而人类可以更加清楚地认识我们的世界,新的科学理论相继产生,科学技术进一步向前发展。进入现代,科学技术飞速发展,观察法也有了新的变化。一方面,显微镜、望远镜等观察仪器外观越来越精致,准确度越来越高,广度和深度也大大提高,人们可以看得更远,观察得更加仔细;另一方面,科学技术的发展过程中产生的新型技术也应用到观察中来,三颗人造卫星就可以覆盖整个地球,通过卫星传像,科学家可以观察到地球的每一个角落。令人欣喜的是,现在"奔月"已经成为现实,我们可以通过发射宇宙飞船到其他的星球上去,近距离观察其他星球的情况。

总之,科技史与方法论的关系是相伴相随的,科学技术的产生和发展伴随着科学方法的产生和发展,离开科技史来讨论方法论也是不现实的;反之,由于科技史的纷繁错综甚至扑朔迷离,如果没有方法论的引领,如果只是就事论事地讨论科技史,则可能成为一部枯燥无味的流水账本,难以从中辨明发展的方向,理不出其中的发展规律。

1.3.4 学习科技史和方法论的意义

1. 学习科技史的意义

为什么要学习科技史?科技史有什么用处?我们认为学习科技史的意义至少有如下几点。

第一,学习科技史有利于从整体上了解科学与技术,有利于更好地认识科学,从源头上透彻理解和掌握科学知识,促进科学的创新。科学技术史是自然科学和技术的演变过程的历史,了解科技史,可以帮助我们更好地把握现代科学技术。牛顿曾经说过,他之所以有一些成就,是因为他有幸站在巨人的肩膀上。只有了解科学技术的发展史,我们才会对科学技术有更加深刻的认识,才有可能在前辈的基础上开拓创新,创造奇迹。

第二,学习科技史有助于增长知识,开阔眼界,预知未来。科技史呈现给我们的是一幅全景图,既有横向联系,又有纵向发展。我们在学习科学技术发展演变的过程中,知识的增长是毋庸置疑的。随着这幅全景图慢慢地展开,我们也不再单单局限于眼前的局部,眼界自然开阔。足够的科学知识还可以使人类提前对未来有所预知,例如,根据以往彗星运动的规律,哈雷预知哈雷彗星每隔76年会出现在人类视野中一次,事实证明也确实如此。天气预报也是一种对未来的预知。正所谓"读史明鉴,知古鉴今"。

第三,学习科技史有利于继承和发扬科学研究者的高贵品质和优良品格。在科技发展过程中,无数的优秀科学工作者为科技的进步贡献出了自己的力量,他们在进行科学研究时所表现出来的高尚的道德观念、美好的情操以及为真理献身的奉献精神都是值得我们学习、继承和发扬的。

第四,学习科技史有利于树立正确的世界观、人生观和价值观。见贤思齐,在学习科技史的过程中,我们的世界观、人生观和价值观都会向好的方面转变,从而有助于社会主义精神文明建设和人才的培养。

2. 学习方法论的意义

前面已经讲到科技史与方法论是相辅相成的关系,本书对于方法论的介绍也是基于这一观点。下面就从科技发展史的角度来谈一下学习方法论的意义。

第一,学习方法论有助于更好地认识世界、改造世界。所谓的方法论,就是人们认识世界和改造世界的根本原则和根本方法,因此,只有掌握了科学方法,才会更好地认识世界、改造世界。科技和方法的发展史恰好验证了这一点。早期,科技不发达,只能直接观察才认识世界,就好比坐井观天,只能看到很少的一部分,随着科学的发展,新的方法产生,人类认识世界和改造世界的能力也越来越强。

第二,古人云:"工欲善其事,必先利其器。"俗话也说:"磨刀不误砍柴工。"学习方法论有助于我们学习和掌握新的理论,顺利进行科学研究。我们常说,学习要注重方法,如果我们连有哪些方法都不知道,何来注重方法之说?方法论的学习能够帮助我们了解各种科学方法的特点,只有了解科学方法的特点,我们才能更好地使用科学方法,不仅学习会事半功倍,科学研究工作也会高屋建瓴,少走弯路和岔路。正所谓"好的方法是成功的一半"。无数的事实表明:无论是工作还是学习,方法的正确与否是决定成功与失败的关键。

越是基础性和深刻的科学技术,越是需要科学方法论的指导。探索人类思维的奥秘和模拟人类的智力能力的智能科学技术是一门基础性和深刻的学科,因此尤其需要学习和掌握先进的科学方法论。

1.4 本章小结

本章首先给出了科学技术的含义,从科学技术的使命、演进和前景角度描述了辅人律、拟人律和共生律 3 个科技发展的规律阐述了科技方法论的含义、性质和分类等,最后给出了学习科技史与方法论的重要意义。

参 考 文 献

[1] 钟义信. 机器知行学原理:信息、知识、智能的转换与统一理论[M].北京:科学出版社,2007.

[2] 张弘政. 从技术的二重性看技术异化的必然性与可控性[J]. 科学技术与辩证法,2000,22(5):63-65.

[3] 陈文化,沈健,胡桂香. 关于技术哲学研究的再思考——从美国哲学界围绕技术问题的一场争论谈起[J]. 哲学研究,2001(08):60-66.

[4] 闫宏秀. 技术进步与价值选择[D]. 上海:复旦大学,2000.

[5] 倪钢. 技术本质的隐喻理解及其微观解释[J]. 科学技术与辩证法,2002,21(6):75-78.

[6] 远德玉,丁云龙. 科学技术发展简史[M]. 沈阳:东北大学出版社,2000.

[7] 钟义信. 信息科学原理[M]. 3 版. 北京:北京邮电大学出版社,2002.

[8] 杨水旸. 简明科学技术史[M]. 北京:国防工业出版社,2008.

[9] 吴元樑.科学方法论基础[M].增补本.北京：中国社会科学出版社,2008.

[10] 孙世雄.科学方法论的理论和历史[M].北京：科学出版社,1989.

[11] 马克思,恩格斯.马克思恩格斯选集第13卷[M].北京：人民出版社,1995：531。

[12] 马克思,恩格斯.马克思恩格斯选集第3卷[M].北京：人民出版社,1995：544。

[13] 北京大学哲学系.十六—十八世纪西欧各国哲学[M].北京：商务印书馆,1975.

[14] 拉普拉斯.宇宙体系论[M].李珩,译.上海：上海译文出版社,2001.

[15] 爱因斯坦.爱因斯坦文集第一卷[M].北京：商务印书馆,2009.

[16] 钱学森.论系统工程[M].上海：上海交通大学出版社,2007.

[17] 钱学森.创建系统学[M].上海：上海交通大学出版社,2007.

[18] 孙其信,梁大中.科学方法的分类浅析[J].山东师范大学(自然科学版),2000,15(1)：31-34.

[19] 睦平.科学创造的横向研究[M].北京：科学出版社,2007.

[20] 钟义信.高等人工智能原理[M].北京：科学出版社,2014.

思 考 题

1. 请描述科学与技术的含义及它们的联系。

2. 谈谈你怎样理解科学技术的使命、演进和前景。

3. 如何理解科技史与方法论的关系？

第2章 人类能力进化与扩展的规律

本章学习目标

- 掌握人类能力的进化规律。
- 掌握人类能力扩展的规律。

如前所述,科学技术存在的唯一价值就是帮助人类更好地实现文明进化——利用外部世界的资源,创制各种劳动工具,扩展人类自身的能力。因此,科学技术必然要根据人类能力扩展的实际需要而发展。这就是"需求牵引"的原理。也就是说,科学技术的发展必然要遵从人类能力进化的规律。

2.1 人类能力的进化规律

什么是人类能力进化的规律?考察表明,这个规律含有五个方面的内容。

(1) 关于人类能力的构成。

人类的能力多姿多彩,多种多样,从不同的考察粒度出发,可以得到不同的分类。但从宏观的而且是最有意义的粒度来考察,人的能力包含 3 个互相联系、相辅相成的方面:体质能力、体力能力、智力能力。

(2) 关于人类三种能力的地位和作用。

显而易见,人类三种能力的地位和作用是各不相同的。一般,体质能力反映人的体质结构的合理性和强健性,是人的全部能力的基础,没有良好的体质条件,体力和智力就会失去基本前提。体力能力反映人的力量的充沛性和持久性,它建筑在体质能力的基础上。智力能力则反映人的思维和智慧的理智性和敏锐性,它建筑在体质能力和体力能力两者基础上。

(3) 人类能力进化的阶段性。

人类能力的增长和发展不是齐头并进没有重点,而是首先从体质能力开始,在此基础上才有体力能力的发展,然后才是智力能力的展开。无论是人类种群的进化过程还是人类个体的生长过程,都可以看出三种能力生长发展的这种明确的而且是不可颠倒的阶段顺序。从人类生存发展的需求来说,这样的阶段性是绝对必要的和合理的:为了生存,没有足够的体质能力是不可思议的;为了发展,没有足够的体力能力是没有希望的;而为了适应环境和改造环境,仅凭体质能力和体力能力而没有足够的智力能力是不可能实现的。

（4）人类能力进化的协同性。

虽然人类能力的进化呈现出明显的而且是不可颠倒的阶段性，但是，各个阶段又不是绝对单一地发展的，而是互相联系、互相协同的。更准确地说：人类能力进化的最早阶段是以体质能力的进化为主的协同发展，接着的阶段是以体力进化为主的协同发展，然后是以智力能力进化为主的协同发展。所以，从人类能力进化的每个阶段来考察，人类能力的发展都是体质能力、体力能力、智力能力三者协同发展的而不是单一发展的；但是，在不同的人类能力发展阶段，人类三种能力发展的主次关系、协同状况和水平又是很不相同的。

（5）人类能力进化的集成性。

综合以上各点就可以理解，人类能力的进化是集成的和不断进步的：最早阶段以体质能力的进化为主而体力和智力相对比较低下；接着是以体力能力的进化为主，而体质能力则将在原有基础上保持与体力发展相适应的协同发展，智力能力也在前一阶段进化的基础上有所增进；再后一个阶段是以智力能力的进化发展为主，而体质能力和体力能力也将得到与之相适应的增强和发展。因此，人类能力进化的第二阶段比第一阶段更加强大，第三阶段则比前两个阶段更加智慧。

按照科学技术发展的辅人律和拟人律，人类能力进化的上述规律，就决定了以扩展人类能力为己任的科学技术的内容构成性、发展阶段性、协同性和集成性。换言之，虽然科学技术发展的历史充满了各种各样的不确定性，但是，由辅人律和拟人律所决定的科学技术的构成性、阶段性、协同性和集成性规律又是十分明确的。

由此，便可以进而考察人类能力扩展的基本规律。

2.2　人类能力扩展的规律

与人的三种能力相对应，现实世界恰好存在"物质资源、能量资源（人们习惯上把它简称为能源）、信息资源"三类资源。科学技术发展的过程可以看作是，人类利用物质科学技术、能量科学技术、信息科学技术，把三类资源加工成为"扩展人类体质能力、体力能力、智力能力"的科技产品。在这个意义上，我们可以认为，科学技术的任务就是"认识现实世界三类资源（物质、能量、信息）的性质和人类三种能力（体质、体力、智力）的奥秘，在此基础上，把资源加工成为可以用来扩展人类能力的产品"。

因此，扩展人类三种能力的规律可以概括为如下三点：

- 研究和利用物质科学技术，生产质料工具，扩展体质能力。
- 研究和利用能量科学技术，生产动力工具，扩展体力能力。
- 研究和利用信息科学技术，生产智能工具，扩展智力能力。

质料工具的主要作用是扩展人的体质能力。也就是说，如果把质料工具的功能与人的体质能力适当地结合起来，就使人类的体质能力获得了扩展：具有更强的硬度、更好的弹性、更满意的应力特性、更高的熔点、更低的凝聚点、更强的耐压能力、更强的抗腐蚀能力和抗辐射能力等。

质料工具的制造一方面需要利用一定的物质资源，同时需要应用物质结构和材料力学等科学理论。换言之，制造质料工具的关键在于：利用材料科学技术的理论和方法，把相应的物质资源转变成为具有各种优良性质的材料,并根据力学科学原理把各种材料加工制造成为具有相应功能的人造物——工具。

第 3 章详细描述了人类体质能力(视觉和听觉)的发展进化及其科学方法论。此处,我们以农耕用的犁的发展过程作为人类扩展体质能力的一个例子。

人类早期的生活依赖于刀耕火种等繁重劳动,但只能收获很少的谷物。为了让部落能够休养生息、安居乐业,炎帝决心改进耕播和种植方法。《易经·系辞》说,神农"斫木为耜,揉木为耒,耒耜之利,以教天下"。《礼·含文嘉》说,神农"始作耒耜,教民耕种",都讲到炎帝神农制作耕播工具——耒耜(图 2.1)。

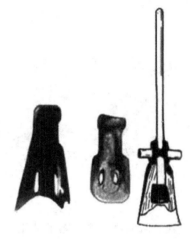

图 2.1　耒耜

传说,炎帝在林地里看到野猪正在拱土,长长的嘴巴伸进泥土,一撅一撅地把土拱起。一路拱过,留下一片被翻过的松土。野猪拱土的情形给炎帝留下很深的印象。能不能做一件工具,依照这个方法翻松土地呢?经过反复琢磨,炎帝在尖木棒下部横着绑上一段短木,先将尖木棒插在地上,再用脚踩在横木上加力,让木尖插入泥土,然后将木柄往后扳,尖木随之将土块撬起。这样连续操作,便耕翻出一片松地。

这一改进,不仅深翻了土地,改善了地力,而且将种植由穴播变为条播,使谷物产量大大增加。这种加上横木的工具,史籍上称为"耒"。在翻土过程中,炎帝发现弯曲的耒柄比直直的耒柄用起来更省力,于是他将耒的木柄用火烤成省力的弯度,成为曲柄,使劳动强度大大减轻。为了多翻土地,后来又将木耒的一个尖头改为两个,成为双齿耒。

经过不断改进,在松软土地上翻地的木耒,尖头又被做成扁形,成为板状刃,叫木耜。木耜的刃口在前,破土的阻力大为减小,还可以连续推进。木制板刃不耐磨,容易损坏。人们又逐步将它改成石质、骨质或陶质,有的制成耐磨的板刃外壳,损坏后可以更换,这就是犁的雏形了。为了适应不同的耕播农活,先民们又将耒耜的主要组成部分制成可以拆装的部件,使用时,根据需要进行组合。

犁是由耒耜发展演变而成的。用牛或马牵拉耒耜以后,才渐渐使犁与耒耜分开,有了"犁"的专名。据甲骨文的记载,犁约出现于商朝。西周晚期至春秋时期出现铁犁,西汉出现了直辕犁,只有犁头和扶手。而缺少耕牛的地区,则普遍使用踏犁。在四川、贵州等省的少数民族地区均有踏犁的实物,使用时以足踏之,达到翻土的效果。至隋唐时代,犁的构造有较大的改进,出现了曲辕犁(图 2.2)。除犁头扶手外,还多了犁壁、犁箭、犁评等。据陆龟蒙《耒耜经》记载,犁共有十一个用木和金属制作的零件组成,可以控制与调节犁耕的深度,十分庞大,必须双牛才能牵挽。中国历史博物馆有唐代犁的复制模型,其原理为今天的机引铧式犁采用。唐朝的曲辕犁与西汉的直辕犁相比,增加了犁评,可适应深耕和浅耕的不同需要;改进了犁壁,犁壁呈圆形,可将翻起的土推到一旁,减少前进的阻力,而且能翻覆土块,以断绝杂草的生长。此后,曲辕犁就成为中国耕犁的主流犁型。

现代犁铧比起历史上的犁铧改进了很多(图 2.3),现代犁嘴多用纯钢代替,犁底则用生

铁铸造件制成,犁杆可以调节高度,灵活机动性更高,耕深由原来的固定深度改为可调节深度。现代三铧犁的犁架设有纵杆和横杆,纵杆上通过活动套固定3个犁铧,纵杆上还设有犁轮,纵杆的前端设有连接孔,用于与拖拉机连接。现代犁铧具有以下优点:①灵活性高,可方便地调节犁铧的深浅和宽窄;②适用性强,适用于不同硬度土壤的耕作;③固定较好,耕作笔直、均匀,耕作质量好;④轻便,动力需求小,不仅延长了拖拉机的使用寿命,而且加快了耕作速度,省油,省时。

图 2.2　曲辕犁

图 2.3　现代犁铧

在工具的制造和牲畜的使用上,中国人都明显地领先于欧洲人。比如,中国人深翻土地的犁,在欧洲到17世纪前后才出现。在农耕时代,农具和牲畜是将人力解放出来的主要生产工具,它们的利用效率直接决定了生产力水平。中国先进的农业技术保证了在从公元2世纪到17世纪的一千多年里中华文明领先于世界。

动力工具的主要作用在于扩展人的体力能力。于是,如果把各种动力工具的功能与人的体力能力适当地结合起来,就可以使人类的体力能力得到有效的扩展:具有更强大的推动力、牵引力、荷重力、悬浮力、冲击力、切削力、爆破力、摧毁力等。

动力工具的制造一方面需要利用一定的能量资源,同时需要应用能量转换与守恒理论等科学理论。需要注意的是,能量是物质做功的本领,能量离不开物质。因此,制造动力工具的关键在于:利用能量科学技术和材料科学技术的理论和方法,把相应的能量资源及其相伴的物质资源转换成为具有优良性能的材料和动力,并根据能量和材料科学原理把它们结合起来制成具有相应功能的人造系统——动力工具。

可见,与制造质料工具的情况不同,动力工具的制造需要能量和物质两类资源,需要能量科学技术和材料科学技术两方面的理论和方法。

第4章详细描述了人类体质能力(视觉和听觉)的发展进化及其科学方法论。此处以火车和铁路为例,描述人类如何利用动力工具扩展体力能力。

即便是中国古典小说《水浒传》中的神行太保,日行一千里,夜行八百里,他从北京到广州也要超过两天两夜。而当前我们乘坐京广高铁只需8个小时。

1765年,英国人瓦特发明了蒸汽机,从此揭开了人类科技革命的序幕。1769年,法国工程师库纳研制成功第一辆蒸汽机车。英国人理查德·特里维西克(1771—1833)经过多年的探索、研究,终于在1804年制造了一台单汽缸和一个大飞轮的蒸汽机车,牵引5辆车厢,以8km/h的速度行驶,这是在轨道上行驶的最早的机车。因为当时使用煤炭或木柴做燃料,就把它叫作"火车"了。有趣的是,当时这台机车没有设计驾驶座,驾驶员只好跟在车子旁,边走边驾驶。11 年后,英国人莫莱为了提高蒸汽机车的速度,将机车的主动轮改成一个大齿轮状,铁轨也改成带齿的。

与此同时,自学成才的英国技师史蒂文森(1781—1848)也在积极改进火车的性能,并且取得了很大的进展。1814 年,他制造了一辆两个汽缸的、能牵引 30 吨货物、可以爬坡的火车。于是,人们开始意识到,火车是一种很有前途的交通运输工具。然而,当时的马车业主们极力加以反对。1825 年,斯托克顿与达林顿之间开设了世界上第一条营业铁路,史蒂文森制造的"运动号"列车运载旅客以 24km/h 的速度行驶其间。尽管火车已经加入了运输的行列,但马车仍在铁路上行驶。到了 1829 年,曼彻斯特至利物浦间的铁路铺成后,为了决定采用火车还是马车,举行了一次火车和马车的比赛,史蒂文森的儿子改进的"火箭号"获胜。"火箭号"长 6.4m、重 7.5 吨,为了使火燃烧旺盛,装了 4.5m 高的烟囱。牵引乘坐 30 人的客车以平均时速 22km/h 行驶,比当时的四套马车快两倍以上,充分显示了蒸汽机车的优越性。于是这条铁路就采用火车了。从这以后,火车终于取代了有轨马车。史蒂文森还在路基和铁轨铺设上下工夫。他曾说过一段有趣的话:"火车与铁轨是夫妻关系,只要它俩关系融洽,火车的速度是不可估量的。"

1909 年,中国首条自行设计和运营的铁路——京张铁路(北京至张家口)开通运营。2010 年,中国铁路里程数超过俄罗斯,成为世界第二,高铁里程数世界第一。2012 年,中国京广高铁全线开通,全长 2298km,设计速度 350km/h,现运行速度降为 310km/h,成为世界上最长的高铁,从北京坐高铁到广州的旅行时间缩短至 8 小时(图 2.4)。

图 2.4 中国京广高速铁路及高铁列车

智能工具的主要作用是扩展人的智力能力。于是,如果把智力工具与人的智力能力结合在一起,就可以使人类的智力能力得到有效的扩展:具有更敏锐的观察能力、更广阔的感知能力、更精细的分辨能力、更高效和更可靠的信息共享能力、更强大的记忆能力、更快捷的计算能力、更好的学习与认知能力、更明智的决策能力、更强大的控制能力等等。

智能工具的制造一方面需要利用信息资源,另一方面需要应用信息加工与转换(把信息

转换成为知识并进一步转换成为智能)的科学理论。同样需要注意的是,信息是物质运动状态及其变化方式的呈现,因此,信息离不开物质,也离不开能量。于是,制造智能工具的关键就在于:利用信息科学技术的理论与方法把信息资源提炼成为知识,进一步把知识激活成为智能,并根据信息科学技术、能量科学技术、材料科学技术的原理和方法把它们转变成为具有相应智力功能的人造系统——智能工具。

可见,与制造质料工具和动力工具的情形都不同,智能工具的制造需要信息、能量和物质 3 类资源,需要信息科学技术、能量科学技术、材料科学技术 3 个方面的综合知识和综合技能。

电报和电话是人类智力能力扩展的典型范例。火车和铁路缩短了人与人之间的物理距离,而电报和电话缩短了人们之间的通信距离。

人类早先使用烽火台、快马、信鸽等作为信息传递的方式。这些方式传输信息的内容简单,传输时间很长。19 世纪中叶,莫尔斯码的发明彻底改变了这个问题。塞缪尔·莫尔斯(Samuel Finley Breese Morse,1791—1872)是电报之父。他在认识一位电磁学学者查尔斯·杰克逊后,决定研制一种用电传输信息的装置。经过 3 年多的钻研,他决定用点、横线和空白共同承担起发报机的信息传递任务。他为每一个英文字母和阿拉伯数字设计出代表符号,这些代表符号由不同的点、横线和空白组成。这是电信史上最早的编码,后人称它为"莫尔斯电码"(图 2.5)。

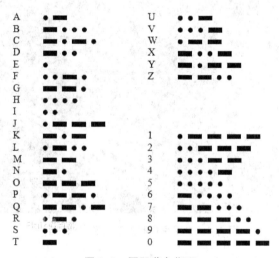

图 2.5　国际莫尔斯码

有了电码,莫尔斯马上着手研制电报机。他在极度贫困的状况下进行研制工作。在 1837 年 9 月 4 日,莫尔斯终于制造出了一台电报机。它的发报装置很简单,由电键和一组电池组成。按下电键,便有电流通过。按的时间短促表示点信号,按的时间长些表示横线信号。它的收报机装置较复杂,是由一只电磁铁及有关附件组成的。当有电流通过时,电磁铁便产生磁性,这样由电磁铁控制的笔也就在纸上记录下点或横线。这台发报机的有效工作距离为 500m。之后,莫尔斯又对这台发报机进行了改进。应该在实践中检验发报机的性能了。莫尔斯计划在华盛顿与巴尔的摩两个城市之间架设一条长约 64km 的线路。为此,他请求美国国会资助 3 万美元作为实验经费。国会经过长时间的激烈辩论,终于在 1843 年 3 月通过了资助莫尔斯实验的议案。1844 年 3 月,国会通过了拨款。电报线路终于建成了。

1844 年 5 月 24 日,莫尔斯坐在华盛顿国会大厦联邦最高法院会议厅中,用激动得发抖的手向 64km 以外的巴尔的摩城发出了历史上第一份长途电报:"上帝创造了何等奇迹!"

电报的发明使人类第一次能够及时获得千里之外的信息,但是,人类还需要一种工具,实现人们之间的即时信息传递,电话便实现了这个功能。

亚历山大·贝尔拥有电话的发明专利(图 2.6)。1847 年他出生于苏格兰的爱丁堡,并在那里接受初等教育。1870 年贝尔移民到加拿大,一年后到美国。1882 年他加入美国国籍。贝尔本人是一个声学生理学家和聋哑人语的教师。在他之前,意大利人安东尼奥·梅乌奇和德国人菲利普·雷斯都曾发明过电话机,但传声效果极差,实际上无法使用(美国国会 2002 年 6 月 15 日 269 号决议确认安东尼奥·梅乌奇为电话的发明人)。1876 年贝尔与他的助手沃特森试验了世界上第一台可用的电话机。

图 2.6　亚历山大·贝尔及其发明的电话

1877 年,贝尔、华生、桑德士、哈勃特 4 人成立贝尔电话公司,以出租电话机和电话线收取使用费的方式开始为一些最早接受电话的家庭装设电话。慢慢地,大家逐渐认识了电话的价值,装设的家庭也越来越多,而它的功能也越能显现出来。因此,电话机就犹如雨后春笋一般大量装设,最后,终于设立了总机。电话以惊人的速度发展,贝尔电话公司的业务日趋发达,最后改名为美国电话电报公司,成为占全美国 90% 以上市场的庞大组织。

1878 年,美国人乔治·科伊发明了电话交换机,1879 年,帕克医生发明了电话号码。1885 年,贝尔电话公司成立了美国电话电报公司(即 AT&T 公司)。在 20 世纪初,除南极之外,世界各地都有了四通八达的电话网络。电信行业从此成为世界上发展最快的工业。电话已经成为人类文明生活中不可或缺的物品。

把以上所讨论的内容结合起来,我们可以引出人类能力进化和科学技术发展的极为重要的规律:正如人类能力的发展呈现出"体质能力的发展最先起步,接着是体力能力的成

长,然后是智力能力的发展",科学技术的发展也是"材料科学技术最先出现,接着是能量科学技术的进步,然后是信息科学技术的发展"。当然,这种阶段性的划分是相对而言的,而不是绝对划分的。人类能力发展和科学技术发展的这种先后顺序不是偶然的,而是有着深刻的进化论根源和认识论根源。

一方面,在人类的体质能力、体力能力和智力能力这三者中,作为"万物之灵"的灵性体现,智力能力相对而言最为复杂,体质能力相对而言较为简单,体力能力则介于二者之间。而人类的进化过程必然从简单走向复杂,因而必然会有体质能力的进化在前,体力能力的进化随后,智力能力进化更后的能力进化顺序。

另一方面,从利用资源制造工具(即科学技术)的发展过程来说,在物质资源、能量资源、信息资源三者中,物质资源相对而言比较直观,信息资源相对而言比较抽象,能量资源则介于两者之间。而人的认识过程总是要从直观逐渐走向抽象,因而也必然会有材料科学技术的发展在前,能量科学技术的发展随后,信息科学技术的发展更后的科学技术发展进步顺序。

因此可以说,推动人类能力进化和人类文明进程的主要原因,不是政治的更替和战争的胜利,而是科学技术的进步。

2.3 本 章 小 结

本章从阶段性、协同性和集成性等方面介绍了人类能力进化的规律,并从质料工具、动力工具和智能工具三个方面介绍了人类扩展体质、体力和智力能力的规律,最后结合人的认识规律,给出了从材料科技到能量科技再到信息科技的发展进步的方向。

思 考 题

1. 你是怎样理解人类能力的进化规律的?
2. 请描述人类能力扩展的规律。

第 3 章 人类体质能力的模拟及方法论

本章学习目标

- 了解科学技术是如何萌芽的。
- 了解人类视觉能力的扩展过程中的科技发展及方法论。
- 了解人类听觉能力的扩展过程中的科技发展及方法论。
- 了解新型工具是如何增强人类体质能力的。

3.1 导　　言

　　体质能力、体力能力和智力能力是人的能力的三个基本方面,其中体质能力是人的全部能力的基础,它反映人的体制结构的合理性和强健性,是体力能力和智力能力的前提,只有拥有良好的体质能力,才会更加有益于体力能力和智力能力的扩展。

　　人的体质能力又包括两个方面[1],其一是人类自身在身体各个器官的协调作用下所具有的体质能力,其二是人类在质料工具的帮助下对自身体质能力的扩展。科学技术的发展史是人类借助各种工具扩展自身体质能力、体力能力和智力能力的过程。本章主要讲述人类体质能力随着科学技术的发展,在质料工具的帮助下不断扩展和增强的过程,同时会介绍相关方法论。

　　现在,许多我们认为常识中的东西都是经过了人类漫长的探索和无数岁月的积累得来的。纵观古今,科学技术发展到今天,我们的社会越来越智能化,我们可以为之而骄傲,但是也不能忘了:没有先人的工作成果,就没有现在的美好生活。正所谓"前人栽树,后人乘凉",我们在享受这一切的时候千万不要忘了"栽树人"。

　　本章主要从人类体质能力扩展的角度来描述科学技术的发展史及其方法论。3.2节介绍人类初步进化和原始社会的科学技术萌芽。原始人在学习使用工具的过程中,身体发生质的改变,体质结构越来越趋向现代人类,完成人类进化的第一阶段,即生物进化阶段,这个阶段,人类自身体质能力大大增强,同时通过简单工具的使用和制造初步扩展体质能力。此阶段,方法的概念还没有形成,人类只是下意识地在生活中应用了观察、试验、想象等方法。3.3节介绍人类进入文明进化阶段和古代社会时期科学技术的初步发展。人类在约公元前3000年发明了文字,从此人类进入有文字可考的文明阶段。古代人在农业劳动中充分发挥

自己的想象力和创造力,发明各种农具,进一步扩展体质能力。古代人类虽然会运用一定的方法,但是古代方法还比较单一,缺乏理论指导。3.4 节介绍近代社会时期自然科学产生和发展。科学技术发展过程中,显微镜、望远镜等各种发明应运而生,使人类看得更远、更深,在科学研究中发挥了重大作用,人类的视觉能力、听觉能力等体质能力得到很大的扩展。在显微镜、望远镜等工具的帮助下,观察实验等方法得以更好地应用,其他如归纳演绎、分析综合等方法也得到了发展,生物和天文物理领域取得突破性成果。3.5 节介绍现代社会人类的体质能力的扩展。信息时代,各种重大发明不断问世,虽然在这个时代得到最大扩展的是智力能力,但是人类体质能力更是得到前所未有的扩展和增强。现代社会,方法论的理论已经比较成熟,而且产生了新的方法,如控制论方法、系统论方法、信息论方法等。

3.2　科学技术的萌芽和人类完成生物进化

3.2.1　原始社会

大约在二三百万年以前,真正意义上的人类在地球上诞生。我们一般把从人类诞生到公元前 3000 年之间的社会称为原始社会。在原始社会的初期,人类的外表和现代人类存在非常大的差异,体质能力也比较弱。在原始社会中,生产力水平极其低下,生产技术很不发达,没有城市文明,自然知识匮乏,正是在这样的环境下,原始人通过自己的艰辛劳动,逐渐掌握改造自然的技能,积累了一些原始经验知识。这就是科学技术幼芽的萌发。但是在这一时期的科学还不能成为真正的科学,此时的科学形态还只是原始自然经验知识,而且文字还没有出现。在原始社会时期,人类主要靠直接的观察和简单的自然检验来认识自然和改造自然。

习惯上,我们把原始社会分为旧石器时代和新石器时代。

1. 旧石器时代

旧石器时代距今约 250 万年至距今约 1 万年,旧石器时代是人类由南方古猿进化到现代人类的第一个阶段,这个进化阶段称为生物进化阶段,也叫做初级进化阶段,这个阶段可以分为四个主要阶段:南方古猿、能人、直立人、智人。这个阶段是人类体质结构发生改变的阶段。由考古发现,早期人类的骨骼并不是如现在人类一样直立的,所以说原始社会初期,人类并不是直立行走的,旧石器时代正是人类开始由非直立行走到直立行走的体质进化阶段。同时,人类智力虽然发展缓慢,但是逐步开始被开发。

1) 南方古猿到能人

人类的祖先是南方古猿。最初,南方古猿和所有的森林古猿一样,都是栖息在树上的,但是某些地区由于气候变化,森林减少,在树上生活的森林古猿被迫到地面上生活。但是地面杂草丛生,它们在四肢行走时,草木遮挡了它们视线。于是,它们慢慢地开始尝试抬起前肢,只靠后肢行走。而且它们发现,直立行走时不仅可以看得更远,而且空闲下来的前肢可以抓捕猎物和拿石块、木棍等当作武器来保护自己。于是,经过漫长的时间,森林古猿终于学会只用后肢走路,这就是南方古猿。南方古猿大约生活在 420 万年至 150 万年前,它们能使用天然的工具,但是还不会制造工具,它们的脑容量仅仅为 $450\sim530$ mL,它们是已经发现的最早的原始人类。

大约在 200 万年至 150 万年前，原始人类学会制造简单的工具，脑容量也扩大到平均 680ml，我们把这一时期的原始人类叫做能人。石器的创造和发明是原始人第一个最重要的技术创造。石器也是原始人改造自然的最有力、用途最广泛的工具，是实现人对自然界能动关系的武器。当时的石器还非常简单，只是天然的石块稍加加工而成。人类主要靠动物尸体和采集为生，相互之间为了交流，语言开始形成，但是此时的原始人只会从喉咙发出不同的声音，还没有具体的意思，语言十分模糊。能人的体质特征已经在劳动中发生了变化。根据考古总结，能人都很矮，高度不过 144cm，可能由于开始吃肉食的缘故，能人的门齿、犬齿较大，前臼齿比纤细型南方古猿窄；锁骨与现代人相似，手骨和足骨比现代人粗壮，大体比较相似；头骨的骨壁薄，眉嵴不明显。能人在制造工具的劳动过程中，前肢进一步得到解放，简单的思考使他们的脑容量扩展到大约 680ml。

2）能人到直立人

大约在 200 万年至 20 万年前，原始人类学会了打制不同用途的石器和使用天然火，这一时期的人类称为直立人。直立人是真正的猎人，结束了主要以动物尸体为食的时代，开始靠打猎获得肉食。直立人通过不断的学习，已经可以打制各种不同用途的工具——铲子和耙子、锤子、石刀等，锤子可以用来敲碎骨头，石刀可以用来刮骨髓，双刃的石头用途有很多。从现在开始，直立人的一生在学习中度过，语言系统也越来越发达。

如果说石器的创造和发明是原始社会的第一个重要的技术创造，那么火的利用和人工取火的发明就是当之无愧的另一大技术创造。火扩大了食物的种类和来源，为增强人的体质，促进大脑的发育创造了有利条件。试想一下，在原始社会某一个雷雨交加的天气里，一道闪电击中了森林中的大树，慢慢地一棵大树上的大火蔓延到别的树木上……，在雨后，如果还是有一些火没有熄灭，能人偶然来到这里，发现了正在燃烧的小部分树木和已经被火烧过的动物的尸体，一些大胆的能人慢慢地靠近火，发现火可以让自己感到温暖，拾取火中被烧死的动物的肉来吃，发现经过火加工过的食物会更加美味，而且火可以通过干燥的树枝"拿走"。于是能人开始利用火，慢慢地，它们发现火还可以防止野兽的侵袭，可以用来围攻猎取野兽，可以用来取暖照明，而且在火里呆过的东西吃了不会拉肚子，能人才正式结束了茹毛饮血的生活。人类活动的领域随着火的使用进一步扩大，熟食使能人的体质增强。但是，在这个时代，原始人还只会利用天然火。

直立人阶段是人类进化的最关键的一个阶段。直立人和能人相比，大脑、牙齿和面部都发生了很大的变化。直立人的脑结构开始初步进化。熟的肉食中的蛋白质为大脑的发育创造了条件，直立人脑子明显增大，结构变得更加复杂并进行了重组，显示出直立人已经有了相当的文化行为；另外，牙齿和面部也都有变化，后部牙齿减小，前部牙齿过大，这可能与直立人吃肉食和需要用牙齿撕扯肉食有关；面部变得比较扁平，身材也明显增大。原始人类在劳动中不断地改变着自身的体质能力，身体的协调性越来越好。

3）直立人到智人

智人生活在距今约 20 万年至 1 万年前，智人的外表和现代人类已经非常相似，脑容量平均为 1360ml。智人不仅会利用天然火，而且在利用野火、保存火种的基础上终于发明了人工取火的方法，如"钻木取火"或"击石取火"。智人用打制的方法把燧石一类的石块加工成薄片，还制造出各种石器，砍削器、石刀、石斧、石锯、石凿等工具也越来越精细。智人在火

的帮助下,可以制造出非常精细的骨器,他们用骨针缝制兽皮衣物。后来,经过漫长岁月的积累,智人还学会了制造标枪、长矛和弓箭进行狩猎、捕鱼。弓箭标志着人类已经开始制造比较复杂的工具,人类的智力已经比较发达。弓箭进一步扩大了人类的狩猎范围,食物更加丰富,体质得到进一步增强。智人脑容量和现代人很相似,晚期智人除了保留某些原始特征外,已经基本和现代人类一样了,人类本身的进化基本完成。

2. 新石器时代[2]

大约在距今1万年以前,人类进入了新石器时代,新石器时代是考古学上石器时代的最后一个阶段。在新石器时代,人们主要用磨制的方法加工石器,磨光石器非常盛行,石器不再单一,类型更加多样,效率更高,用途更广,甚至制造出了石犁。石器工具的使用和改进是原始社会生产力的主要内容。新石器时代,人类不仅会狩猎、采集、捕鱼,还开始饲养动物,种植作物,畜牧业和农业开始发展起来。

人类学会了用火后,开始烧制陶器。制陶是人类最初的化工工艺,它标志着人类第一次使用自然能源改变天然材料的性质,制造出第一种人工材料。陶器使人类的生活更加方便,陶器上的花纹是早期艺术的体现。冶金技术也是在制陶技术的基础上发展起来的。

大约距今1万年前,人类开始驯养动物,最开始的时候,可能只是驯养狗和羊,这是畜牧业的雏形。大约9000年以前,人类开始种植作物,这就是最初的农业。畜牧业和农业的出现,使人类获得了更为丰富的食物来源,导致了人类的定居和村落生活。此时人类已经开始时学会用木头和砖头来搭建房屋。

原始技术发明的意义不仅在于人类开始能动地改造自然,同时,他们在改造自然界的过程中也改造了人类本身,发展了人类的聪明才智,人类开始逐步认识自然物的属性。制造石器,要求人们了解岩石的性质,知道什么样的石头适于加工石器,以及加工成什么样的形状才能适合各种不同的用途。从学会打制简单的石器到学会琢削、磨光,并掌握穿孔的技术,是人类运用观察力和发挥创造性的结果。

人类正是在这样的过程中积累了经验性的自然知识。同样,从利用野火,保存火种,到学会人工取火,也是经验性的自然知识积累的结果。甚至用火烧烤或煮熟食物也必须有相当的知识。当然,原始人在劳动中积累的经验知识是很肤浅的、初级的。但是它终究包含着对自然事物和自然规律的正确反映,并且被用来作为进一步改造自然的武器。这种经验知识应当看作是萌芽状态的科学。正是这种萌芽状态的科学形成了后来的力学、物理学、化学、生物学、天文学。

新石器时代以后的人类称为现代人,此时人类生物进化(初级进化)基本完成,人类自身体质能力得到最大开发,在以后的岁月中,人类在科学技术的辅助下,在各种质料工具的帮助下,不断地扩展其体质能力。

3.2.2 科学技术与巫术、宗教

在原始社会时期,虽然人类不能从书本上获取知识,也没有文字的传承,语言也不发达,缺乏对自然的理解,人类还是开始利用自己的力量,用最简单的工具向自然界进攻。人类在世世代代的劳动中认识自然和改造自然,但是,人类的力量毕竟是有限的,在生产力极其低下的原始社会,对自然进行改造是微不足道的。虽然人类已经具备了一定的智力,但是人类在自然面前就犹如一个刚出生的婴儿面对一个知识渊博而且正值壮年的智者,人类显得那么的软弱和幼稚无知。日月星辰,风雨雷电,生老病死等,大自然的一切都让人类感到无比困惑。在这种情况下,原始的宗教就产生了。人类需要一种自然观来对一切自己不理解的事物进行解释,于是,神走进了人类的心中。人们信奉神灵,认为人死后灵魂不灭,轮回转世。当人类在遇到解释不了的问题和无法完成改造自然时,就会求助神明。于是,巫术形成了。

原始科学并非真正意义上的科学,在一定程度上,可以说,原始科学就是人类起源时期萌芽阶段的巫术和祭祀。巫术和祭祀是最原始的宗教仪式。当人类遇到问题就会进行这种宗教仪式,例如求雨等。原始人类对自然的理解就是通过宗教来表达的。虽然,在现在的人们看来,宗教是和科学完全相悖的东西,但是那是原始人对自然事物属性的某些认识,是在认识自然和改造自然过程中进行的活动,一定程度上也属于自然经验知识的积累。从历史上看,技术和巫术、科学和原始宗教则是作为对立统一体一起发展着的,两者之间的界限并不是十分分明的。

3.2.3　文明的开端

大约在公元前 3000 年左右,人类结束蒙昧的原始时代,进入了有文字可考的文明时代。在西亚、北非、南欧地区,东亚、南亚地区,中美洲和中央安第斯地区等有利于农业发展的各个大河流域先后出现了私有制和奴隶社会,产生了古巴比伦、古埃及、古印度、古希腊、古罗马和古中国文明。[2]

文字的发明和应用是人类活动和智力发展的结果,又是推动古代科学发展的有力杠杆和自然知识科学化的前提。约在公元前 3000 年苏美尔人最先制造图画文字,以后便有了巴比伦的楔形文字和埃及的象形文字。中国殷商时期的甲骨文字也是象形文字,但中国此时也已有了大量符号文字。约在公元前 1300 年左右,腓尼基人已创造了拼音字母文字。希腊字母、拉丁字母都是在腓尼基字母的基础上发展起来的。文字的发明造就了古代的一批学者。他们成为古代自然科学发展的骨干力量。但是,古代的科学技术是在学者与工匠相互隔离的状态下发展起来的。

在人类文明的开始时代,已经有了关于自然的各种猜测。古埃及文献中已有了万物来自冷水,冷水产生一切有生命物体的看法。在中国,具有朴素唯物主义自然观的阴阳说和五行说,也在商、周之际开始酝酿,在西周末年还产生了物质为“气”的说法。自然哲学的高度发展则是在古希腊时期和中国的春秋战国时期。

3.2.4　原始方法的运用

在原始社会,人类进化刚刚完成,科学技术在原始人类劳动的过程中刚刚萌发幼芽,人类对科学技术也没有什么具体的概念。当然,在这样的情况下,人类也谈不上运用科学方法。原始人只是在生存的意识下,靠着本能来进行一系列社会活动,发明都具有很大的偶然性。不过,他们在进行劳动的过程中,还只是下意识地应用一些方法,这些方法主要是观察、实验、想象等。当然,这些方法在当时非常不成熟,原始人也并没有意识到他们用到了这些方法。

以石器和火的发明和使用为例来说明。可能在某一天,原始人偶然发现,当他拿起石块来扔向某些自己认为具有威胁的动物时,动物被吓跑了,而且尖锐的石块可以划破自己用力也撕扯不开的动物毛皮。于是,原始人就开始思考,对周围的石块进行各种观察,不断地用各种不同的石块进行试验。慢慢地,原始人发现了石块的许多好处,于是开始使用石块,并对石块进行改造,逐渐地发明了石器。当然,他们在制造石器的过程中也用到了想象。例如,锤子、斧子等石器工具肯定不是自然界本身就有的石头,原始人在使用石器的过程中,不断发现各种类型和形状的石头的不同用途,他们通过想象,在石头原有形状的基础上对其进行改造,于是产生了锤子、斧子等。与此类似,人类偶然发现了火,经过无数次的试验、观察才学会获得诸多用途。

弓箭和陶器无疑是原始人类充分发挥想象力的最有利的证明。在原始社会后期,人类的脑容量已经和现代人类基本一样,相应地他们的智力水平也达到了一定的高度,想象力更加丰富。

原始社会的方法虽然没有形成具体的形式,但是,其中观察、实验、想象的方法已经体现在原始人类的具体生活中。

3.3　科学技术的初始发展的古代

原始时期的科学技术萌芽,到古希腊时期形成了特定的形态。在这一时期,自然哲学空前繁荣,古希腊的自然哲学家们不是利用神话,而是通过直觉和哲学的思辨,对自然现象作出了种种对后来科学发展有重要影响的猜测和解释。古希腊人对自然哲学作出了巨大贡献,而古罗马人则在技术上取得了重要的成果。此外,印度、阿拉伯等也取得了可喜的成果,中国也在科学技术史上留下了重重的一笔。人类的体质能力也在这个时期里得到进一步的增强和扩展,同时许多的科学方法开始呈现出其雏形。

3.3.1　古代科学发展

提到古代科学技术,我们一定会想到四大文明古国——古希腊、古罗马、古印度和古中国。下面就着重介绍古希腊、古罗马和古代中国的科学发展。[2]

1. 古希腊时期科学

1) 古希腊时期自然哲学

在古代自然哲学的发展方面,古希腊的哲学家起了很重要的推动作用。在雅典时期,涌现出许多大哲学家、大思想家,例如泰勒斯(Thales,生年不详)、苏格拉底(Socrates,公元前469—公元前399)、柏拉图(Plato,约公元前427—公元前347)、亚里士多德(Aristotéles,公元前384—公元前322)等。古希腊的哲学家们对于世界的本原、物质结构、天体系统模型等问题进行了深刻的思考,提出一些重要思想,影响深远。

可以说是米利都学派的早期哲学家打开了自然哲学的大门,人们开始推测宇宙的本质。泰勒斯米利都学派的代表人物,他是不靠巫术、萨满、神秘预言来回答"世界由什么组成"问题的第一人,他把解释严格建立在实际观察和逻辑推理之上。他把天文学和几何学带到了希腊,认为万物本原是水,并提出了一种宇宙模型,把宇宙想象成水域,把地球看作浮在水中的扁平圆盘。泰勒斯有两位最著名的学生,他们是阿那克西曼德(约公元前 610—公元前 546)和阿那克西米尼。虽然两人很尊敬泰勒斯,但他们并不同意泰勒斯万物本原是水的观点。阿那克西曼德认为万物的本原是没有形状的,不同于观察到的物质,他称之为"无限者"。他还提出生命起源于海洋的重要思想,提出地球是圆柱形的。虽然关于地球形状的猜测是不正确的,但是他是第一个意识到地球表面是弯曲的。阿那克西米尼则认为空气是万物的始基,并用空气的稀薄和浓厚来解释自然现象的永恒变化。古希腊的唯物主义者和辩证法者赫拉克利特(约公元前 540—公元前 480)则主张火是一切自然现象的物质始原。毕达哥拉斯及其学派则把永生的灵魂和永存的数目联系起来,认为整个世界是由纯粹的数目构成的,认为自然界中的一切都服从于一定比例的数。万物的本原是数,10 是最完美的数,宇宙中天体也是 10 个。亚里士多德则认为土、水、火、空气 4 种元素构成地上万物,天体由第五种元素"以太"构成,并主张自然现象的发展决定于质料、形式、动力、目的四种原因。德谟克利特(约公元前 460—公元前 370)发展其老师留基伯(约公元前 500—前 440)的学说,提出原子论,认为世界及其万物都是由看不见的、极其微小的粒子聚集而成的,这些粒子是实心的且不可分的,德谟克利特称之为原子。过了一个世纪,希腊化时代的哲学家伊壁鸠鲁(Epicurus,约公元前 341—公元前 270)进一步阐述了原子论,又过了很久,原理论又被罗马哲学家和诗人卢克莱修(Lucretius,公元前 99—公元前 55)继承。但是因为原子论反对迷信,反对人死后有来生,所以原子论并不受宗教保护,也很难被保守的同代人接受,追随者极少,直到 19 世纪道尔顿(John Dalton,1766—1844)才使原子论重新焕发活力。欧多克斯(约公元前 408—前 355)提出了以地球为中心的同心圆几何结构天体体系结构,用于解释天体的复杂周期运动现象。

　　2) 古希腊时期其他方面

　　除了哲学方面,古希腊在数学、物理学等方面也有一些重要成就。

　　在数学上,泰勒斯证明了 5 个与圆和三角的几何特性相关的定理,建立了最早的逻辑系统;毕达哥拉斯学派证明了勾股定理,发现了无理数;亚里士多德(公元前 384—公元前 332)创立以三段论为中心的形式逻辑体系,提出归纳演绎思想,对欧几里得、阿基米德的研究产生了深远影响;欧几里得(约公元前 325—约公元前 270)创立了几何学,著有《几何原本》一书,建立了公理化体系;阿基米德(公元前 287—公元前 212)利用"穷竭法"正确估算出 π 值的计算,并完美地解决了曲边图形周长、面积和体积的计算。

　　在物理学上,亚里士多德最为出名是其关于运动的错误认识,"凡是运动的物体,一定有推动者在推着它运动。"还有其关于自由落体的错误,"较重物体的下坠速度会比较轻物体的快。"阿基米德在《论平衡》中讨论了杠杆定理,在《论浮体》首先用数学方法证明了浮力定律,发展并奠定了静力学的基础。

　　古希腊时期的生物学和医学才刚刚有所体现,真正的化学则还没有产生。在生物学方面,亚里士多德考察小鸡等动物在胚胎期中的形态变化,认识到雌雄在生殖上各有不同贡献,改变了那种认为父方是唯一真正亲本的看法。亚里士多德也是把生物学分门别类的第一人,虽然他没有提出正式的分类(法),但是他按一定的标准对动物进行了分类,而且他对无脊椎动物的分类比两千年后林奈的分类更合理。在医学上,古希腊时期也取得了重要成果。希波克拉底(Hippocrates,约公元前 460—公元前 377)建立了西方最早的医学学派,他

们把疾病看作是一种服从自然法则的过程,强调用观察和实验的方法来研究疾病,并对许多疾病作了较为准确的描述,指出了适当的治病方法,这是现代临床医学的开端。希波克拉底被西方人称为"医学之父"。

2. 古罗马时期的科学

科学的发展,尤其是希腊自然哲学的发展在经过一个鼎盛期后,在亚历山大后期遇到了障碍,在希腊化—托勒密王朝日渐没落,在罗马人占领亚历山大城后,希腊哲学彻底失去了生存的土壤。古罗马时期,罗马帝国出于军事征战和王公贵族的需要,对科学的发展不重视,并对希腊科学抱有一种轻蔑的态度,罗马人主要注重技术上的发展,虽然科学在罗马时期没有取得重要进展,但在天文学和医学方面还是取得了不小的成果。

1) 古罗马时期地心说

在古罗马时期天文学方面取得的最突出的成果就是托勒密(约90—168年)地心说的建立。阿里斯塔克斯(Aristarchus,约公元前310—前230)根据自己对于太阳、月亮、地球的观察和研究,得到太阳比地球大这一事实,于是他大胆否定了亚里士多德地球中心说的观点,提出了太阳中心说的设想,认为太阳和恒星都是不动的,人们之所以看到它们似乎在转动,乃是地球自转的结果。他所著的《太阳和月亮的大小与距离》一书一直流传至今。但是遗憾的是,当时他没有提出更多的论证来证明自己的猜想,特别是由于这种观点和人们的常识不符,他的观点未受到重视。在这之后,天文学家阿波罗尼乌斯(约公元前262—前190)和希帕克(约公元前160—前120)等人依然继承和发展了欧多克斯的地心说的传统,提出了"本轮"和"均轮"的概念和偏心圆假设,用来解释地球上的观察者所看到的行星亮度的变化和逆行现象以及太阳运动速度的变化。后来,托勒密总结了古希腊对于天体运动的大部分想法,有继承了关于"本轮"和"均轮"的思想,在《天文学大成》(Almagest)中提出自己对于宇宙的想法,他认为宇宙是一个球体,位于宇宙的中心,已知的所有天体都围绕地球运行,它们的运动轨迹则是偏心圆和本轮模型的复合体。他的这一思想曾经统治欧洲一千多年,直到哥白尼重新提出日心说才被打破。

2) 古罗马时期医学

在古罗马时期取得的著名成就里除了托勒密地心说,就要数医学了,其中盖仑(Galen,全名Claudius Galenus of Pergamum,129—199)是罗马时代医学的领军人物。盖仑是古罗马时期的著名医生和医学家,他一生专心致力于医疗实践、解剖研究、写作和各类学术活动,著作无数。他是古希腊以来医学的集大成者,是仅次于希波克拉底的第二个医学权威。

盖仑继承了希腊著名医学家希波克拉底的医学理论,并在此基础上发展了自己的理论。[3-5]他把希腊时代的医学知识和解剖学知识系统化,并通过活体动物的解剖,证明动脉是送血的,而不是送空气的,此外他首次研究了神经的作用以及脑和心的作用。他还认为思考是脑的作用,而不是像亚里士多德所说的那样是心的作用,他还考察了心脏和脊髓的作用。他一生曾撰写了131部医学著作(其中83部流传至今)。他还把早期解剖学家的三魂说与有限的解剖知识结合起来,提出了人体由三种不同等级的器官、液体和灵气组成,即关于人体的小宇宙的理论。

从今天的角度出发,盖仑的许多观点是错的。例如,他没有认识到血液循环以及静脉系统与动脉系统的相关性。由于他的大多数解剖知识是从解剖猪、狗和猴得来的,而动物无论怎样和人类形似,终究是有差别的。他错误地以为人也有迷网(一个在食草动物中常见的血管节)。他还反对使用止血带来停止出血的疗法而坚持使用放血疗法。即使这样,也无法掩盖他为医学做出的巨大成就,他为后世医学发展和研究留下了宝贵的财富。

托勒密的地心说体系和盖仑医学都是对希腊科学思想的继承和发展,被称为古希腊科学的"余晖"。

3. 古代中国科学

作为古代四大文明古国之一,中国历史悠久。在古代,中国取得了丰硕的科技成果,其中很多成果都达到当时世界先进水平。领先西方几个世纪甚至十几个世纪。天文学、数学、医学、农学是我国古代四大自然学科,下面就看一下我国在天文学、数学、医学这三方面的主要成就。[2]

1) 古代中国的天文学

我国的天文学萌芽较早,早在公元前 24 世纪的尧舜时代,就设立了专职的天文官,专门从事"观象授时"。早在仰韶文化时期,人们就描绘了光芒四射的太阳形象,进而对太阳上的变化也屡有记载,描绘出太阳边缘有大小如同弹丸、成倾斜形状的太阳黑子。这是我国天文学的早期萌芽。

我国古代天文学研究的一个重要成果就是历法的制作。早在夏代我国就已有了历法,商代有了阴阳合历,创立了干支记日法。春秋时期已经开始采用 19 年闰 7 个月的方法。最迟在公元前 7 世纪,我国已采用土圭观测日影的方法来测定冬至和夏至。公元 4 世纪的战国时期已经使用四分历。可能在战国末期,产生了二十四节气的见解。我国很早就开始了天文观测,并且有了关于日食、月食、彗星、流星等世界上最早的观测记录。大约在公元前360—350 年间,楚国人甘德写了《天文星占》、魏国人石申写了《星占》,这是世界上最早的星表。

自然哲学作为古代科学的一种形态,在春秋战国时期取得了光辉的成果。以墨家、道家以及荀子和韩非为代表的朴素唯物主义哲学对科学的发展有较大的影响。探讨世界万物的本原也是中国古代自然哲学的重要内容。在殷周时期就有了阴阳八卦学说和五行说。《易经》中用八卦(天、地、风、雷、水、火、山、泽)代表自然界中最常见的八种东西,认为天(阳)和地(阴)两种势力交感推移,生成其他六种东西,并使万物发展变化。五行说在夏代就有萌芽,它把宇宙万物归结为水、火、木、金、土五种元素。战国时期的阴阳家邹衍则用阴阳来统帅五行,试图用阴阳五行对自然界和社会作统一的解释。《管子·水地》篇中说:"水者何也? 万物之本原也。"把水看成是万物之本原,而道家的创始人老子则在春秋末年提出"道"是"万物之宗"的思想。宋尹学派则提出了唯物主义的精气说,认为"气"是一种微小的看不见摸不着的物质实体,"精"是比"气"更细小的东西,"精""气"乃是世界的本原,谷物、星辰都是由精气产生的,就是精神现象也是由气的流动而产生的。战国末期的荀子(约公元前298—前 238)则进一步发挥了物质性的精气学说,认为世界万物都是由统一的物质性的气构成的,水、火、生物、人都是气的发展的不同阶段。荀子还要求"明天人之分",弄清其间的关系,并提出"制天命而用之"的光辉命题。

中国的自然哲学家们也曾涉及物质有没有最小单位或物质能不能无限分割等问题。惠施提出"至小无内,谓之小一",即物质的最小单位无内可言。也有人主张物质可以无限分

割,提出了"一尺之棰,日取其半,万世不竭"的命题。关于宇宙结构的学说是中国古代自然哲学的重要内容。先秦早期就有了天圆地方说,主张"天员(圆)如张盖,地方 如棋局"。到了西周时代,则有盖天说的出现,认为天如斗笠,大地像一个倒扣着的盘子。"盖天说"不符合天体的真相,不能解释天体运转的现象。比盖天说进步些的是地圆说。战国时赵人慎到主张"天体如弹丸"。《庄子》则进一步对地不动的观念提出疑问。尸子(即尸佼,商鞅的老师)则有了对地球自转运动的最初描述。战国末期李斯猜测到地球在空间中的位移,有了"日行一度"的观念。到西汉末年更有了地球在空间中的位移的科学描述。同时对地动而人却觉察不到的原因做出了解释:"地恒动不止,而人不知,譬如人在舟中,闭牖而坐,舟行而人不觉也"(《尚书纬·考灵曜》)。这确实是我国古代人民认识宇宙史上的一个伟大创见。战国时期学术繁荣的另一个重要成果是有了实验方法的萌芽。《墨经》在中国古代科学史上是一部非常重要的著作。《墨子》中关于光学的实验,其方法和近代科学实验方法相似。墨子和他的学生进行了关于光的直线传播的小孔成像实验,以及平面镜、凹镜、凸镜的实验,说明了焦距和物体成像的关系。《墨经》中还用实验方法讨论了衡器一类的杠杆平衡情况,墨家比阿基米德更早注意到距离和平衡的关系,只是还没有明确定量地研究它。墨家也很注意概念研究和逻辑推理,对于一切事物先提出名词,再下定义,然后进行解释。这些对后来逻辑学的发展都起到了推动作用。春秋战国时期百家争鸣的学术思想是一个蕴含丰富的宝藏,应当深入挖掘。

天文学在秦汉时期有了新的发展。东汉著名天文学家张衡(78—139)对浑天说的宇宙结构理论作了明确的说明:"浑天如鸡子。天体圆如弹丸,地如鸡中黄,孤居于内,天大而地小,天表里有水,天之包地,犹壳之裹黄,天地各乘气而立,载水而浮。"浑天说认识到大地是一个悬浮于宇宙空间的圆球。张衡曾两度担任汉朝掌管天文的太史令,精通天文历算,创制了世界上最早利用水利转动的浑象(浑天仪)和测定地震的地动仪(候风地动仪),正确地解释了月食的成因,说明月光是日光的反照,月食是由于月球进入地影而产生的。张衡因此成为我国天文学史上的杰出人物。汉代以后,我国天文学主要向实用方面发展,在天象观测、仪器制造和历法上作出了许多贡献。中国的实用天文学历来受到官方的重视,这一点和西方不尽相同。汉代已有了关于太阳黑子、新星、超新星的明确记录,对日食、彗星、北极光均有细致形象的描述,天文观测已成为一个传统,历代相继。在历法方面,汉武帝招募天下历法专家20余人,制定了《太初历》。到南北朝时,东晋的虞喜发现了岁差现象,即冬至点的每年西移现象。虞喜根据历史记录进行推算,提出了每50年向西移动一度的岁差值。祖冲之(429—500)又把它引入了历法之中,并在继承前人成就和自己实测的基础上制订了《大明历》。在这些历法中,许多天文常数的测定都已达到了较高的水平。这些成就为中国天文学的发展奠定了坚实基础,也逐渐形成了中国独特的天文学体系。这个体系有独特的星群划分——三恒二十八宿;有独特的坐标系统——赤道坐标和365°;有独特的历法——带有二十四节气的阴阳合历;有独特的仪器——浑天仪和浑象仪;有独特的宇宙结构体系——浑天说。中国的天文学与其他文明古国的天文学并立于世界文化之林。

后来,我国在天文学上有取得了一些成就,但总的来说,秦汉至南北朝时期是高峰期。我国古代的天文学研究成果一直居于世界前列,一些观测结果令人惊叹。我国公元前240年就有关于彗星的记载,它被认为是世界上最早的哈雷彗星记录。从那时起到1986年,哈雷彗星共回归 30 次,我国都有记录。1973 年,我国考古工作者在湖南长沙马王堆的一座汉朝古墓内发现了一幅精致的彗星图,图上除彗星之外,还绘有云、气、月掩星和恒星。天文史学家对这幅古图做了考释研究后,称之为《天文气象杂占》,认为这是迄今发现的世界上最古老的彗星图。早在两千多年前的先秦时期,我们的祖先就已经对各种形态的彗星进行了认真的观测,不仅画出了三尾彗、四尾彗,还似乎窥视到今天用大望远镜也很难见到的彗核,这足以说明中国古代的天象观测是何等的精细入微。

2) 古代中国的数学

我国在古代取得的数学成果同样不容忽视。早在商代(公元前 17 世纪—公元前 11 世纪)时期,我国就已会使用十进位法,有了画圆和直角的工具。春秋(公元前 770—公元前 476)末期的《孙子兵法》里已有关于分数的记载,战国(前 475—前 221)时期的《荀子·大略》等书中记载了乘法九九表。后期墨家的《墨经》中提到了几何学的点、线、面、方、圆乃至极限和变数的概念。

自秦朝统一全国到两晋南北朝时期,我国在数学上也取得了辉煌的成就。在秦汉时期完成了著名的算经十书:《周髀算经》《九章算术》《海岛算经》《五曹算经》《孙子算经》《夏侯阳算经》《张丘建算经》《五经算术经》《缉古算经》《缀术》。隋唐时期,这些书曾被用来作为国子监算学科的教科书。《九章算术》是其中最重要的一部,里面记载了开平方、开立方、求解一元二次方程的解法,在世界数学史上第一次记载了负数的概念和正负数加减法的运算规则。它对中国古代数学的影响极其深远,恰如《几何原本》对西方数学发展的影响。《周髀算经》是周秦至汉初的天文、数学知识的结集,它是我国最早的一部天文著作。到三国、两晋、南北朝时期,数学又取得了新的进展。刘徽对《九章算术》的全部问题做了理论上的说明。他还发明了割圆术,指出圆周长等于无限增加的圆内接多边形长之和。天文学家兼数学家祖冲之用计算圆内接 12 288 边形的边长和圆内接 24 576 边形的面积的方法,得出了圆周率的精确值,即 3.141 592 6<π<3.141 592 7。圆周率因此也被称为“祖率”,欧洲到 16 世纪才得到该值。

我国的数学成就在宋元时期达到了高峰。特别在 13 世纪下半叶短短的几十年时间里,就出现了秦九韶、李冶、杨辉、朱世杰等杰出的数学家。他们的著作被称为宋元算书,一直流传至今。秦九韶的《数书九章》在高次方程的数值解法和一次同余式的解法这两个方面取得卓越成就。李冶的《测圆海镜》和《益古演段》对用代数方法列方程的研究有重要影响。李冶对于直角三角形和内接圆所造成的各线段之间的关系的研究成为中国古代数学中别具一格的几何学。杨辉的《详解九章算法》则发展了实用数学,对各种问题提出了简捷算法。元代朱世杰的《算学启蒙》成为当时的一部很好的算学启蒙教科书。除此之外,沈括关于“隙积术”的研究则是我国对高阶等差级数研究的开端。

与西方国家不同的是,我国古代数学更加偏重计算数学,在计算数学方面领先许多,但是缺乏以逻辑论证为特色的几何学和对数学概念的逻辑论证,这可能与不同的思想观念有关。

3) 古代中国的医学

和西方国家不同,中国有一套独特的医学体系。从战国到三国是中医医学体系的形成时期。约成书于战国的《黄帝内经》是中医理论开始形成的标志。它强调人体是一个有机

的整体,人的健康和疾病与自然环境有一定关系。《黄帝内经》总结了临床实践经验,运用阴阳对立统一和五行生克的思想,论述了人体生理、病理、诊断、预防、主法、治则和药物的性、味、色、气等问题,初步概括了人体变化与治疗的一些规律。一千多年来,《黄帝内经》一直行之有效地指导着中医的临床实践,成为辨证施治的基本理论之一。汉末张仲景(约150—219)进一步总结了医疗实践经验,写出了《伤寒杂病论》,以六经论伤寒,以五脏、六腑论杂病,提出了包括理(辨证理论)、法(治疗原则)、方(处方)、药(用药)在内的系统的辨证施治原则,使医学理论和医疗实践密切结合起来。到两晋南北朝时期,王叔和的《脉经》奠定了脉学诊断术的基础。皇甫谧的《针灸甲乙经》奠定了针灸术的基础。葛洪、陶弘景(公元452—536)的《肘后方》则成为中医方剂学上的佳作。汉代《神农本草经》的出现标志着中医药物学也开始自成体系。南北朝时期的陶弘景所著《神农本草经集注》则更把药物学体向前推进了一步。当然,中医中药理论体系中掺杂着一些秦汉的谶纬学说及道家的唯心主义思想,但不能因此而抹杀中医中药理论的精华。

在医疗技术上,明清时期也有了许多新的发展。明清两代的医学家在临床实践中深入研究了传染病等热性病的病因、特点和治疗方法,在继承前人的基础上提出了新的理论、新的疗法和防治措施,总结出胃、气、管、血及三焦辨证论治的医学理论,形成了瘟病学说,进一步丰富和发展了中国医学体系。我国在 16 世纪还发明了人痘接种技术,用痘痂作疫苗接种,以预防天花。我国的人痘接种法发明之后,1688 年俄国医生首先来我国学习,以后又传到土耳其,18 世纪中叶传到欧洲。1796 年英国人琴纳(1749—1821)发明了牛痘接种法,1808 年由葡萄牙人传入我国,代替了人痘接种法。

3.3.2 古代技术进步

1. 农业劳动中提高体质能力

在古代,农业是人类生存的根本,而进行农业劳动又离不开各种农业工具,自然人的体质能力也随着农业的发展和农具的改进得到扩展和提升。

从公元前 7000 年到公元前 3000 年,大约四千年的时间,农业和农业社会逐渐在欧洲大部分地区传播开来。慢慢地,全世界都进入农业社会。在古代社会时期,种植作物和驯养动物是人类赖以生存的方式,可以说这个时候的农业是一种生计农业。在新石器时代,原始农业产生,人类在劳动中逐渐学会用石器或者骨头打造各种农业工具。随着时间的推移,人类制造石器和骨器的手艺越来越好,打造出来的工具也越来越实用,但是再好用的工具还是有无法忽略的缺点——石器的笨重和脆弱是很难克服的,有时候不经意的磕碰可能会毁掉工人许久的劳动成果。人类靠着石器工具已经很难再扩展自身体质能力了。这时候,青铜器的出现为农业生产带来了生机。

在考古学上,我们一般把人类广泛使用青铜的时代称为青铜时代。中国进入青铜时代的时间,大约始于公元前 21 世纪,止于公元前 5 世纪,相当于夏商周至春秋战国时期。欧洲大约从公元前 3500 年开始。非洲和美洲出现较晚,但也不晚于公元前 11 世纪。在此之前,人们主要使用的金属是铜,主要从一种绿色孔雀石矿石中提炼,慢慢地又发现了其他金属,后来铜匠们就学会将锡和铜混合后制成青铜合金。虽然锡和铜的质地都非常柔软,但是两者合在一起能制成较硬的合金。随后的几个世纪,青铜合金渐渐取代了石器。

人们开始使用铁来制造工具和武器的时代称为铁器时代,这是继青铜时代之后人类发展的新阶段。人们在冶炼青铜的基础上逐渐掌握了冶炼铁的技术,铁器时代到来了。和青铜时代一样,不同的地区进入铁器时代的时间并不相同,最早开始人工炼铁的是居住在小亚细亚的赫梯人,约公元前 14 世纪。铁比青铜更加坚硬,不容易损坏,而且铁矿的蕴含量也比青铜高出许多,这使得铁相对青铜更加便宜,铁器的需求很快超过了青铜,在生产和生活中慢慢取代了青铜的位置。

据考古发现,出土的属于青铜时代早期的金属工具很少有农业工具,大多是礼器和乐器。这很可能是由于当时的金属非常珍贵,农业工具还是主要以石木材质为主,但也可能是由于农业工具是生产活动中实用工具,破损后很难修复,只能回炉重造,或者是古代人一般不会选择农具作为陪葬品。后来金属材质的农业工具才慢慢地丰富起来,现存的铜制工具主要有铲、镬、铧、锄、镰、锯、凿、锥、削等。可以看到,古代农业已经把金属工具用于农业劳动,生产水平有了显著提高。

把生产水平提高到一个新层次的是铁器的使用。铁器比青铜器更加便宜,硬度更好,这为它应用于农业生产创造了条件。这时期的工具类型已经非常多,主要以农具和手工具为主。铁器农业工具的使用,大大提高了生产效率,节约了人力和物力,也使得人类在农业劳动中拓展了体质能力。

青铜器除了用作乐器和祭祀工具、农具外,还用作兵器的制造。在普遍尚武的古代,兵器的使用和制造非常广泛。斧子被认为是最早的兵器工具。我国在商代时期铜斧出现,不仅用于武事,而且雕刻精美,已为仪仗之用。斧子有非常广泛的用途,可以用于砍伐树木和进行格斗,使人类变得更加强大,改造自然的能力也得到提高。除了斧子,最为人熟知的兵器就要数剑了,剑在我国古代有"短兵之祖"的美誉。真正称为剑的兵器也是在青铜时代才出现。古代美塞尼在 1650 年制成的剑就已经非常精美了,主要是用于刺杀的 3 英尺长剑。我国古代出产的剑更是有名,在黄帝时代剑就已经出现了。我国历史上曾经有很多名剑都是由青铜制造而成的。例如"干将""莫邪""巨阙""纯钧"等名剑就是青铜剑,越王勾践和吴王夫差的宝剑也是由青铜制造的,而且质量极好,深埋地底 2500 多年,仍然光亮如新。不得不说,我国在当时青铜的铸造技术已经非常纯熟了。

铁器的出现不仅在农业上引起了一场革命,在兵器制造上同样意义深远。铁器硬度大,相对便宜,这使得武器的制造成本大大降低,在战争中铁器逐渐发挥出其优势,军队的武器配备更加精良。兵器的种类也逐渐增多,我国兵器种类更是堪称世界之最,形成了一个专门的体系,有短兵器、长兵器、火器、暗器等详细的分类。

随着兵器的出现,就有争斗的出现,甚至战争的出现。古代一个国家兵器的好坏、多少象征着国家的强弱。兵器的出现虽然造成了无数的苦难,但也增强了人的体质能力。

2. 古代其他增强体质工具的发明

古代许多的技术发明都对人们扩展自身的体质能力有着很重要的作用。这里不一一列举,下面主要介绍两种。

1) 假牙[6]

假牙,在医学上通常称为义齿,用于弥补牙齿损坏或自然脱落造成的咀嚼、发音、美观等问题。有些资料显示,假牙最早出现在约距今 4500 多年前,研究人员曾在 4500 多年前的墨

西哥人体骨骸中找到假牙,但是当时的安装技术十分粗糙,旁边的好牙有被感染的痕迹。这可能是美洲最古老的牙齿修补术。当时,假牙的材料主要是天然的牙齿——人牙或兽牙。也有资料显示,假牙的发明者是距今三千多年前的意大利中部地区的埃特鲁斯坎人。但不管发明者是谁,假牙的发明为牙医患者带来了福音。

相比其他同时代的人类,埃特鲁斯坎人的假牙技术确实高超。从公元前700年起,埃特鲁斯坎工具就可以生产质量好到可以在进食时佩戴的牙托。有的假牙可以摘下来清洗,有的假牙则永久固定在尚存的原牙上。当时的埃特鲁斯坎人把佩戴假牙看作是一种身份和地位的象征,是一种优雅气质的体现。他们会让金箍暴露在最显眼的地方。

假牙材料经历了3个阶段。假牙技术刚刚兴起的时候,其材质主要是人或动物牙齿,但是用动物的牙齿制作假牙,不仅费时费力,而且这些材质的假牙容易被唾液腐蚀,产生异味。美国国父乔治·华盛顿因为牙病曾经用象牙制作过假牙,但是一段时间后,假牙产生难闻的气味,他只好每天晚上在睡觉时,把假牙浸泡在葡萄酒里以消除这种气味。人们也用别人的牙齿来做假牙。在18世纪,有专门卖健康牙齿的市场,他们大多是健康的穷人或者奴隶。但是,后来一些牙医开始造假,牙医可能会用那些从职业盗墓者那里低价买来的死人牙齿代替健康牙齿。

后来,又出现了金属假牙,其中黄金因为其可延展性被认为是制作金属假牙最好的材料,稳稳抢占牙医科的头把交椅,一直到半个多世纪前,金牙仍然是人们镶牙的第一选择。除了金牙外,还有玛瑙牙、银牙等稀有金属和珠宝制作的牙齿,这种牙齿多用作装饰品。金属假牙虽然坚固,不会产生异味,但是与人体的生物特性不相容,使用起来非常不方便。假牙仍然只是少数有钱人才可以拥有的。

到了19世纪,出现了陶瓷牙。陶瓷一度是制作假牙的重要材料,陶瓷修复体色泽美观,生物相容性好,但其性脆,易折裂,早期镶有陶瓷假牙的人是不敢啃硬骨头的。之后人们不断研制,终于初步解决了金属和陶瓷相互匹配的问题,1960年,烤瓷熔附金属工艺(PFM)诞生。它兼有瓷的美观与金属的强度等优点,即民间所通称的烤瓷牙。此外,美国还发明了硬橡胶假牙,假牙的质量进一步提高。

今天,假牙的制造技术更加精湛了,假牙和人体的相容度也更高了,假牙和真正的牙齿也很难分辨。而且,现在假牙的价格也相对较低,它不再只是有钱人才可以拥有的,它已经走进普通大众中,为所有人服务。

2)拐杖

拐杖是一种辅助行走的简单器械,一般是老人和残疾人使用。历史上,拐杖的具体出现时间没有明确的记载,但是可以肯定的是,中国在两千多年前就有拐杖了。《山海经》载:"夸父弃杖为林。"《礼记》载:"孔日蚤作,负手曳杖,逍遥于门。"从这些文献中可以看出,我国很早就已经出现拐杖了。

拐杖在刚开始的时候也许并不叫这个名字,材料也可能只是一截木棍,老人在走路不方便的时候,用来支撑自己的身体。后来为了更加的方便才使一端呈现弯曲状,利于拿握,形成拐杖最开始的雏形。拐杖在古代除了作为一种辅助行走的工具外,还作为一种权力和地位的象征。一些拐杖的扶手处特意做成各种形状,用来表示身分的不同。例如龙头拐杖,一般是古代皇帝赏赐给有特大功勋的人,表示倚重和认可。在我国京剧中常见龙头拐杖,如在

《打龙袍》一戏中吕国太拄着龙头拐杖,在《百岁挂帅》和《太君辞朝》中,佘太君手执皇上特赐的龙头拐杖。

现在,拐杖的样式更是多样,有单拐、四角拐、手杖拐、腋拐等,还有专为盲人准备的白拐杖,可伸缩,可探测方向。拐杖的材质也很多样,有木质的、金属的、合金的等多种材料。随着人工智能计算机的兴起,拐杖也越来越向智能化发展,增加了许多人性化的功能。

3.4　科学技术繁荣的近代

在人的体质能力中,视觉和听觉是最主要的两种,两者在人类进行科学研究的过程中发挥着无比重要的作用。如果说体质能力是人的全部能力的基础,那么视觉能力和听觉能力则是基础中的基础。下面着重描述科学技术对于人类视觉和听觉能力的扩展。最后,对体质能力总体扩展做出总结。

3.4.1　人类视觉能力的扩展

1. 肉眼直接观察

在古代社会时期,显微镜和望远镜等工具还没有制造出来之前,人类主要是用肉眼来认识自然界。显然,人的肉眼所能看到的事物是有限的,而且,不一定准确,有时候眼睛会向人们报告错误的信息,导致人们得出谬论。尤其在古希腊时期,人类对宇宙充满了好奇,不断地提出关于宇宙的各种猜想和想象。由于人类当时唯一的观察工具就是眼睛,而浩瀚的宇宙是人类的眼睛看不透的。即使是最伟大的科学家也只能靠肉眼看到的少许自然现象来推测关于自然界的一切。这个时代,人的想象力发挥了无比重要的作用。但是,肉眼看到的仅仅是表面,有时候是错误的。

古代哲人根据太阳东升西落的自然现象,提出太阳围绕地球转的假说。由于这很符合人类肉眼的观察和当时人类以地球为中心的心理,导致这个思想统治人类千年之久,直到望远镜的发明,人类体质能力中的视觉能力才得到扩展,视野更加开阔,才在进一步的观察中推翻了这一错误理论,回到正确的道路上来。

2. 放大镜与眼镜

在很多时候,肉眼并不能满足人们观察的需求,如果人们想要观察某些事物的细节,就要借助于工具了。而且人的眼睛并不总是视力良好的,可能会因为用眼过度造成近视眼,也可能随着年龄的增长变成老花眼。于是放大镜和眼镜就自然而然地出现了。

历史上并没有明确的资料显示放大镜是在何时发明的,但是可以肯定的是应该不晚于13 世纪末。根据资料显示,最早的放大透镜很可能出现在两千多年前。1853 年,奥斯汀·莱亚德爵士在位于伊拉克北部的尼姆鲁德(古代亚述王首都之一)发现了一块有一个平面和一个凹面的弧形水晶。这应该是原始的放大镜,时间大约是公元前 9 世纪至公元前 7 世纪。更早的时间有没有放大镜,至今还没有考证,至少现在没有发现在这更早的时候出现类似放大镜的物体。最初的放大镜由各种透明水晶和宝石磨制而成,造价不菲,一般人不可能拥有。今天,各种放大镜应有尽有,越来越清晰,越来越多样,好的放大镜可以鉴别宝石的真伪。

眼镜也算是放大镜的一种,传闻这项杰作是在 13 世纪末发明的。1260 年,马可·波罗

就描述过中国老人在看字时就是戴着眼镜来放大字体的。眼镜大多为椭圆形,主要部分的镜片是由水晶、石英、黄玉、紫晶磨制成的,镜框则是用打磨的龟壳制成的。当时戴眼镜的方式也很多样,有用铜制成的眼镜脚卡在鬓角的,也有用细绳拴在耳朵上的,还有把眼镜固定在帽子上的。关于眼镜的早期描述也曾出现在意大利艺术家托马索·达·莫代纳(Tommaso da Modena)的作品中。1352 年他在意大利特雷维索的一座教堂里作了一幅壁画,画中是一位老教士戴着眼镜在专心阅读手稿。这是艺术品中首次出现眼镜。关于眼镜的具体发明人和发明时间一直没有定论,也有许多的传闻,但是均不可靠。14 世纪的一些资料也显示眼镜是当时刚刚发明的。所以说,眼镜很可能是在 13 世纪末发明的。

据资料显示,眼镜刚开始并没有普遍使用,当时它是一种身份和地位的象征,当然价格也很昂贵,一副眼镜可以抵得上一匹马的价格。直到 16 世纪中叶,眼镜才得到普遍的应用。人们制镜技术更加熟练,凸透镜用来矫正远视眼,凹透镜用来改善近视眼。在 1784 年,本杰明·富兰克林(B. Franklin)还制成了双焦透镜,它是将两种透镜各取其一半放在同一个镜框中,带上这种眼镜的老者,不仅可以抬眼看到远处,而且垂眼看近前的事物也很清晰。现在,眼镜更是多种多样,近视眼镜、老花眼镜、隐形眼镜、抗辐射眼镜、抗疲劳眼镜、3D 眼镜等各种不同功能的眼镜被发明出来,给人们带来了许多方便和好处。

3. 望远镜

望远镜开阔了人们的视野,在科技、军事、经济建设及生活领域中有着广泛的应用,天文望远镜更是有"千里眼"的美誉。同样,显微镜开阔了人类的微观视野,是现在医学、生物学等学科研究的必备工具。可以这样说,显微镜和望远镜的出现对于科学研究、科学技术的发展具有十分重大的意义,它揭开了近代科学的序幕,当然,望远镜和显微镜的出现也离不开科学技术的推动。应该说,望远镜和显微镜的出现既是偶然又是必然。近代科学技术已经到了人类仅靠肉眼和普通方法难以再进一步发展的地步了,望远镜和显微镜的出现是顺应科学技术的发展潮流的。下面介绍望远镜和显微镜的发展历程。

1) 利珀希望远镜

望远镜的发明者是 17 世纪初的汉斯·利珀希(Hans Lippershey)。利珀希是居住在荷兰米特尔堡小镇上的眼镜制造匠人。他开设了一个眼镜店,几乎整日都在忙碌着为顾客磨镜片,日子过得并不富裕。在他开设的店铺里,各种各样的透镜琳琅满目,以供客户配眼镜时选用。

当然,并不是所有的镜片都是可以用来制造成眼镜的,这些不能制成眼镜的镜片就被利珀希丢弃在角落。利珀希有 3 个孩子,平时喜欢拿堆放在角落里的废镜片来玩。相传 1608 年的某一天,3 个孩子又在阳台上玩耍,其中一个最小的孩子双手各拿一块镜片靠在窗户边,使两只镜片重叠起来,前后比画着看前方的景物。突然间,这个孩子发现,当他这样看远处教堂尖顶上的风向标时,风向标变得又大又近,仿佛挪到了眼前,十分清楚。他欣喜若狂,又通过这样的方法去看远处的其他东西,发现其他东西也变得清晰起来。他兴奋地叫了起来,这个孩子的叫声引起了其他两个孩子的注意,他们争先恐后地夺下弟弟手中的镜片,一前一后地观看房上的瓦片、门窗、飞鸟……它们都很清晰,仿佛是近在眼前。3 个孩子都非常兴奋,便把这个有趣的发现告诉了利珀希。利珀希对孩子们的叙述感到不可思议,他半信半疑地按照儿子说的那样试验,手持一块近视镜(凹透镜)放在眼前,把老花镜(凸透镜)放在前面,手持镜片轻缓平移距离,当他把两块镜片对准远处景物时,利珀希惊奇地发现远处的事物真的被放大了,似乎就在眼前,触手可及。这引起了利珀希的极大兴趣,他反复地研究镜片后,制成了一架简单的望远镜。这架望远镜只有一个30cm长的筒,里面装着一只老花镜片和一只近视镜片,虽然结构很简单,但这却是世界上第一台望远镜。

这一有趣的现象被邻居们知道了,观看后也颇感惊异。此消息传开以后,米德尔堡的市民们纷纷来到店铺要求一饱眼福,不少人愿出一副眼镜的代价买下这些可以看清远处事物的镜片,买回去后当作"成人玩具"独自享用,结果废镜片成了"宝贝"。受此启发,具有市场经济头脑的利珀希很快就意识到这是一桩有利可图的买卖,于是向荷兰国会提出发明专利申请。

利珀希的专利申请并不顺利。在利珀希提出申请以后,还有一个自称梅西斯的人也提出类似申请,其人自称:历时两年试验,发明了同样的望远工具,比利珀希的要看起来清楚得多,如此这般,专利申请便耽搁下来了。梅西斯又说要改进一番,却一直拿不出实物来证明他的发明,后来更是直接人间蒸发了。这个梅西斯很可能是看到望远镜带来的利益,想要从中捞点好处,最后占不到便宜,才隐匿起来了。

1608年10月,国会审议了利珀希的申请专利后给予了回复,受理的官员要求利珀希对其进行改造,能够同时用两只眼睛进行观看。利珀希把两个套筒联结起来,满足了人们双眼观看的要求,又经过冥思苦想将这个玩具取名为"窥视镜"。关于专利的申请结果有两种不同的说法:一种说法是,这一年的12月5日,经改进后的双筒"窥视镜"发明专利获得政府批准,国会还发给他一笔奖金以示鼓励。另一种说法则不是这样。实际上,利珀希最后并没有获得这项专利,仅仅从政府处获得丰厚的奖金,因为政府认为,这项设计如此简单,以至于不可能有什么技术需要保护。[6]

2)伽利略天文望远镜

虽然利珀希发明了望远镜,但是当时结构过于简单,而且放大倍数有限,只是充当"成人玩具"来用。望远镜的真正价值是意大利科学家伽利略挖掘出来的。伽利略是把望远镜真正用于科学研究的第一人。伽利略天文望远镜的发明是人类历史上一次非常重要的科技革命,在西方科技史上具有里程碑的意义。此后,伽利略望远镜被不断改进,对人们进行科学观察和科学实验活动做出了不可磨灭的贡献。

伽利略·伽利雷(Galileo Galilei,1564—1642)是意大利文艺复兴后期伟大的物理学家、天文学家、数学家、哲学家。伽利略发明了摆针和温度计以及天文望远镜等多种有意义的工具,他在科学上为人类做出过巨大贡献。他是在实验中真正应用观察实验这一科学方法的大思想家,是倡导可重复、可检验性实验的第一人,是近代实验科学的奠基人之一。伽利略享有"近代力学之父""现代科学之父"和"现代科学家的第一人"的美誉。

1609年,伽利略去威尼斯访问,正在威尼斯的他从朋友的信中了解到有个荷兰眼镜商人制造出一种可以放大远处物体的镜子。伽利略得知后非常兴奋,在证实这个信息的正确性后,马上意识到它具有在天文学上的应用价值,觉得终于找到了自己一直苦苦寻找的"千里眼"。他回到帕多瓦后就集中精力研究光学和透镜,终于自己动手制作了第一架天文望远镜。最初的天文望远镜只是将镜片安装在铜筒的两端,然后把铜筒固定在架上,放大倍数也只有3倍。这远远不能满足他用来进行天文观测的要求,于是在此基础上,伽利略不断

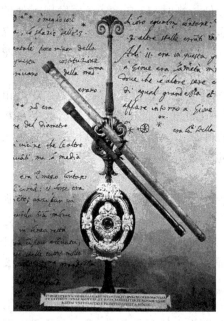

图 3.1　伽利略折射望远镜

地摸索改进，一个月后，他制作的第二架望远镜可以放大 8 倍，第三架可以放大 20 倍，终于，功夫不负有心人，1609 年 10 月，伽利略最终制成可以放大 32 倍的望远镜，第一台天文望远镜就这样问世了（图 3.1）。[7,8]

伽利略也曾制作过一个折射望远镜，为了使图像更加清晰，他设计了更长的镜筒和更大的透镜。

3）天文望远镜的改进——折射望远镜和反射望远镜

继伽利略发明天文望远镜用于天文研究以后，望远镜开始逐渐走进科学家的视野，成为天文学家进行天文观测必不可少的工具。为了使天文观测的结果更加精确，更加清晰，许多科学家投入到天文望远镜这一窥天利器的改进中。每一次改进都使仪器越来越精细，同时，每一次也都带来令人振奋的新发现。下面我们就来看一下望远镜的发展历史。

在伽利略制成第一架天文望远镜以后，1611 年德国的天文学家约翰尼斯·开普勒（Johanns Kepler，1571—1630）根据利珀希望远镜的原理，也制造出一架天文望远镜，并首称发现太阳黑子。开普勒天文望远镜是由两个凸透镜组成的，前端凸镜为物镜，用来收集光线，后面的凸镜为目镜，再次将景物放大。它比伽利略望远镜的视野更加开阔，但是通过它只可以看到放大物体的倒像。也有资料显示，实际上，开普勒并没有真正制造出这种望远镜，只是在《屈光学》中介绍过，真正的制造者是沙伊纳。沙伊纳于 1613—1617 年间首次制作出了这种望远镜，并且遵照开普勒的建议制造了有第 3 个凸透镜的望远镜，把两个凸透镜做的望远镜的倒像变成了正像。据说，沙伊纳共做了 8 台望远镜用于观察太阳，他发现无论哪一台都能看到相同形状的太阳黑子。因此，他推翻了不少人认为黑子可能是透镜上的尘埃引起的错觉的说法，证明了黑子确实是观察到的真实存在。

沙伊纳还为了在观察太阳时保护眼睛，为望远镜装上特殊遮光玻璃，据说伽利略就是因为没有加此保护装置，才导致最后伤了眼睛，几乎失明。1665 年荷兰的惠更斯用自己磨制的更好的透镜做了一台筒长近 6m 的望远镜，这台望远镜不仅清晰度和放大倍数更高，而且可以有效地减少折射望远镜的色差。据说，后来他又做了一台将近 41m 长的望远镜。

在牛顿之前，所有的望远镜都属于折射望远镜，这些望远镜的特点是都使用透镜作为物镜，虽然可以通过加长镜筒和精密加工透镜来减少色差，但是一直不能完全消除色差。牛顿在对望远镜进行研究后，根据自己的光学知识得出结论，用透镜是不可能做出优质的望远镜的。因为单层透镜均会产生色散，但是，后来事实证明，他过于悲观了。1688 年（有些资料显示是 1668 年）牛顿制成了世界上第一架反射式望远镜，成功地消除了透镜的折射式望远镜的色差问题。牛顿的望远镜虽然长度很小，不到一英尺，但可以放大 40 倍，能够清楚地看到木星的卫星、金星的盈亏等，而且易于维护。牛顿望远镜的制造原理是：利用凹面反射镜和平面反射镜为物体成像,再通过一个凸透镜(目镜)从侧面进行观察(图 3.2)。后来,牛顿做了一台更大的反射望远镜,送给了英国皇家学会,至今还保存在皇家学会的图书馆里。

赫歇尔(William Herschel)是制作反射式望远镜的大师。他从 1773 年开始磨制望远镜,一生中制作的望远镜达数百架。1793 年,他制造出了直径 130cm 的反射式望远镜,用铜锡合金制成,重达 1 吨。1917 年,胡克望远镜(Hooker Telescope)在美国加利福尼亚的威尔逊山天文台建成。它的主反射镜口径为 100 英寸(约 254cm)。正是使用这座望远镜,哈勃(Edwin Hubble)发现了宇宙正在膨胀的惊人事实。1992 年,安装在美国夏威夷的开基

图 3.2　牛顿反射望远镜

望远镜的物镜由 36 个六边形凹面镜组成,每一个直径是 1.8m,综合起来相当于直径 10m 的凹面镜物镜的效果。2001 年,设在智利的欧洲南方天文台研制完成了"甚大望远镜"(VLT),它由 4 架口径 8m 的望远镜组成,其聚光能力与一架 16m 的反射望远镜相当。2014 年,智利夷平了赛罗亚马逊(Cerro Amazones)山的山顶,用以安置世界上功率最大的望远镜"欧洲特大天文望远镜"(E-ELT)。赛罗亚马逊山位于阿塔卡马(Atacama)沙漠,海拔 3000m。E-ELT 又称"世界最大的天空之眼",直径达 42m,其亮度比现存的 VLT 望远镜高 15 倍,清晰度是哈勃望远镜的 16 倍,计划于 2022 年正式投入使用[8]。

天文望远镜打开了宇宙的大门,从此,无数的天文爱好者都投入到宇宙奥秘的探究中来。因而,在天文学、物理学方面涌现出了无数的优秀科学家,他们都深深地被神奇的宇宙所吸引,无法自拔地一头扎进浩瀚宇宙中,他们致力于层层揭开宇宙神秘的面纱,每一个新的发现都会激起一层浪花。正是因为他们不懈地观察、思考和研究,人们才渐渐地走出误区,崭新的世界重新呈现在人们面前。在这些优秀的科学家之中,不得不提到下面几位,他们就是伽利略、开普勒、牛顿。伽利略发现了新宇宙,开普勒发现了行星运动三大定律,牛顿发现了万有引力定律而闻名于世。

4) 伽利略的科技成果及方法

(1) 伽利略的科技成果。

可以这样说,伽利略在天文学上取得的巨大成功与天文望远镜的发明是分不开的。从 1609 年开始,他就在佛罗伦萨利用自制的天文望远镜对月亮、银河、木星、土星和金星等天体进行观测和研究,获得了一系列的重大发现,在 17 世纪的欧洲引起了巨大的轰动。

首先,他对月亮进行观察,根据自己的观察写道:"我确信,月亮的表面并不像大多数哲学家所想的那样,是完全光滑、没有高低不平、完美的球体……月亮上的坑坑洼洼……之大,似乎在大小和规模上都超过了地球表面的崎岖不平。"他还发现月球的表面布满了斑点,上面有高山和暗色的区域,他称之为"月海"(尽管我们现在知道月球上实际不存在水,但这个名称仍在用)。[6]

后来,他又转而观察木星,他发现木星一共有四颗未知的星体伴随,他称之为"新星",这些"新星"很小,肉眼看不到,这是人类第一次凭借仪器看到它们。木星的伴随星体的发现极

大地冲击了托勒密的"地心说",随后金星的特点更加支持了哥白尼(Mikolaj Kopernik,1473—1543)的观念。伽利略发现金星和月亮一样,有盈亏过程,由此得出结论,金星和月亮一样,不会自己发光,而是反射太阳光。伽利略还对海王星、银河系与恒星进行观察,定位了许多肉眼看不见的恒星。

1610年,伽利略把他的科学发现发表在《星际使者》(也有说法为《星空信使》)上,这为他赢得了巨大的名声,后来他还观察到太阳有黑子,发表《关于太阳黑子的通信》一书,从此,世界知道了这颗欧洲科学界的巨星。1632年他出版了《关于托勒密和哥白尼两大世界体系的对话》,对各种观点进行了系统的分析。[9,10]

伽利略在天文学上的发现有力地支持了哥白尼的"日心说",他逐步揭开了浩瀚宇宙的层层面纱。他不仅在天文方面做出了巨大贡献,在力学、物理学等方面也功绩卓著。

在物理学上,伽利略最为著名的发现就是他对亚里士多德自由落体理论的驳斥。亚里士多德曾经断言,物体从高空下落的运动"快慢与质量成正比",就是说重的要比轻的下落得快些。他用我们生活中常见的现象,如羽毛和石头同时下落,石头下落得快来支持自己的观念。这个错误的论断一直持续了1800年,直到伽利略才得到纠正。伽利略用一个简单的推理来进行反驳,主要用到了演绎方法和归谬法(反证法)。他假设A与B两个物体,A比B重得多,按照亚里士多德的说法A应比B先落地。现在他假设把A与B捆绑在一起成为一个物体A+B,一方面A+B比A重,应该比A先落地;另一方面,由于A比B落得快,B应该会减慢A的下落速度,所以A+B又应该比A后落地。按照亚里士多德的观点进行分析,却得到了自相矛盾的结论。于是伽利略判定亚里士多德论断是错误的。他运用理想化的方法做出假设,认为在真空中(当时的水平还制造不出真空环境),轻重物体应当同时落地。[11]

传说,伽利略为了证明他自己的观点,亲自做了一个实验,这就是著名的"比萨斜塔实验"。伽利略在比萨斜塔上扔下了两个同种材质、不同质量的球,以证明物体下落时长与它们的质量无关。1800年以来,人们一直把这个违背自然规律的学说当成不可怀疑的真理,其他的一切都是谬论。伽利略决定在比萨斜塔决定亲自动手做一次实验,用事实来说话。这一天,他带了两个大小一样、材质相同,但重量不等的铁球,一个重10磅(约4.5kg),是实心的;另一个重1磅(约0.45kg),是空心的。伽利略站在比萨斜塔上面,望着塔下。塔下面站满了前来观看的人,大家议论纷纷,似乎是在看这个"疯子"的笑话。实验开始了,伽利略两手各拿一个铁球,大声喊道:"下面的人们,你们看清楚,铁球就要落下去了。"说完,他把两手同时张开。人们看到,两个铁球平行下落,几乎同时落到了地面上。所有的人都目瞪口呆了。伽利略则笑着离开了现场,他用实际行动证明了究竟什么才是谬论。但是,有的版本也说,实际上,比拉斜塔实验并不是伽利略做的,而是他的学生为了表示对老师的尊敬和敬重才把这个实验归功于伽利略。但不管怎么样,伽利略的实验精神是毋庸置疑的。

伽利略为了更进一步研究自由落体实验,还做了"斜面实验"。他在长约8m的木板上,刻着一条光滑的槽,并放置成一斜面,斜面的夹角可以随意调控。他使重量不同的小球在同一高度沿斜面同时滚下。伽利略惊奇地发现,重量不同的球在相同的斜面上滚动的速度是相同的,当他将斜面夹角增大时,虽然小球滚动的速度增大,但是在相同的时间内落下的垂直距离与斜面角度较小时是一样的。他发现当斜面夹角为90°时,小球的滚动就成了自由下落。于是他得出结论：物体自由下落的速度同其重量无关。伽利略在斜面实验的基础上，利用数学的方法，确定了路程与时间的数量关系为路程与时间的平方成正比。伽利略证明沿斜面下滑的物体正在做匀加速运动，从而也证明了自由落体运动是匀加速直线运动。他还发现：当把两个斜面连接，如果中间凹槽光滑，在一定高度落下的小球会到达另一侧凹槽的同等高度再次落下，由此伽利略发现了惯性定理，驳斥了亚里士多德关于力是维持物体运动的观点。[12]

在发现惯性定律的基础上，伽利略提出了相对性原理：力学规律在所有惯性坐标系中是等价的。力学过程对于静止的惯性系和运动的惯性系是完全相同的。伽利略在描述他的相对性原理时，在《对话》中用了如下一段经典话语："……使船以任何速度前进，主要运动是匀速的，也不忽左忽右地摆动，你将发现，所有上述现象丝毫没有变化，你也无法从其中任何一个现象来确定，船是运动还是停着不动，即使船运动得相当快，在跳跃时，你将和以前一样，在船底板上跳过相同的距离，你跳向船尾也不会比跳向船头来得远，虽然你跳到空中时，脚下的船底板向着你跳的相反方向移动……鱼在水中游向水碗前部所用的力，不比游向水碗后部来得大；它们一样悠闲地游向放在水碗边缘任何地方的食饵……所有这些一致的现象，其原因在于船的运动是船上一切事物所共有的，也是空气所共有的。"这段话用现在的术语来概括，可表述为：一个对于惯性系做匀速直线运动的其他参考系，其内部所发生的一切物理过程都不受系统作为整体的匀速直线运动的影响。或者说，不可能在惯性系内部进行任何物理实验来确定该系统做匀速直线运动的速度。[13] 相对性原理是伽利略为了答复地心说对哥白尼体系的责难而提出的。这个原理的意义远不止此，它第一次提出惯性参照系的概念，这一原理被爱因斯坦称为伽利略相对性原理，是狭义相对论的先导。

伽利略除了在天文学、物理学、力学方面的贡献外，在其他很多方面也取得了突出的成果。在技术方面，他除了制造出世界上第一台天文望远镜外，还制造出了世界上第一个温度表。他根据热胀冷缩的原理，经过多次改进，在 1593 年终于制成温度表。其做法是：把一根很细的试管装上水，排出管内的空气，然后把试管封住，并在试管上刻上刻度，以便从水上升的刻度上知道人的体温。[7] 此外，他还发明了地理军事两用圆规，为炮兵和勘探员提供方便；发明了摆针，用来测量时间。伽利略还推演出 45°射角的最大射程，并进行了实验。在哲学上，他反对唯心主义，反对盲目迷信，主张用具体的实验来认识自然规律。

（2）伽利略的科研方法。

伽利略在长达几十年的科学研究工作期间开创了许多物理学研究方法，这些方法对今天的科学研究人员来说，仍然具有十分重要的指导作用。爱因斯坦曾经对伽利略及其科学方法给予高度评价，他说："伽利略的发现以及他所应用的科学推理方法是人类思想史上最伟大的成就之一，标志着物理学的开端。"下面就来看一下伽利略在科学研究工作中用到的主要科学研究方法。

① 观察方法。

我们从上述描述中已经知道，伽利略对于天文学的研究主要靠的是观察的方法，更加确切地说是间接观察法。观察方法是指人们通过感觉器官（如眼、耳）直接地，或者借助于科学仪器间接地进行有目的、有计划的感知客观对象活动，从而得到该对象的知识和观念的科学方法。伽利略的观察方法已经不同于古代的肉眼直接观察，而是借助于天文望远镜这一工

具进行观察。他对天体的观察,使他发现了许多人们以往所不知道的重大信息,揭开了宇宙神秘的面纱。他在物理学力学方面的研究也离不开观察。据说,摆针就是因为他偶然仔细观察吊灯的摆动而发明的。伽利略的观察方法在科学研究中的重大作用也被后来许多学科的科学家所公认。如前苏联著名的生理学家巴甫洛夫对他的学生说,他成功的秘诀就是"观察、观察、再观察","应该先学会观察,观察,不会观察,你就永远当不了科学家。"发明青霉素的英国细菌学家弗莱明在 1945 年获得诺贝尔医学奖时,深有感触地说:"我的唯一功劳是没有忽视观察。"[12]

② 实验方法。

实验方法是指人们根据研究目的,借助一些物理设备,人为控制地进行一系列活动,进而重复研究自然现象和规律的一种方法。伽利略是观察和实验方法的积极倡导者,是倡导可重复、可检验性实验的第一人,被誉为在实验中真正应用观察实验这一科学方法的大思想家,是近代实验科学的奠基人之一。他反对亚里士多德式的纯属思辨的科学方法,主张只有观察实验才是掌握真理的科学方法,反对过度相信权威,主张只有实验才能帮助我们更好地认识自然。他有一句名言:"科学的真理不应在古代圣人的蒙着灰尘的书上去找,而应该在实验中和以实验为基础的理论中去找。真正的哲学是写在那本经常在我们眼前打开着的最伟大的书里面的。这本书就是宇宙,就是自然本身,人们必须去读它。"这句名言充分说明了伽利略的态度。同时,他自己就是这一观点的坚决执行者。除了天文学方面不能进行实验以外,伽利略其他的研究无一不是建立在实验的基础上。例如,为了验证自己关于自由落体问题的正确性,他设计了"斜面实验",并试验了近百次才得到正确的结论;还有著名的"比萨斜塔实验"。伽利略的实验方法的最大特点是可重复性和可检验性,他的实验方法对现在的科学研究仍有很大意义。

③ 数学方法。

数学方法即用数学语言表述事物的状态、关系和过程,并加以推导、演算和分析,以形成对问题的解释、判断和预言的方法。数学方法在科学研究中占有十分重要的地位。马克思说:"一种科学只有成功地运用数学时,才算达到真正完善的地步。"爱因斯坦也说:"在我们全部知识中,那个能够用数学语言来表达的部分,就划为物理学领域。"[12]

伽利略在科学研究中用到的第三种重要的科学方法就是数学方法。伽利略把他的物理研究与数学紧密结合起来,为物理学的发展开辟了新的途径。他以准确的数学语言证明物质运动的规律和表达物理的定律。[12]他在数学方面有很深的造诣,早在 1582 年前后,他经过长久的实验观察和数学推算,得到了摆的等时性定律。在 1585 年因经济原因辍学离开比萨大学后,他深入地研究过古希腊欧几里得、阿基米德等人的著作,对于几何学了解也很深。正是因为他对数学的浓厚兴趣,才促使他在进行"斜面实验"时运用了数学方法,从而发现小球沿斜面滚下的距离总是与时间的平方成正比,最后得到自由落体定律,即 $s = \frac{1}{2}gt^2$。

④ 其他方法——理性方法。

除了上述三种最主要的科学方法外,伽利略还用到了其他的科学方法。例如,在理论上驳斥亚里士多德的自由落体观点时,用到了反证法和演绎法,利用自身的矛盾来证明其错误是反证法的体现,而由小球到世界万物是演绎法的特征。在推导"惯性定律"的过程中,还第一次采用了理想化的方法。他假定小球从一个无摩擦的斜面上滚下来,然后在一个无限延伸的光滑平面上运动。很显然,没有摩擦的斜面和无限延伸的平面是不存在的,这只是一种理想化的状态。同样,关于自由落体定律的实验也是一样,生活中非真空环境下,阻力是无可避免的。

总之,伽利略的最主要的研究方法还是观察方法、实验方法、数学方法。尤其是他在力学研究过程中把实验和数学结合在一起,既注重逻辑推理,又依靠实际观察和实验检验,同时灵活抽象理想化状态的科学研究方法非常值得我们学习。这完全可以总结成为一套完整的科学研究方法程序:观察现象→提出假设→逻辑推理→实验检验→数学演绎→形成理论。伽利略所运用的这套科学研究方法后来得到许多科研工作者的认可,直到今天对科学工作者在科技创新方面仍有着重要的指导作用。

5) 开普勒的科技成果与方法

(1) 开普勒的科技成果。

开普勒最主要的贡献是在天文学方面。如果说伽利略发现了新宇宙,那么开普勒则为星空制定了法律。开普勒没有如希腊和之后的很多人一样,来解释行星为什么运动,而是另辟蹊径,研究行星是怎样运动的。当然了,这使他获得了巨大的成功。他发现了行星运动的三大定律,史称"开普勒三定律",这使他为世界所熟知。这三大定律是稍后天文学家根据他的著作《新天文学》《世界的和谐》《哥白尼天文学概要》萃取而成的三条定律。这些杰作对艾萨克·牛顿影响极大,启发牛顿后来发现万有引力定律。

约翰内斯·开普勒(Johannes Kepler,1571—1630,图 3.3),德国天文学家、数学家。他生于德国南部瓦尔城的一个贫民家庭,父亲是职业军人,母亲是旅馆主人的女儿,祖父曾当过市长。开普勒小时候得过天花和猩红热,使得手、眼等落下了轻度残疾。

图 3.3　开普勒

开普勒年轻时在图宾根大学学习,求学期间,他显示出了出众的数学才华,这为以后他发现宇宙运动定律打下了基础。在大学里,他受到蒂宾根大学天文学教授迈克尔·马斯特林(Michael Maestlin)的影响而信奉哥白尼的学说,成为哥白尼的拥护者。毕业后他来到了奥地利,在格拉茨大学任数学和天文学讲师。其后,开普勒离开神学院前往布拉格,与第谷·布拉赫(Tycho Brahe,1544—1604)一起从事天文观测。在奥地利期间他致力于探测六大行星轨道大小之间的关系,围绕这个问题展开了多方面的研究。1596 年,开普勒把他的所有研究成果及构想写在《宇宙的奥秘》一书中,在书中他试图把柏拉图关于固体天体的思想与哥白尼体系调和在一起。当时,丹麦物理学家第谷·布拉赫正在为没人替自己整理未发表的天文观测数据而发愁,当他看到开普勒的《宇宙的奥秘》,为书中展现出的数学天赋所吸引。于是,1600 年第谷邀请开普勒到布拉格观察台工作,当他的助手(图 3.4)。但是,两人的共事并不愉快,开普勒觉得第谷并没有对自己公开观测成果,因此常常威胁要离开。最后,第谷只得把他关于火星的观测资料交给了开普勒。第谷的资料非常丰富,但是他太不善于使用自己的资料,这些资料直到

开普勒的手里才体现出它真正的价值。从此,开普勒就开始了长达8年的研究,在研究中,其数学天赋发挥了极其重要的作用。正是因为这8年对第谷火星观测资料的研究和自己对其他星体运动的观察,才促使开普勒最终发现了行星运动规律。在最后,开普勒得到结论:行星的轨迹不可能是圆的。但是,第谷并没有看到开普勒的研究成果,1601年,第谷因为膀胱破裂去世。

图 3.4   在捷克布拉格的第谷和开普勒纪念像

1609年,开普勒在《新天文学》(*Astronomia Nova*,又名《论火星的运动》)中发表了自己的研究成果,提出了行星运动定律的前两个定律(轨道定律和面积定律)。1611年,开普勒的保护人鲁道夫被其弟逼迫退位,他仍被新皇帝留任。他不忍与故主分别,继续随侍左右。1612年鲁道夫卒,开普勒接受了奥地利的林茨当局的聘请,去作数学教师和地图编制工作。在这里他继续探索各行星轨道之间的几何关系,经过长期繁杂的数学计算和无数次失败,最后创立了行星运动的第三定律(周期定律,又名谐和定律)。1619年,他在《世界的和谐》(*Harmonices Mundi*,又名《宇宙谐和论》)一书中发表了他的第三定律。[6]

开普勒的三大定律的内容如下。

第一定律:行星围绕太阳运动的轨道是椭圆,太阳位于椭圆的一个焦点上(轨道定律)。

第二定律:对任何一个行星,当它围绕太阳旋转时,它和太阳连线在相等的时间内总是扫过相等的面积(面积定律)。

第三定律:每个行星的椭圆轨道的半长轴的立方跟它围绕太阳旋转的周期的平方成正比(周期定律,又名谐和定律),即

$$\frac{T^2}{a^3} = k$$

开普勒以椭圆代替正圆在宇宙学史上是划时代的事件。爱因斯坦对此给予了深刻的评价,他说:“开普勒的惊人成就,是证实下面这条真理的一个特别美妙的例子,这条真理是:知识不能单从经验中得出,而只能从理智的发现同观察到的事实两者的比较中得出。”

后来,伽利略通过望远镜第一次观察到木星的四颗卫星时,发现它们按照同样的原理围

绕木星运动,许多年以后,人们发现聚星体系也同样符合开普勒三大定律。越来越多的发现证明了一个事实:所有的天体运动都是遵循开普勒三大定律的。

开普勒取得了巨大的成功,但是和很多科学家一样,他在他生活的那个时代过得并不如意。他生活困苦,经济上经常处于绝望的境地,他和两个妻子共生有 12 个小孩,大多在贫困中夭折。他作为新教徒常受到天主教会的迫害,他的一些著作被教皇列为禁书。经济困苦和操劳跋涉严重损害了开普勒的健康。当时的皇帝也并不怎么欣赏开普勒,即使在较兴隆的时期都是快快不乐地支付薪水。在战乱时期,开普勒的薪水被一拖再拖,得不到及时的支付。1630 年他有几个月未得薪俸,不得不亲自前往正在举行帝国会议的雷根斯堡索取。到达那里后他突然发热,几天以后,他在贫病交困中寂然死去,终年 59 岁。他被葬于拉提斯本的圣彼得教堂,三十年战争的狂潮荡平了他的坟墓,但是业已证明他的行星运动定律是一座比任何石碑都更为永驻长存的纪念碑。他的发现也为后来牛顿发现万有引力打下了基础。

(2) 开普勒的科学方法。

开普勒的主要研究方法是尊重事实的数学方法与和谐假说方法。

① 尊重客观事实的数学方法。

开普勒在进行科学研究时,观察法当然也是其使用的科学方法,但是,从他对天文研究的最主要贡献——三大定律来看,数学方法是其最主要的科学方法。尤其是开普勒的后两个定律,其数学特征更是明显。当他对第谷的火星观测资料进行分析时,他进行了大量的数学计算。除了数学方法,他还很尊重具体事实,他也相信,世界是和谐的,但是他并没有盲目相信亚里士多德关于行星运动的轨迹是圆形的说法。他从第谷的观测资料中和自己的观察中都看到,火星并不是总是按照同样的速率运动,它有时快,有时慢,而且越靠近太阳越是运动得快。他通过各种假说来解释这一现象,他发现,如果火星的运动轨迹是完美的圆形,他所有的假说都不能解释得通。于是,他抛弃了长久以来人们一直相信的行星运动轨迹是圆形的权威观点,选择相信客观事实,相信自己的数学计算结果,提出一种全新的观点,那就是行星运动的轨道是椭圆的,而且相同时间内,行星与太阳的连线扫过相同的面积。这就是第一定律(轨道)和第二定律(面积定律)的主要内容。

② 和谐假说方法。

除了在尊重客观事实的基础上进行数学计算外,开普勒还用到了一种方法,就是和谐假说方法,这是他受到毕达哥拉斯思想影响的结果。毕达哥拉斯的思想主要是数学和谐假说思想,[14]他把周围的一切叫做有秩序的宇宙,相信天体有运行常规,万物有盛衰节律,他倡导万物皆数的观点,认为圆是最完美的图形,天体运动也是如此。他的"宇宙是存在一定的规律的,是和谐的"思想影响了一大批人。

开普勒在发现前两个定律后,并没有感到满足,因为按照和谐假说的方法,宇宙是完美和谐的,宇宙中星体的运动也应当是完美和谐的,但是由第一定律又可以看出并不是如柏拉图预言的那样,宇宙中星体的轨道是完美的正圆形,速度是匀速的,真实的情况是星体在作着速度时快时慢的椭圆运动。这似乎和和谐的思想不太切合。但是开普勒坚信宇宙和谐的思想是正确的,既然星体运动的轨道和速度都不能满足和谐的条件,那么星体运动的几个参数(如周期、半径)之间必然存在一定的联系。于是他开始着手准备,终于,他成功了,他通过大量的计算发现,任一行星围绕太阳旋转的周期的平方与其轨道半长径的立方成正比,而且

这个公式符合他所记录的每一观测结果,他不禁为此欢欣鼓舞。时隔十年,1619年,他在《宇宙和谐论》一书中发表了他的这一发现,即开普勒第三定律。

虽然开普勒应用和谐假说方法发现了行星运动的第三大定律,取得了很大的成功,但是他过于追求数学和谐假说了。在计算行星运动轨迹时,他选择了尊重观测事实,毅然抛弃了柏拉图原理中正圆轨道和匀速运动的想法,但是在计算行星密度的问题上,他还是犯了错误。他在《哥白尼天文学概论》一书中提出一个行星密度公式,这个公式是 $d=1/\sqrt{R}$。他认为,不仅行星的运转周期与其轨道半径有一定关系,行星的密度与其轨道半径也有关系。我们知道这个密度公式是不对的。开普勒的这一失误就是因为他单纯地追求数学和谐而没有从万物的存在与秩序中抽取出数学观念造成的。

所以说,凡事过犹不及,我们应当学会把握一个度,当然这也许会很难,因为我们不知道这个度在哪里。这就需要我们不断地积累科学知识,了解科学发展史,在科学先驱的身上学习他们的科学方法,争取少犯错误,少走弯路。

6)牛顿的科技成果与方法[15]

开普勒发现并创立了行星运动的三大定律,但同时也留给人们一个问题,那就是,到底是什么力量维持着行星做如此有规律的运动?这个问题直到牛顿提出万有引力定律才得到解决。同时,牛顿对伽利略、开普勒等的理论进行综合,提出了许多伟大理论。

依萨克·牛顿(Isaac Newton,1642—1727)爵士,英国皇家学会的会员,是英国伟大的物理学家、数学家、天文学家、自然哲学家,是百科全书式的"全才"。他出生于英格兰林肯郡乌尔斯索普村一个小农庄主家庭,这一年正是伽利略去世的一年,不少人把这看作是命运的安排。伽利略的去世标志着一个时代的结束,牛顿的出生标志着另一个伟大时代的到来。

牛顿的童年并不幸福,可以说非常孤独。他是一个遗腹子,父亲在他出生前三个月去世。牛顿刚出生时非常瘦小,以至于他的母亲说他可以装在一个量杯中。他的母亲甚至怀疑牛顿会不会健康长大。但是谁也没有想到,正是这个小时候如此瘦小,被怀疑会夭折的孩子的一生是如此富有传奇色彩,留下了一笔又一笔的宝贵财富。

传说牛顿勤奋刻苦的学习习惯是在一次打架中建立起来的。牛顿12岁时,到离家7km的国王语法学校上学。学校里有一个小霸王亚瑟·斯多,他的成绩非常好。有一次两人打架,牛顿在打架中取得了胜利。事后牛顿更加发奋学习,决定在智力上也要超越亚瑟·斯多。良好的学习习惯为牛顿未来的重大发现打下了基础。

牛顿在舅父的资助下读书,18岁免费进入剑桥大学学习,21岁成为著名数学教授依萨克·巴罗(Isaac Barrow,1630—1677)博士的研究生,并因为发展了二项式定理与巴罗教授建立了深厚的友谊。在1665年,牛顿获得了学士学位。从此,他开始从事天文学、力学和光学的研究工作,并取得了很多丰硕的成果。牛顿一生都没有结婚,可以说,他把自己的一生都奉献给了伟大的科学事业。

(1)牛顿的主要贡献。

牛顿一生取得了很多成果,他在力学、数学、光学、热学、天文学、哲学等多个方面都有贡献,其中最为人们熟知的主要有以下四个方面:在数学上他发明了微积分;在天文学上他发现了万有引力定律,开辟了天文学的新纪元;在力学中他系统总结了三大运动定律,创立了完整的牛顿力学体系;在光学中他发现了太阳光的光谱,发明了反射式望远镜。

① 数学。

牛顿创造了数学的一个分支——微积分,同时他是第一个用数学来证明自然定律的人。早在他读大学期间,就展现出了其在数学方面的天赋。在这期间,牛顿发展了二项式定理——一种处理二项式自身多次相乘的简单方法。这对于微积分的充分发展是必不可少的一步。后来人们证明牛顿的广义二项式定理对于任何整数次幂都是适合的,但是分数就不再适用了。二项式定理在组合理论、开高次方、高阶等差数列求和以及差分法中都有广泛的应用。

据历史记载,牛顿和德国数学家戈特弗里德·威廉·莱布尼茨(Gottfried Wihelm Leibniz)几乎同时创立了微积分学,并为之创造了各自独特的符号。学过数学的人一定都熟悉莱布尼茨,我们学习的高等数学中许多理论都是莱布尼茨创立的。但是,遗憾的是,两个数学天才一生都在为此而争斗,他们都坚持自己才是第一个发明了微积分的人。莱布尼茨的符号和"微分法"被欧洲大陆全面采用,牛顿的"微分法"则只在英国流传。支持莱布尼茨的欧洲数学家和支持牛顿的英国数学家互相指责对方剽窃自己一方的成果,这导致了一场激烈的论战,并破坏了牛顿与莱布尼茨的生活。直到 1716 年莱布尼茨逝世,这场争论才结束。但是,虽然牛顿和莱布尼茨关于微积分的争论结束了,但是其影响却并没有因此而消失。这场争论在英国和欧洲大陆的数学家间划出了一道鸿沟,造成了欧洲大陆的数学家和英国数学家的长期对立,从此两派数学家在数学发展上分道扬镳,停止了思想交流。尤其是英国数学在一个时期里闭关锁国,囿于民族偏见,过于拘泥在牛顿的"流数术"中停步不前,因而其数学发展至少落后了一个世纪。

虽然牛顿周围的人表示,牛顿比莱布尼茨提出微积分早了几年,但是 1693 年以前牛顿几乎没有发表任何内容,而在牛顿已知的记录中只发现了他最终的结果,并直至 1704 年他才给出了其完整的叙述。其间,牛顿在 1684 年发表了他的方法的完整叙述。但是,早在 1684 年,莱布尼茨就整理、概括自己 1673 年以来微积分研究的成果,在《教师学报》上发表了第一篇微分学论文《一种求极大值与极小值以及求切线的新方法》。这篇论文包含了微分记号以及函数和、差、积、商、乘幂与方根的微分法则,还包含了微分法在求极值、拐点以及光学等方面的广泛应用。莱布尼茨的笔记本也记录了他的思想从初期到成熟的发展过程。1686 年,莱布尼茨又发表了他的第一篇积分学论文,这篇论文初步论述了积分或求积问题与微分或切线问题的互逆关系,包含积分符号并给出了摆线方程。

在牛顿和莱布尼茨二人死后很久,事情也终于得到了澄清,调查证实两人确实是各自独立地完成了微积分的发明,就发明时间而言,牛顿早于莱布尼茨;就发表时间而言,莱布尼茨先于牛顿。在大约 1820 年以后,英国也采用了莱布尼茨的方法。现在我们学习的"微积分基本定理"也称为牛顿-莱布尼茨定理,这只能说明微积分的创立是数学发展的必然阶段。

② 光学。

牛顿在光学方面也很有研究,光与颜色的奥秘就是他揭开的。三棱镜是一种十分有趣的玩具,当光通过三棱镜后会出现彩虹般的颜色,非常漂亮。牛顿时代的科学家都普遍认为这是因为光通过玻璃时受到了污染,变暗了。在当时,光学现象一直是热点话题,牛顿也对它很感兴趣。1665 年,伦敦爆发淋巴腺鼠疫,大学被迫关闭,牛顿回到家乡休假。正是在这18 个月里,牛顿做了关于光的三棱镜实验,揭开了光的颜色的奥秘(图 3.5)。同时,这 18 个

月是牛顿一生中最多产的时期,学者把这段时间称为"奇迹年"。

图3.5 牛顿在做太阳光经三棱镜折射实验

牛顿的三棱镜实验是这样的:他首先把自己的房间变暗,只让一束光可以射入房间。牛顿让这束光通过三棱镜照到房间内的黑色屏幕上,黑色屏幕上出现了彩虹般的色彩。但是,让牛顿感到奇怪的是,入射三棱镜的明明只是一个小圆点,照到屏幕上的光却是长椭圆形的。于是,牛顿突发奇想,又做了一个实验。这一次,他把另一个三棱镜倒过来放到第一个三棱镜和黑色屏幕之间,使通过第一个三棱镜后产生的彩虹光都通过第二个倒立的三棱镜再照在黑色屏幕上。神奇的事件发生了,通过第一个三棱镜时分散成不同颜色的光在通过第二个三棱镜时竟然重新聚合在一起,彩虹消失,白光出现。牛顿觉得自己就要揭开光的色彩的奥秘了。他又做了一个实验。这一次,牛顿在第一个三棱镜把光分成几种颜色后,并没有让这些彩虹光都穿过第二个三棱镜,而是用一块带有小孔的板子把单色光从光谱中分离出来,只让单色光通过第二个三棱镜照在屏幕上。神奇的事件再次发生,单色光在通过第二个三棱镜时,没有任何改变,屏幕上仍然是单色光。于是牛顿毅然抛弃当时流行的关于白光是缺少各种颜色的光的说法,总结出一种新的理论:每一种单色光是白光的一种组成成分,白光是由各种颜色的光混合形成的。随着科学越来越发达,牛顿的理论得到证实,真实情况是:由于光的折射原理,当白光中的各种颜色的光通过三棱镜时,发生了不同程度的弯曲。

牛顿对于光的本质问题也有研究,他是光的微粒说的代表人物。他认为光是由一个个的粒子组成的。虽然他的观点并不全面,后来证实光具有波粒二象性,但是牛顿在光学中的贡献是不容忽视的。

③ 第一台光学反射望远镜。

当时折射式望远镜非常盛行,著名的伽利略望远镜就是折射式望远镜。但是当时的普通折射式望远镜存在色差问题,容易造成映像模糊。在从事光学工作中,他得出了结论:任何折射式望远镜都会受到光散射成不同颜色的影响。他还通过分离出单色的光束,并将其照射到不同的物体上的实验,发现了色光不会改变自身的性质,而且无论是反射、散射或发射,色光都会保持同样的颜色。因此,他发明了第一台反射式望远镜(现称作牛顿望远镜)来回避光的折射问题。他自己打磨镜片,使用牛顿环来检验镜片的光学品质,制造出了优于折射式望远镜的仪器,不仅消除了色差,而且轻便,易于维修。此外,他还将目镜设置在望远镜的侧边而不是末端,使用起来更加舒服。1671 年,他在巴罗教授的鼓励下,在皇家学会上展示了自己的反射式望远镜。皇家学会的兴趣鼓励了牛顿发表他关于色彩的笔记,这在后来扩大为《光学》(Opticks)一书。但当时罗伯特·胡克是学会的实验主任,他也做过类似的光学实验,不过想法和牛顿的不同,因此他批评了牛顿的某些观点,牛顿对其很不满并退出了辩论会。两人自此以后成为敌人,后来两人因为微积分的发明权更是势同水火,一直持续到胡克去世。

④　力学和天文学。

牛顿在力学方面的主要贡献是提出了运动三大定律,天文学方面的主要贡献是发现了万有引力定律,成功地解释了行星为什么可以维持一定规律运动。其中运动三大定律是万有引力的基础。

开普勒定律描述了行星是如何在宇宙中运动的,但是并没有解释为什么会有这样的运动。牛顿想知道到底是什么使行星、月亮等天体稳定地运行在自己的轨道上。一天,他又坐在苹果树下思考这个问题,正当他想得入神的时候,一颗苹果掉了下来,砸到了他的脑袋。他拿着这个掉落的苹果想,为什么苹果会向下掉落而不是向上掉呢? 他想,在地球和苹果之间一定存在着某种吸引力,使地球吸引苹果下落。他由此提出存在一种作用于所有物体的吸引力,这种吸引力取决于有关对象(如苹果和地球)的质量和它们之间的距离。但是,他又想到,既然这样,月亮和地球之间必然也存在这样的吸引力,那为什么月亮没有和苹果一样掉落下来呢? 于是他又想到伽利略的关于物体的描述,提出,是地球对月亮的吸引力和月亮自身的惯性使月亮保持了平衡。月亮同时受到向下的地心引力和向侧边的牵引力,所以能保持在轨道中。这就是万有引力的雏形。于是,牛顿开始用数学计算地球对月球的吸引力和行星的椭圆轨道。但是,由于当时他对地球的直径估计是不对的,而且还不清楚是用地球表面还是地球中心做引力中心,他的理论并没有得到验证。

他并没有因此而放弃自己的观点。时隔多年以后,当他知道关于地球直径正确的数据后,他又进行了再次计算,这次他终于验证了自己的理论,他为此十分兴奋。但是,遗憾的是他没有立即发表自己的研究成果,直到 1686 年他才在出版的《原理》一书中给出证明。

《原理》是牛顿的《自然哲学中的数学原理》(The Mathematical Principles of Natural Philosophy)的简写。这本书共分为三卷,此前因为皇家学会资金短缺一直没有发表过,后来哈雷被牛顿的思想吸引,资助其出版,我们才得以看到这样一部巨著。

《原理》的第一卷介绍了今天所说的牛顿运动三定律。这是三大经典力学的基本运动定律的总称。第一大定律是惯性定律,最早由伽利略阐述过,主要指任何一个物体在不受外力或受平衡力的作用时,总是保持静止状态或匀速直线运动状态,直到有作用在它上面的外力迫使它改变这种状态为止;第二大定律是力等于质量和加速度的乘积,加速度的方向跟力的方向相同,即 $F=ma$;第三大定律是两个物体之间存在作用力和反作用力,并且在同一直线上,大小相等,方向相反,即 $F=-F'$(F 表示作用力,F' 表示反作用力,负号表示反作用力 F' 与作用力 F 的方向相反)。

在《原理》的第一卷中,牛顿还基于自己提出的三大定律,计算了地球和月球之间的吸引力,证明了这个力遵循平方反比定律。这个力与地球和月亮的质量乘积成正比,与月亮和地球之间的距离的平方成反比。这样,他就在数学上证明了开普勒的行星运动定律。

在《原理》的第二卷,牛顿用数学证明的方法推翻了笛卡儿关于宇宙中充满流体,流体载着行星和恒星运动的观点。

在《原理》的第三卷,牛顿应用自己提出的万有引力的理论对地球、月球、行星和彗星进行描述,并进行了一些用运动和引力定律计算得到的预期结果。其中一项关于地球的预测是,引力会使地球形成一个完美的球形,但是地球自转使直径方向造成一个突起,并预测了这个突起的大小。后来被证明这个牛顿的预测和实际仅相差不到1%。

《原理》一书的出版不得不感谢一个人,那就是埃德蒙・哈雷(Edmond Halley)。牛顿刚得到万有引力定律时,因为想到和英国科学家罗伯特・胡克(Robert Hooke,1635—1703)在光学研究中的纠纷,牛顿一直没有发表自己成果,后来又因为皇家学会的资金短缺,又耽搁了。一次,哈雷和胡克、克里斯托弗・雷恩(Christopher Wren)喝咖啡,三人讨论椭圆轨道问题,并意识到引力问题。哈雷在几个月的徒劳无功后,写信告诉牛顿,从牛顿的信中得知他在15年前就得到了结论。哈雷知道后,不忍心如此伟大的贡献却无人知道,于是自己出资资助牛顿出版。在《原理》一书的第二卷出版后,牛顿又卷入了一场纠纷中,胡克再次指责牛顿剽窃并声明自己才是平方反比定律的发明人。牛顿几乎要拒绝出版了,幸亏哈雷从中调解,完成的《原理》一书才得以出版。

哈雷在用牛顿定律预计出彗星的轨迹后,发现了"哈雷彗星",他还用牛顿定律和牛顿的方法预言了彗星每76年回归一次。后来这一预言得到了证实。

(2) 牛顿的方法论。

牛顿的方法论一直是科学家们研究的对象。伽利略是方法论的开创者,为"新科学方法"打下了基础;牛顿则是当时方法论的集大成者。研究牛顿的科学方法对我们进行科学研究有非常重要的指导意义。

牛顿是一位伟大的综合者。他不仅善于总结前人的工作成果,提出自己的观点,而且善于总结前人的科学方法,开发出新的方法。正如他自己说的那样,如果说他看得更远,是因为他站在巨人的肩膀上。他善于在其他人的基础上,使那些似乎有效却又充满矛盾的方法和理论得到整合、澄清和综合。牛顿的科学方法是经验方法和理性方法的结合,同时又有自己的分析综合的方法。他的科学研究程序是一种方法与原理相结合的程序。后来,牛顿的科学方法被称为假说演绎方法。

在近代,两种主要的科学方法是培根的归纳推理的经验方法和法国哲学家笛卡儿的偏向演绎的唯理论方法。1620年培根提出所谓的归纳推理法,和伽利略一样,他主张科学思想应当建立在观察和实验的基础上,强调归纳,讲求从特殊到一般。与此同时,法国的笛卡儿提出了对立的观点,他在1637年出版的《方法谈》(*Discours Sur La Method*)中提出唯理论方法,讲求"我思故我在",强调演绎推理,主张从一般到特殊的推理过程。牛顿接受了这两大遗产,把他们的实验方法进行了综合,打造出了一种新的、更加强大的方法,即运用数学工具表达并且构建实验结果,在观察实验的基础上进行分析综合,最后形成假说,进行演绎的科学研究方法。

① 观察实验方法。

光学研究中牛顿的三棱镜实验是其运用观察实验方法的最好证明。他通过做三棱镜的实验揭示了光的颜色的奥秘,为他后面进行光谱实验打下了基础。牛顿还做过一个关于光学的实验。牛顿曾把一个磨得很精、曲率半径较大的凸透镜的凸面压在一个十分光洁的平面玻璃上,在白光照射下进行观察,他发现,中心的接触点是一个暗点,周围则是明暗相间的同心圆圈。后人把这一现象称为"牛顿环"。牛顿自己常用"牛顿环"来检查镜片的好坏。

② 分析综合方法。

分析综合方法是牛顿开创的新方法。分析[11]从根本上说就是一个从现象一层层地向本质深入的过程。分析也就是把整体分解为各部分及认识各个部分的一种形式和方法,但这种分解绝不是简单的机械分割,只是一种形象的说法,一种手段。分析是一种从多样性到单一性、从偶然性到必然性、从现象到本质、从个别到一般的认识方法和思维运动。要注意将分析方法和归纳方法区分开来,两者虽有相似之处,但实质不同。归纳是通过观察很多相似的特殊事物得到一般的结论,而分析方法对数量没有要求,多个并不比一个更加令人信服。例如萨迪·卡诺对蒸汽机的研究,他只对一台蒸汽机进行了细致的分析就设计出了一台理想的蒸汽机(或煤气机)。综合就是在已经认识到本质的基础上,将对象的各方面本质有机地联合成为一个整体。

在牛顿之前的近两个世纪,物理学方面取得了一些令人可喜的研究成果,方法论也有了很大的发展。但是遗憾的是物理学方面的一系列成就没有形成一个具体的形式,方法论也是模糊、混乱的。牛顿分析和总结了两个世纪以来物理学积累的伟大成就,运用科学革命中出现的新的定量化工具,解决了无数科学家为之思考的难题,形成了牛顿运动三大定律和万有引力定律两大科学成果。例如,牛顿三大运动定律的第一定律(惯性定律)就是总结了伽利略早已说过的"在不受力的情况下,静止中的物体趋于静止,运动中的物体倾向于以恒定的速度运动"形成的。

③ 数学方法。

数学方法是牛顿的一个很重要的科学方法。牛顿创立了数学的分支——微积分,在当时,他称之为"不断变化"。牛顿在后来进行的许多证明中都用到了这种新方法。牛顿在万有引力公式的计算中应用了大量的数学知识。1686 年,牛顿把他关于万有引力的工作充实成 9 页的证明,用数学描述了宇宙的运转方式。

④ 科学假说方法。

假说是指按照预先设定对某种现象进行的解释,即根据已知的科学事实和科学原理,对所研究的自然现象及其规律性提出的推测和说明,而且数据经过详细的分类、归纳与分析,得到一个暂时性但是可以被接受的解释。任何一种科学理论在未得到实验确证之前均表现为假设学说或假说。一旦有了假说,科学工作者就能根据其要求有计划地设计和进行一系列的观察、实验;而假说得到观察、实验的支持,就会发展成为建立有关科学理论的基础。但是并不是所有的猜想都可以称为假说。假说具有几个基本特点。首先,科学假说必须是建立在一定实践经验的基础上,并经过了一定的科学验证的一种科学理论。它既与毫无事实根据的猜想、传说不同,也和缺乏科学论据的冥想、臆测有区别。其次,科学假说要具有相当的推测性。它的基本思想和主要论点是根据不够完善的科学知识和不够充分的事实材料推想出来的,它还不是对研究对象的确切可靠的认识。[16]再次,科学假说具有明显的过渡性。科学假说是科学性与推测性的对立与统一。它既包含着真,又包含着假,是真与假的对立与统一。它有可能失真而成为假,也有可能由假而转为真。它是为由假达真而生,也为这种转

化的实现而亡。因此,假说又是理论形成中的生与亡的对立统一。这种对立统一的转化条件在于实践,实践是检验假说的唯一客观标准。[17]

牛顿就经常使用假说方法,在他和一些人的往来通信中也可以看到牛顿对于假说的理解和运用。他在 1675 年出版的著作《解释光属性的假说》(*An Hypothesis explaining the Properties of Light*)中假设以太的寻在,就应用了假说。一定程度上来说,刚开始他对于万有引力的猜想也是一种假说。他是基于开普勒三大定律提出的具有一定科学事实支撑的一种想法和观点。虽然后来牛顿对万有引力进行了证明,但是没有得到实验验证。

⑤ 归纳演绎方法。

归纳是由个别现象到一般的过程。归纳是从个别的、单一的事物的性质、特点和关系中概括出一类事物的性质、特点和关系,并且从不太深刻的一般到更为深刻的一般,由范围不太大的类到范围更为广大的类。它是从特殊事实中概括出一般原理的推理形式和思维方法。而演绎则是由一般到个别的过程。它是根据一类事物都有的一般属性、关系、本质来推断该类中的个别事物所具有的属性、关系和本质的推理形式和思维方法。[11]

在《原理》的第三卷中,牛顿就运用了演绎方法。他用自己提出的万有引力定律来预计一些事情,解释一些现象,这是一个由一般原理到个别事件的推理过程,就是演绎方法的体现。例如,牛顿曾经预言过地球的形状。地球不同地方的引力能够使地球形成一个完美的球形,但是地球自转产生额外的力,这个力使直径方向形成一个突起,即在赤道处有所突出。他在知道地球大小、质量和旋转的速度下预测了这个突起的大小。后来被证明这个牛顿的预计和实际相差不到 1%。牛顿还预计过彗星也是以椭圆轨道围绕太阳运行,只是轨道更加细长。这为后来哈雷对彗星的周期预言奠定了基础。这些都是牛顿演绎方法的体现。

4. 显微镜

显微镜是由放大镜演化而来,在一定程度上说,显微镜就是放大倍数很大的放大镜。望远镜的发明,尤其是天文望远镜的发明,扩展了人类的视觉能力,大大提高了人类在宏观上认识世界的能力,使人类进入探索宇宙奥秘的大门,在天文学和物理学等方面取得了丰硕的研究成果。显微镜则进一步在微观方面提高和扩展了人类的视觉能力,帮助我们在生物学上更进一步,特别是在微生物研究方面,显微镜发挥了不可替代的重要作用,在人类探索生命的奥秘时提供了很多方便。

1) 显微镜的问世

显微镜的发展史和望远镜很相似,显微镜的第一个发明者也是眼镜制造商,他就是荷兰眼镜制造匠亚斯·詹森(Z. Janssen)。1590 年前后,詹森在一次偶然的机会下制造了一台水平很低的显微镜。一次,他和他的儿子把几片镜片放进了一个圆筒中,发现通过圆筒可以看到物体的细节,于是他受到启发,认真思索,反复实践,终于制作了世界上第一台简易的显微镜,如图 3.6 所示。这是一台复合式显微镜(含有两个及以上透镜),其原理是使用两个凸透镜,一个把另一个成的像放大。它的放大倍数不大,只有 10～30 倍,可以观察一些小昆虫,如跳蚤等,因而有人称它为"跳蚤

图 3.6 詹森显微镜

镜"。但是詹森和利珀希一样,都没有认识到显微镜的真正价值,他的发明在当时也没有引起足够的重视。直到很多年后,显微镜才又重新走进人类的视野,开始发挥它在微观世界的重要作用。在 1610 年前后,伽利略就用复式显微镜研究过昆虫,观察昆虫的复眼,但伽利略的主要贡献还是在宏观宇宙的探索方面。一般普遍认为,是英国的罗伯特·胡克和荷兰的安东尼·范·列文虎克(Antonie van Leeuwenhoek,1632—1723)都曾分别独立发明过显微镜,是把显微镜真正用于微观科学观察的领路人。

2) 罗伯特·胡克显微镜

罗伯特·胡克是 17 世纪英国杰出的科学家和显微镜专家,可能得益于汉斯·詹森 1590 年的发明,他也用两个透镜组合制成了一台复合显微镜(图 3.7)。早在 1665 年,他就发表过《显微制图》(*Micrographia*,也翻译为《显微术》)一书。在书里描述了数百张他在显微镜下观察到的标本的图,例如鸟的羽毛、各种昆虫。在《显微制图》一书中,胡克绘画的天分得到充分展现,书中包括 58 幅图画,都是胡克用手描绘的他在显微镜下看到的情景,而且每一幅画都是栩栩如生。《显微制图》一书为实验科学提供了前所未有的既明晰又美丽的记录和说明,开创了科学界借用图画这种最有力的交流工具进行阐述和交流的先河,为日后的科学家们所效仿。而且在《显微制图》中他首次描写了细胞。"细胞"一词便是胡克最早用来描述生物微观结构的,他用这个词描述利用复合式显微镜观察到的软木的木栓组织上

图 3.7　罗伯特·胡克复合式显微镜

的微小气孔。有一次他从树皮切了一片软木薄片,并放到自己发明的显微镜下观察。他观察到了植物细胞(已死亡),并且觉得它们的形状类似教士们所住的单人房间(cell),所以他使用 cell 一词命名植物细胞为 cellua。这是史上第一次成功观察细胞。

重要的是,显微镜在沉寂这么多年后,终于又在胡克的手里焕发了光彩。胡克的成果也让科学界发现显微镜给人们带来的微观世界和望远镜带来的宏观世界一样丰富多彩。可惜的是,虽然胡克给我们留下了珍贵的图画资料,胡克自己的画像却一张也没有留存下来,据说唯一的一张胡克画像毁于牛顿的支持者之手。

3) 列文虎克显微镜

列文虎克(图 3.8)1632 年出生于荷兰的代尔夫特市,并没有接受过正统的科学训练,年轻时他曾经在代尔夫特市政厅当看门人。他最为著名的成就之一是显微镜的改进以及微生物学的建立,被冠以"显微镜之父"的称号。他是一个对新奇事物充满好奇心的人。在一个偶然的机会,他从一个朋友那里得知,荷兰最大的城市阿姆斯特丹有许多眼镜店可以磨制放大镜,这种放大镜可以看到许多肉眼难以看清的事物。他对此非常感兴趣,想要自己研究一下。但是,眼镜店里面放大镜的价格非常昂贵,他根本就买不起,而他又不想放弃。那怎么办呢?他观察到,放大镜的制作原理很简单,就是把镜片磨成需要的形状,打磨手法也很易学。于是,他开始经常出入眼镜店,认真地暗地里学习磨制镜片的技术,期望可以亲自做出放大镜。功夫不负有心人,1665 年他终于制成了他的第一台显微镜(图 3.9)。列文虎克的

第一台显微镜还非常简陋,基本上就是一个美化了的放大镜,它由一个直径只有1cm的镶在铜板上的小圆珠形凸透镜和放置样品的夹板组成。虽然结构简单,但是列文虎克显微镜的放大倍数已经超过了当时世界上已有的所有显微镜。后来,列文虎克对显微镜的兴趣越来越浓,几年后,他辞掉了工作,专心进行显微镜的改进和对微观世界的探索。他制成的显微镜越来越精美,放大倍数也越来越大,最后他制成了可以把物体放大300倍的显微镜。列文虎克制造的显微镜是早期最出色的显微镜,代表了当时制镜的最高水平。在他的一生当中磨制了超过500个镜片,并制造了400种以上的显微镜,其中有9种至今仍有人使用,为显微镜的改进作出了不可磨灭的贡献。

图 3.8　列文虎克

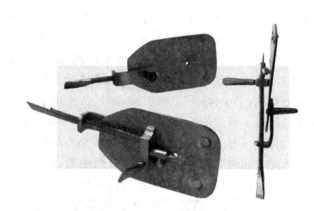

图 3.9　列文虎克的第一台显微镜

4）光学显微镜

在20世纪初期,科学家用的都是光学显微镜,光学显微镜是利用光学透镜产生影像放大效应的显微镜。它的演进历程如下[18]：1590年前后,詹森发明了世界上第一台水平很低的显微镜;后来,罗伯特·胡克制作了具有两个透镜的复合显微镜,发表了其观察成果《显微制图》;1665年,列文虎克发明了他的第一台显微镜,几年后,制成了可以放大300倍的显微镜,而且一生致力于改进显微镜和进行微生物研究;19世纪,高质量消色差浸液物镜出现,1827年阿米奇第一个采用浸液物镜制造显微镜,大大提高了显微镜观察微细结构的能力;随着显微技术的不断创新,1850年出现了偏光显微术,1893年出现了干涉显微术,1953年荷兰物理学家泽尔尼克(Frits Frederik Zernike,1888—1966)创造了相称显微术,并为此获得1953年诺贝尔物理学奖。

在18世纪,光学显微镜的放大倍率可达1000倍,人们能够通过显微镜用眼睛看清微生物的形态、大小和一些内部结构,科学家们能够用它来研究细胞、细菌和人体的生理。后来倍率又提高了,达到1600倍,这是当时光学显微镜放大倍率的最高极限,受制于光波长的限制,如果再提高倍率会使分辨率降低,发生失真,这不是人们想要的结果。此时,为了进行更加深入的科学研究,人们急需新的技术来解决这个难题。

5）电子显微镜[19,20]

随着电子学的研究和广泛应用,电子显微镜被发明出来。电子显微镜与光学显微镜的基本成像原理一样,不同的是前者的光源是电子束而不是可见光,透镜是用电磁透镜而不是光学玻璃透镜。电子显微镜的分辨率(约几纳米)远远高于光学显微镜的分辨率(约200nm)。它的发展历程如下:1926年汉斯·布什研制了第一个磁力电子透镜;1931年,厄恩斯特·卢斯卡(Ernst Ruska)和马克斯·克诺尔(Max Knoll)成功地产生了在阳极光圈上放置的网格的电子放大图像,研制了第一台透射电子显微镜(Transmission Electron Microscope,TEM),在显微镜中首次使用了两个磁透镜。展示这台显微镜时使用的还不是透视的样本,而是一个金属格,1986年卢斯卡为此获得诺贝尔物理学奖。稍后,西门子公司建立超显微镜学实验室,致力于改进 TEM 的成像效果,研制的第一台商业穿透式电子显微镜在 1939 年上市;1934 年锇酸被提议用来加强图像的对比度。1938 年,世界上第一台扫描电子显微镜(Scanning Electron Microscope,SEM)由 Von Ardenne 研制成功,在 1965 年,第一台商业 SEM 研制成功,很快成为细胞生物学的研究工具;1952 年,英国工程师 Charles Oatley 也制造出了一台扫描电子显微镜(SEM)。后来又出现了扫描透射电子显微镜(Scanning Transmission Electron Microscopy,STEM),它是一种既有透射电子显微镜又有扫描电子显微镜的显微镜。20 世纪 60 年代,透射电子显微镜的加速电压越来越高,可以透视的物质也越来越厚。这个时期电子显微镜达到了可以分辨原子的能力;20 世纪 80 年代人们能够使用扫描电子显微镜观察湿样本。

除了光学显微镜和电子显微镜以外,还有一种扫描探针显微镜,它是机械式地用探针在样本上扫描移动以探测样本影像的显微镜。扫描探针显微镜有两个分支:扫描隧道显微镜(Scanning Tunneling Microscope,STM)和原子力显微镜(Atomic Force Microscope,AFM)。第一台扫描隧道显微镜是由 IBM 公司苏黎世实验室的两位科学家 Gerd Binnig 和 Heinrich Rohrer 在 1983 年发明的。这种显微镜比电子显微镜更激进,它完全失去了传统显微镜的概念,可以很好地"看"到金属表面。扫描隧道显微镜的发明使两人获得了 1986 年的诺贝尔物理学奖。1985 年,IBM 公司 Bing 和 Standford 大学的 Quate 共同研发了第一台原子力显微镜。它不但可以"看"到金属表面,还可以"看"到非金属表面,弥补了 STM 的不足。

发展到现在,显微镜的种类越来越多,本书不再一一介绍。受波长的制约,现在用的普通显微镜,也就是光学显微镜,与 19 世纪的光学显微镜相比,并没有什么大的改进,但是电子显微镜一直在不断向前发展,现在可以得到放大 1000 多万倍的影像,人类透过电子显微镜不仅可以看到病毒,而且可以看到大分子,甚至可以看到原子。总的来说,显微镜越来越精致,用途越来越广泛,而且操作越来越趋向简单。显微镜已经不再只是生物学上的帮手,在其他的学科也同样发挥着十分重要的作用。

6) 列文虎克的科技成果及方法[21]

列文虎克在荷兰的代尔夫特市出生。他家庭条件并不是很好,其祖父和父亲都是编篮人,其父在他 6 岁时去世。3 年后,他的母亲和一名画家结婚,列文虎克在 8 岁时,被送到离家 20 英里(32km)的瓦尔蒙特(Warmond)读初级中学。16 岁时,他的继父也去世了,同年,他到阿姆斯特丹的一家亚麻布店当学徒并担任店铺的出纳和记账人。1654 年,他回到代尔夫特,开始自己的布业生意。在 1660—1669 年间,他还受雇作了代尔夫特行政长官的管家,相当于看门人。他的第一台显微镜就是在这期间制作完成的。之后,在 1669 年,他开始担任了荷兰法庭的调查员,1679 年后担任酒的检量官。

列文虎克是一个具有强烈好奇心的人,正是因为他的好奇心才促使他发现了别人没有

看到的"小动物"。列文虎克在自己制造出显微镜后,就用它来观察一切自己感兴趣的事物。除了布料外,他还会观察一些生物的标本,包括昆虫的翅膀和眼睛、花粉粒等他觉得放大后会非常有意思的东西。他是首先观察并描述单细胞生物的人,他当时将这些生物称为animalcules。此外,他也是最早纪录观察肌纤维、细菌、精虫、微血管中血流的科学家。

(1) 列文虎克的科技成果。

① 科学成果的首次面世。

列文虎克在制成他的第一台显微镜后,仍然不断地磨炼自己的制镜技术,几年以后,列文虎克所制成的显微镜不仅越来越多和越来越大,而且也越来越精巧和完美了,以至能把细小的东西放大到两三百倍。他可能受到罗伯特·胡克《显微制图》的影响,开始观察纤维之外的东西,他也确实发现了很多有趣的事物。列文虎克的朋友——医生兼解剖学家格尼亚·德·格拉夫(Regnier de Graaf)是英国皇家学会的通讯会员,他很了解列文虎克的工作,知道列文虎克的显微镜比同时代的任何显微镜都要好。于是格拉夫鼓励列文虎克把他的显微镜和观察记录送给英国的皇家学会。但是列文虎克认为显微镜是自己的心血、自己的财富,并不想公开。最后他只把自己的观察记录邮寄给英国皇家学会,显微镜则一直隐藏着。

当时科学家的科技通信主要是拉丁语、英语和法语,但是列文虎克并没有受到过正统教育,除了自己的母语荷兰语外,其他语言一概不知。而且他也不熟悉科技文章要求简洁明了的规范,于是他用荷兰语写了一封厚厚的信寄到英国皇家学会。这封信中包括他在显微镜下观察的真菌孢子、普通的虱子、蜜蜂的蜇针和嘴、眼等。1673 年,英国皇家学会收到了这封厚厚的信后,打开一看,原来是一份用荷兰文书写的记录,内容冗长且散漫,其标题也是如此——《列文虎克用自制的显微镜,观察皮肤、肉类以及蜜蜂和其他虫类的若干记录》,在场学者们看后,纷纷笑道:"这真是个咬文嚼字的啰嗦标题。""这一定是个乡巴佬写的,迷信加空想,这里边说不定写了些什么滑稽可笑的事呢。"不料,他们读着读着就被信中的内容吸引了,里面展现了一个人们所不知道的精彩世界。读完整封信后,这些学者态度大转变,"这是一篇极有价值的研究报告。"同年,皇家学会把列文虎克的信发表在《皇家学会哲学学报》上。从此,列文虎克开始了与皇家学会的通信,通信一直保持了 50 年,直到 1723 年列文虎克逝世为止。在 1674 年时,列文虎克还用他的光学显微镜首次观察到了红血球。

② 首次发现微生物。

列文虎克在对雨水经过多次细致的观察后,终于确认在雨水中确实存在着极小的生物,他称之为"微生物"(animalcules)。1675 年,他又将他的这一观察记录送往了皇家学会,并对一些小动物进行了非常生动的描述:"我用 4 天的时间,观察了雨水中的小生物,我很感兴趣的是,这些小生物远比直接用肉眼所看到的东西要小,小到万分之一……这些小生物在运动的时候,头部会伸出两只小角,并不断地活动,角与角之间是平的……如果把这些小生物放在蛆的旁边,它就好像是一匹高头大马旁边的一只小小的蜜蜂……在一滴雨水中,这些小生物要比我们全荷兰的人数还多许多倍……"在信中除了对雨水的观察外,还有他对雪水、海水、干净的水的观察记录,他发现,无论什么样的水,都能发现微生物的影子,它们形状各异,在水中以各种方式运动。

当出现人们想象之外的事物,而自己又没有亲身体会时,人们难免会提出质疑。开始,人们并不相信列文虎克的发现,说他是骗子。他当然不能忍受这种污蔑,于是请来当时 8 位有名望的人士作证。但是,一般的显微镜根本达不到放大倍数,而列文虎克又不肯拿出自己的显微镜来,所以,在皇家学会第一次采用与列文虎克标本类似的物体进行观察时,并没有看到任何微生物。所幸,皇家学会中都是严谨的科学家,他们没有就此否定列文虎克的发现,而是委托学会的实验评议员罗伯特·胡克重复列文虎克的流程并对实验结果进行发表。罗伯特·胡克也是一位经验丰富的显微镜专家。1678 年,他重复了列文虎克的实验,令人振奋的是,他真的用自制的显微镜观察到了那些微小的游动生物。他把他的实验公布后,学术界为之轰动,学术机构对列文虎克的发现也由怀疑转变为惊叹:列文虎克发现了新世界!万幸的是,经过几番周折,列文虎克的科学实验终于得到了皇家学会的公认。一位伟大的微生物开拓者诞生了。

③ 发现人体微生物。

列文虎克在取得这些成就后,并没有骄傲自满,而是怀着更加虔诚的心继续科学观察。他已经不满足于观察外物,而是一头扎进人体微生物的研究中。他也因此得到许多有趣的发现,给我们留下宝贵的知识财富。

1677 年,列文虎克用显微镜观察人类的精液,他兴奋地发现精液里有数以百万计游动的小东西,他称为"精子"。这些精子既不是细菌也不是原生生物,而是男性产生的性细胞配子(gametes)。于是他想到,别的雄性动物的精液里会不会也同样存在精子呢?他又对昆虫类、贝壳类、鱼类、鸟类、两栖类、哺乳类的各种动物的精液进行了观察,果然都发现了精子的存在,并证实了精子对胚胎发育的重要性。他认为雌性的卵子和子宫为新生命的成长提供营养和避难所。不得不说,他发现了事实真相。他的发现为人们认识精细胞和卵细胞的结合产生后代提供了启示,反驳和揭穿了认为生命来自非生物的"自然发生说"的错谬。

后来,列文虎克还观察了胡椒水中的细菌,并写信给罗伯特·胡克,并由此引发一系列文章,被认为是研究细菌学的首批文章。他甚至把自己腹泻的排泄物拿来观察,从中发现了鞭毛虫(giardia)。他还对自己牙齿表面的白色黏性物质进行观察,看到白色黏性物质里充满了细菌,他认为这是导致坏牙的元凶。因为其一系列成就,列文虎克在 1680 年被选为皇家学会的全职会员。

④ 毛细血管与红细胞。

列文虎克不仅研究微生物,还对解剖、生殖和植物营养物质传输很有兴趣,对血液很有研究,于 1683 年独立发现了毛细血管。他还通过观察血液准确地描述了血红细胞。列文虎克还进一步证实了毛细血管的存在。他相继在鱼、蛙、人、哺乳动物及一些无脊椎动物体中观察到毛细血管。1688 年,他在描述显微镜下观察蝌蚪尾巴的血液回圈时写到"呈现在我眼前的情景太激动人了……因为我在不同的地方发现了五十多个血液回圈……我不仅看到,在许多地方血液通过极其细微的血管而从尾巴中央传送到边缘,而且还看到,每根血管都有弯曲的部分,即转向外,从而把血液带向尾巴中央,以便再传到心脏。由此我明白了,我现在在这动物中所看到的血管和称为动脉和静脉的血管事实上完全是一回事。这就是说,如果它们把血液送到血管的最远端,那就专称为动脉;而当它们把血液送回心脏时,则称为静脉。"

正是列文虎克的显微观察,圆满完成了血液回圈的发现工作。列文虎克在观察毛细血

管中的血液回圈时,还发现了血液中的红血球,成为第一个看见并描述红细胞的人。

⑤ 显微镜之父。

我们来看一下列文虎克的成就:1674年发现红血球;1675年发现原生动物;1677年描述了精子;1683年发现了细菌;1688年准确描述了血液回圈和血红细胞;记述并描述了骨骼、肌肉、皮肤等许多器官和组织的构造;1695年出版了他的书,简称《宇宙秘密的发现》。列文虎克的众多研究成果都离不开显微镜的辅助,同时他自己也是显微镜的制造大师,一生制造显微镜无数。随着列文虎克的名气越来越大,不少记者争相采访。一天,有位记者来采访列文虎克,向他问道:"列文虎克先生,你的成功秘诀是什么?"列文虎克想了片刻,他一句话不说,却伸出了因长期磨制透镜而满是老茧和裂纹的双手。这不是一种最诚挚而又巧妙的回答吗?他一生当中磨制了超过500个镜片,并制造了400种以上的显微镜,他把心血用在显微镜的制造和改进中,显微镜也帮助他发现了一个又一个新鲜事物,取得巨大的成功,让世人都记住了他的名字。

在1723年8月,当他察觉到自己命不久矣时,他交代自己的女儿将两封信和一批礼物送到皇家学会。一封信详细地写着显微镜的制作方法,另一封信这样写道:"我从50年来所磨制的显微镜中选出了最好的几台,谨献给我永远怀念的皇家学会。"这批礼物就是26台精心打造并配以各种标本的银制显微镜,它们被装在黑色的大橱窗里。1723年8月30日,91岁高龄的列文虎克与世长辞。

列文虎克显微镜的其中9种至今仍有人使用。而且,在他逝世200年后,人们才能再次做出放大倍数和解析度可与列文虎克的显微镜相媲美的显微镜。列文虎克不愧为"显微镜之父"。而且,当人们在用效率更高的显微镜重新观察列文虎克描述的形形色色的"小动物",并知道它们会引起人类严重疾病和产生许多有用物质时,更加认识到列文虎克对人类认识世界所作出的伟大贡献。

(2)列文虎克的科学方法。

列文虎克的主要科学方法可以总结为一句话:在显微镜下孜孜不倦地进行观察、比较归纳的方法。

① 观察方法。

间接观察方法是列文虎克最主要的科学方法。红血球、原生生物、细菌、精子,这些都不是人们的肉眼所能看到的,而且一般人也不会想到观察这些东西。列文虎克是一个具有强烈好奇心的人,当他下定决心制作出一台显微镜并且成功制成以后,就用这台显微镜观察他所感兴趣的一切事物。他由观察布店的纤维,到观察生活中的各种水,再到观察人体内部,乐此不疲。他的每一个发现都让人们为之惊叹。是他对显微镜制作的喜爱和对未知事物的强烈好奇心促使他不断地改进显微镜,并用之于微生物的观察中去。

可以看出,他的每一项关于"小动物"的发现都离不开显微镜的参与,都是与他进行的观察分不开的。所以说,列文虎克的主要研究方法是间接观察法。

② 比较与归纳方法。

间接观察方法是列文虎克的主要研究方法,但这不是全部方法,此外,他还用到了比较归纳方法。比较研究法就是对物与物之间和人与人之间的相似性或相异程度的研究与判断的方法。比较研究法可以理解为是根据一定的标准,对两个或两个以上有联系的事物进行考察,寻找其异同,探求普遍规律与特殊规律的方法。归纳法在前面已经介绍,这里不再重复。比较归纳方法在他对水中微生物观察、精子观察和毛细血管观察中都有体现,都是通过比较和归纳,总结出最终答案。

例如,当他第一次在雨中发现微生物的影子时,并没有贸然地向皇家学会阐述自己的发现,他又对雪水、海水、干净的水等几种不同的水进行了细致的观察。通过几种水中微生物的比较,他发现无论什么样的水都能发现微生物,而且它们形状各异,并以各种方式运动。

他关于精液中精子的观察也是如此。他在人类精液中发现精子的存在后,又对昆虫类、贝壳类、鱼类、鸟类、两栖类、哺乳类的各种动物的精液进行了观察比较,从中都发现了精子的存在,从而归纳得到精子对胚胎发育的重要性。毛细血管的发现也是一样,他是相继在鱼、蛙、人、哺乳动物及一些无脊椎动物体中都观察到毛细血管,才通过比较和归纳,圆满完成血液回圈的发现工作。

遗憾的是,由于他没有受到正统的科学教育,所以他的很多发现都没有提升到理论层次,他只是把他在显微镜下的所有观察结果都如实地记录下来。即使是这样,后人也受益匪浅。他开辟了生物学的新领域,让人们走进一个丰富多彩的微观世界。

7) 微生物学发展史

微生物学的发展大致经历了以下几个时期。

(1) 萌芽时期。

我国早在春秋战国时期,就发现用微生物分解有机物质,用来沤粪积肥,使农作物变得更加苗壮。微生物在医学中也有应用,公元 2 世纪的《神农本草经》中就有关于白僵蚕治病的记载。公元 6 世纪的《左传》中也有用麦曲治腹泻病的记载,10 世纪的《医宗金鉴》中有关于种痘方法的记载。公元 6 世纪北魏的贾思勰《齐民要术》中也有关于微生物应用的资料,如谷物制曲、酿酒、制酱、造醋、腌菜等。在古希腊留下来的石刻上也有酿酒的操作记录。

虽然古人还不知道是微生物在发挥作用,但是他们通过日积月累的生活实践,已经学会巧妙地利用微生物来改善自己的生活。

(2) 初创时期。

微生物的初创期是 17 世纪下半叶到 19 世纪中叶。詹森制成世界上第一台显微镜,罗伯特·胡克把昆虫等较小事物在显微镜下的具体形态发表在《显微制图》中,列文虎克用自制的显微镜观察到微生物,并详细地描述了微生物的形态,打开了微生物研究的大门。

在列文虎克死后,微生物的研究一度进入低谷,"自然发生论"开始成为热点话题。1748 年,尼达姆(John Needham)用"干草等浸泡在烧瓶中会产生微生物"的实验证明"自然发生论"。后来,许多科学家投入到微生物研究中来,为微生物的发展打下了基础。1765—1776 年,斯帕兰让尼(Lazaro Spallanzani)又用密封加热实验反驳"自然发生论"。1826 年,施旺(Theodor Schwann)提出乙醇发酵由酵母菌引起,在 1837 年,他又提出微生物引起发酵和腐败。1838—1839 年,施旺和施莱登(Mathias Schleiden)分别提出细胞学说,1853 年,巴谢(Agostino Bassi)首次实验证明由白僵菌引起家蚕的"白僵病",并认为许多疾病是由微生物引起的。1845 年,伯克利(M. J. Berkeley)首次证明是霉菌引起爱尔兰土豆枯萎病。1846 年,塞麦尔维斯(Lgnaz Semmelweis)发现产褥热是由医生传播的,提出使用防腐剂预

防的方法。1849—1854 年,斯诺(John Snow)对伦敦流行的霍乱开展流行病学研究。1850年,达望(Casimir-Joseph Davaine)在患炭疽病的家畜中发现炭疽细菌,同年,米切利斯(Eihardt Mitscherlich)发现是细菌引起马铃薯褐变。1853 年,德巴利(Heinrich Anton De Bary)提出禾谷类锈病是由寄生真菌导致的。

(3)奠基时期。

微生物学的奠基时期是从 19 世纪 60 年代开始时,微生物的研究进入生理学阶段,在众多微生物学家中最具有代表性的两位是法国科学家巴斯德和德国生物学家科赫。

巴斯德对微生物生理学的研究为现代微生物学奠定了基础。巴斯德(Louis Pasteur)在1857 年提出乳酸发酵的微生物学原理;1860 年提出酵母菌在乙醇发酵中的作用;1864 年彻底驳斥了自然发生论;1866 年发明低温灭菌法;1880 年和斯坦伯格(George Sternberg)同时从唾液中分离和培养肺炎球菌;1881 年和鲁克斯(Pierre-Paul-Emile Roux)用炭疽菌进行免疫实验并研制炭疽疫苗;1885 年研制出狂犬病疫苗,在被疯狗咬伤的 9 岁小孩身上首次试用并获成功。

科赫对新兴的医学微生物学做出了巨大贡献。1876 年,分离并鉴定了炭疽热病原菌——炭疽杆菌;1878 年鉴别了葡萄球菌;1881 年研究了细菌的纯培养方法,并用减毒炭疽杆菌进行动物免疫;1882 年发现肺结核的病原菌——肺结核分枝杆菌,并因此获得 1905 年诺贝尔奖;1883 年鉴定了霍乱的致病因子——霍乱弧菌(vibrio cholerae);1884 年,首次发表科赫定理。

下面再来看一下其他众多科学家的成就。1858 年,魏尔啸(Rudolf Virchow)提出"每一个细胞都来自另一个细胞"。1859 年,达尔文(Charles Robert Darwin)发表《物种起源》。1865 年,孟德尔(Gregor Johann Mendel)发表孟德尔遗传法则。1867 年李斯特(Joseph Lister)正式发表了他的外科消毒术。1880 年拉瓦拉(Alphonse Laveran)鉴定了疟原虫在感染者红细胞中的生活史,1907 年获诺贝尔奖。1884 年梅契尼柯夫(Elie Metchnikoff)发现吞噬作用,1908 年获诺贝尔奖。1890 年贝林格(Emil Adolf von Behring)和北里柴三郎(Kitasato Shibasaburo)发现抗毒素,用毒素使动物免疫,制备白喉和破伤风抗毒素,1901 年获诺贝尔奖。由于科学成果很多,这里不一一列举。

(4)发展时期。

20 世纪以来,生物化学和生物物理学向微生物学渗透,加上电子显微镜的发明和同位素示踪原子的应用,推动了微生物学向生物化学的发展。下面只介绍一些获得诺贝尔奖的微生物学家。

1897 年爱尔里希(Paul Ehrlich)阐明抗体形成的侧链理论,1908 年获诺贝尔奖。1897 年,罗斯(Ronald Ross)证明了疟疾是由蚊子传播给人,1902 年获诺贝尔奖。1901 年博尔德(Jules Bordet)和根高(O. Gengou)确定百日咳杆菌(Bordetella pertussis)是百日咳的病原菌并发展了补体结合试验,1919 年获诺贝尔奖。1902 年波蒂尔(Paul Portier)和瑞切(Charles Richet)首次发现过敏现象和提出过敏症(anaphylaxis)的名称,1913 年获诺贝尔奖。1902 年兰德斯特尔(Karl Landsteiner)发现人的血型,1930 年获诺贝尔奖。1909 年,尼古拉(Charles J H Nicolle)证实人虱是流行性斑疹伤寒的传染媒,1928 年获诺贝尔奖。1911 年,劳斯(Peyton Rous)发现一种引起小鸡结缔组织生癌的病毒,1966 年获诺贝尔奖。1932

年鲁斯卡（Ernst Ruska）和克诺尔（Max Knolland）设计了最初的透射电子显微镜,1986年获诺贝尔奖。1932年塞尔尼克（P. Zernike）发明相差显微镜和论证相衬法,1953年获诺贝尔奖。1935年多马克（Gerhard Domagk）发现白浪多息（偶氮磺胺）的抗菌作用,1939年获诺贝尔奖。1940年弗莱明（Alexander Fleming）、弗洛里（H. W. Florey）和钱恩（Ernst Boris Chain）用精制的青霉素成功地进行了动物实验和人体试验,并实现深层发酵,1945年获诺贝尔奖。1943年德尔布鲁克（Max Delbruck）、卢里亚（Salvador Edward Luria）和赫尔希（A. D. Hershey）研究细菌和噬菌体的突变以及核酸再病毒传递和复制时的作用,1969年获诺贝尔奖。1944年瓦克斯曼（Selman Waksman）和斯卡兹（Albert Schatz）发现链霉素,1952年获诺贝尔奖。1949年恩德斯（John Enders）、威乐（Thomas Weller）和罗宾斯（Frederick Robbins）成功地在非神经细胞中培养出脊髓灰质炎病毒,1954年获诺贝尔奖。

（5）成熟时期。

20世纪50年代,微生物的研究更加深入,电子显微镜的不断改进使人们可以看到更加微小的东西,原子和分子结构都可以清楚地观察到。从此微生物学的研究向分子水平转化。下面简单介绍一些重大成果。

1951年麦克林托克（Barbara McClintock）发现能跳动的基因（现称"转座子"）,1983年获诺贝尔奖。蒂勒（Max Theiler）因开发黄热病疫苗获1951年诺贝尔奖。1953年沃森（James Watson）、克里克（Francis Crick）和威尔金斯（Maurice Hugh Frederick Wilkins）提出DNA双螺旋结构,1962年获诺贝尔奖。1955年杰尼（Niels K. Jerne）提出了抗体形成的自然选择理论,1984年获诺贝尔奖。1957年博韦特（Daniel Bovet）第一个发现并合成抗组胺。1958年莱德伯格（J. Lederberg）、比德尔（G. W. Beadle）和塔坦（E. L. Tatum）发现细菌遗传物质和基因重组现象及基因的调控。1959年伯内特（Frank Macfarlane Burnet）在1955年杰尼理论的基础上,提出克隆选择理论,1960年获诺贝尔奖。1959年颇特尔（Rodney Robert Porter）和埃德尔曼（Gerald Edelman）确定免疫球蛋白的结构,1972年获诺贝尔奖。1959年雅娄（Rosalyn Yalow）和本桑（Solomon Bernson）建立放射免疫检测技术,1977年获诺贝尔奖。1959年奥乔亚（Severo Ochoa）和科恩伯格（Arthur Kornberg）发现RNA和DNA的生物合成机制。

1961—1966年雷仑伯格（Marshall Nirenberg）、霍利（Robert W. Holley）、马特哈伊（John Matthaei）和科拿那（Gobind Khorana）等破解64个遗传密码,1968年获诺贝尔奖。1965年雅各布（Francois Jacob）、勒沃夫（André Lwoff）、莫诺（Jacques Monod）发现微生物基因的调控机制。1968—1970年阿尔伯（Werner Arber）、内萨恩斯（Daniel Nathans）和史密斯（Hamilton Smith）发现限制性核酸内切酶及其在分子遗传学方面的应用,1978年获诺贝尔奖。1969年梯明（Howard Temin）、巴尔迪摩（David Baltimore）和德尔贝克（Renato Dulbecco）发现反转录病毒和反转录酶,1975年获诺贝尔奖。

1972年伯格（P. Berg）猿猴病毒DNA与λ噬菌体DNA体外重组成功,1980年获诺贝尔奖。1975年柯勒（Georges J. F. Köhler）和米尔斯坦（César Milstein）在杰尼（Niels K. Jerne）的理论基础上,建立单克隆抗体制备技术,1984年获诺贝尔奖。1976年利根川进（Susumu Tonegawa）发现抗体多样性的遗传学原理,1987年获诺贝尔奖。1976年布鲁姆伯格（B. Blumberg）和盖达塞克（D. C. Gajdusek）发现传染性疾病起源和传播的新机制。

1977 年桑格(Frederick Sanger)和吉尔伯特(Walter Gilbert)分别建立 DNA 序列分析技术,1980 年获诺贝尔奖。

1980 年贝纳塞拉夫(Baruj Benacerraf)、斯内尔(George D. Snell)和多塞(Jean Dausset)发现细胞表面调节免疫反应的遗传基础。1981 年宾宁(G. Binnig)和罗雷尔(H. Rohrer)发明扫描隧道显微镜,1986 年获诺贝尔奖。1981 年布鲁希纳(Stanley prusiner)发现朊病毒,1997 年获诺贝尔奖。1982 年史密斯(Michael Smith)以 M13 噬菌体为载体,在任一段 DNA 片段上定点突变,1993 年获诺贝尔奖。1982 年切赫(T. R. Cech)和奥尔特曼(S. Altman)发现催化性 RNA,1998 年获诺贝尔奖。1983 年莫里斯(Kary Mullis)发现聚合酶链式反应(PCR),1993 年获诺贝尔奖。1988 年戴森霍弗(Johann Deisenhofer)、胡伯尔(Robert Huber)和米歇尔(Hartnut Michel)研究光合作用反应,揭示了膜结合的蛋白质配合物的结构特征。1989 年毕晓普(J. Michael Bishop)和瓦慕斯(Harold E. Varmus)发现逆转录病毒原癌基因(oncogene)在细胞中的产生机理。

1993 年罗伯茨(Richard J. Roberts)和夏普(Phillip A. Sharp)发现断裂基因(split genes)。2005 年马歇尔(Barry J. Marshall)和沃伦(J. Robin Warren)发现幽门螺杆菌及其致病机理。2008 年文特尔(J. Craig Venter)宣布合成生殖支原体(Mycoplasma genitalium)的完整基因组。

8) 关于望远镜和显微镜的思考

从望远镜和显微镜的发明以及使用情况来看,科学理论知识非常重要。望远镜和显微镜的第一个发明者都是眼镜制造商,但是为什么两个发明者都没有认识到自己发明的真正价值呢?望远镜开始只是作为"成人玩具"供大家玩乐,显微镜也是在埋没了许多年以后才重见天日。那又是什么人使两个观察利器真正发光发热呢?望远镜是在伽利略的手里得到了发展,伽利略用自己设计的天文望远镜观察宇宙,得到许多人类肉眼难以观察到的天文数据,打开了宇宙的大门。显微镜在埋没了几十年后,首先在罗伯特·胡克的手里实现其科学用途,后又在列文虎克的手里绽放出夺目的光彩。胡克关于昆虫等小动物的观察令人惊叹。列文虎克精心制作了一台可以放大 300 倍的显微镜,用它发现了红血球和酵母菌,成为第一个发现微生物世界的人。

我们看到这样一个现象:望远镜和显微镜的第一个制造者都是技术工人,而使它们发挥真正价值的都是某一学科的优秀科学家。望远镜和显微镜作为观察的辅助工具,其制作确实需要技术,它们的主要部分——镜片需要进行研磨,这是技术的范畴。而利珀希和詹森这样的眼镜制造商,长期接触镜片,拥有得天独厚的条件,是最容易发现并制造出这种观察工具的人,事实也确实如此。但是作为眼镜制造商,他们或许具有别人没有的技术手段,却缺乏科学理论知识。他们的脑海中既没有关于天文、生物等学科方面的概念,也没有这方面的探索需求。怎么能够指望他们在毫无所知的情况下主动想到进行这方面的研究呢?伽利略在那个时代就一直致力于天文学的研究,拥有丰富的科学理论指导,在他为没有好的工具观察天体而苦恼时,听说望远镜的出现,想到望远镜在天文学方面的价值是自然而然的事情。而且传闻他听说望远镜后,根据光学原理只研究了一个晚上就掌握了制造望远镜的技术。罗伯特·胡克也在生物学方面很有研究,对昆虫等小动物细致观察的需求促使他把显微镜利用起来,向世界展示了微观世界的丰富多彩。而列文虎克虽然没有接受过正统的科学训练,但是他是第一个用放大透镜看到细菌和原生动物的人。尽管他缺少正规的科学训练,但他强烈的好奇心使他对肉眼看不到的微小世界进行细致观察、精确描述并得到众多的惊人发现,这对 18 世纪和 19 世纪初期细菌学和原生物学研究的发展起了奠基作用。由于列文虎克基础知识薄弱,使他所报道的内容仅仅限于观察到的一些事实,未能上升为理论。

这充分说明了科学理论知识的重要性。技术价值的实现也是需要科学理论指导的。如果利珀希和詹森都具有丰富的天文学或生物学知识,他们在制造出望远镜和显微镜的时候一定都可以意识到其真正价值;但反过来讲,如果两人具有丰富的天文学或生物学知识,而他们不是眼镜制造商,望远镜和显微镜也许就不会在他们手里出现了。所以说科学理论知识很重要,同时掌握科学知识与技术手段更加重要。如果列文虎克接受过正统的科学教育,那么他的观察就可以上升为理论了。科学与技术是相互促进的。技术促使望远镜和显微镜产生,科学知识指导人们利用望远镜和显微镜进行科学研究,实现其价值;科学研究的需要促使观察工具进行不断改进,改进的观察工具又帮助科学家更好地进行观察研究……如此循环,直到今天。

5. 小结

人类视觉能力的扩展主要经历了以下几个阶段。在古代社会,人类主要靠肉眼来认识世界,是对世界的直接观察。后来人类在不断的摸索中发现了一些宝石或者晶体可以磨成或者凸或者凹的形状,它们可以帮助人们看清一些肉眼看得不太清楚的事物。慢慢地放大镜和眼镜被发明出来,人的视觉能力得到初步扩展,对世界的观察开始借助工具。人类视觉能力得到最大扩展是在近代时期。在放大镜和眼镜的基础上,眼镜制造商利珀希制成了第一台望远镜,后来伽利略制成了第一台天文望远镜,用于观察天体。伽利略打开了宇宙的大门,带领人们走进浩瀚的星空,层层揭开其神秘的面纱。同是眼镜制造商的詹森则发明了世界上第一台显微镜,后来罗伯特·胡克和列文虎克也分别制成了显微镜,显微镜开始用于生物学科学研究。列文虎克在显微镜的帮助下,发现了毛细血管、细菌、原核生物、精子等微生物,打开了微观世界的大门,使人们认识到丰富多彩的微观世界。同时,他一生都致力于显微镜的制造,为世界制成了许多精致优良的显微镜。望远镜和显微镜的发明极大地增强了人类认识世界的能力。光学研究不断取得新的成果,望远镜和显微镜也不断进行改进,人类对世界的认识也越来越全面。此时,天文学家和物理学家对自然的认识也由直接观察转为间接观察。后来随着电磁学的发展,电子望远镜和电子显微镜问世。电子望远镜不仅使人们可以看到更遥远的宇宙深处,而且分辨率也比光学显微镜高出许多。科学技术不断向前发展,电子显微镜的制造技术也不断进步,可以通过显微镜清楚地看到分子甚至原子,为许多未解之谜提供了探索的途径。

3.4.2　人类听觉能力的扩展

1. 古代——耳朵直接听取

视觉能力是人类体质能力的一个重要方面,听觉能力同样也是。视觉帮助我们认识五颜六色的大千世界,听觉则帮助我们辨别大自然的各种声音。在古代社会,人类主要靠耳朵来接收声音。例如,一些古代成语"耳听八方""耳听心受""口耳相传""不绝于耳"等,这些都

说明耳朵对人们听觉的重要性。

人与人之间的正常交流离不开听觉。听觉在人们的日常生活中发挥着很重要的作用。它可以帮助人们在不用眼睛看的情况下就识别出具体的事物。有一个很著名的成语叫"闻鸡起舞",人在看不到鸡的情况下,怎么知道是鸡在叫呢?这就要归功于人的听觉能力了。人们之前早已知道鸡的叫声是怎样的,因此,当这种声音再次传进人们的耳朵时,人们就知道这是鸡发出的声音。当我们走在街上,听到背后有熟人打招呼,我们不用回头就可以知道是谁[6,22]。这些都是听觉在发挥作用。

2. 近代——辅助听觉工具

和眼睛一样,人类的耳朵也不是万能的,超过一定的范围或距离,人类的耳朵就不再起作用了。这时候,人类又开始开动脑筋了,一些听觉辅助工具被发明出来。

1)听诊器[6,22]

听诊器是一种医学仪器,用以聆听身体内的声音,例如心脏、呼吸器官及肠胃等等。听诊器的前端是一个面积较大的膜腔,而塞入耳朵的一端由于腔道细窄,气体震动幅度会比膜腔大,可放大患者体内的声波震动。可以说,听诊器是医生检查病人、诊断疾病的好帮手。世界上第一个听诊器的发明距今已经 200 年了。

在听诊器还未发明以前,医生听诊一般采用"直接听诊"法,这是从古希腊时代流传下来的一种诊断方法,就是医生取一片布铺在病人身体有病的部位上,然后用耳朵隔着布直接贴着病人身体来"听诊"。虽然这种方法可以诊断出一些疾病,但是它既不方便又不卫生,而且隔了布后听音效果明显减弱。一千多年来,虽然人们一直在寻找一种更好的听诊方法,但是一直毫无进展,直到 1816 年,病理学家勒内克发明了听诊器。

图 3.10 勒内克

勒内克(René Laennec,1781—1826)全名何内希欧斐列·海辛特·勒内克(René-Théophile Hyacinthe Laennec),是法国著名的医学家(图 3.10)。1816 年的某一天,一位贵族小姐请勒内克看病。这位小姐面容憔悴,坐在长靠椅上,紧皱着双眉,手捂胸口,看起来病得不轻。等小姐捂着胸口诉说病情后,勒内克医生怀疑她染上了心脏病。正常情况下,需要听听位贵族小姐的心音,以便使诊断的结果更加准确。但是若采用传统的"直接听诊"法,对于一位年轻的贵族小姐来说显然是不合适的。于是,勒内克冥思苦想,试图找到一种解决的方法。想着想

着,勒内克的脑海里突然浮现出前几天他遇到的一件事情:在巴黎的一条街道旁堆放着一堆修理房子用的木材。几个孩子在木料堆上玩儿,其中有个孩子用一颗大钉敲击一根木料的一端,其他的孩子都用耳朵贴在木料的另一端来听声音,敲击木料的孩子每敲打一下就问"听到什么声音了吗?",其他孩子都笑着回答"听到了"。勒内克不禁想到,既然大钉敲击的声音可以通过木料从一端传到另一端,那么,心脏跳动的声音是否也可以通过同样的原理传递呢?他灵机一动,马上叫人找来一张厚纸,将纸紧紧地卷成一个圆筒,然后把一头按在小

姐心脏的部位,另一头贴在自己的耳朵上。果然,小姐心脏跳动的声音通过纸筒清晰地穿到勒内克的耳朵里,就连其中轻微的杂音都听得一清二楚。他高兴极了,告诉小姐的病情已经确诊,并且一会儿可以开好药方。

　　勒内克医生回家后,又做了许多次的相关实验,终于用雪松和乌木制成一根空心木头筒,筒长 30cm,外径 3cm,内径 2cm。为了便于携带,从中剖分为两段,有螺纹可以旋转连接,这就是世界上第一个听诊器(图 3.11)。它实际上是木质的单耳式听诊器,与现在产科用来听胎儿心音的单耳式木制听诊器很相似。勒内克将其命名为"胸部检查器",又因为这种听诊器的样子像笛子,所以人们常称其为"医者之笛"。在 1819 年,勒内克将这个发明写进了《间接听诊法》一书中。从此,日常诊断方式逐渐由"直接听诊"变为"间接听诊"。但不幸的是,勒内克本人在发明听诊器不久,就因肺病去世了,年仅 45 岁。

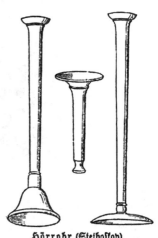

图 3.11　勒内克发明的听诊器

　　听诊器问世后,不少人不断地进行改良,使其更加适合医用。1840 年,英国医师乔治·菲力普·卡门改良了勒内克设计的单耳听诊器,他将两个耳栓用两条可弯曲的橡皮管连接到可与身体接触的听筒上,制成了双耳听诊器。卡门的听诊器有助于医师听诊静脉、动脉、心、肺、肠内部的声音,甚至可以听到母体内胎儿的心音。1937 年,凯尔再次改良卡门的听诊器,增加了第二个可与身体接触的听筒,可产生立体音响的效果,称为复式听诊器,它能更准确地找出病人的病症所在。可惜凯尔的改良品未被广泛采用。

　　听诊器原理简单,携带方便,很快成为医疗工具箱中的一个标准器械。现在,听诊器的种类很多,大致分为以下几类:声学听诊器、电子听诊器、拍摄听诊器、胎儿听诊器、多普勒听诊器(一种电子装置,利用多普勒效应测量从身体器官内的超声波的反射波)。听诊器已成为必不可少的医疗诊断工具。

　　2) 助听器

　　助听器是一种用于补偿听力损失以帮助听力损失者恢复正常听力的电子设备。

　　几个世纪以前,如果人们的听力发生困难,他们的唯一选择就是自我帮助,简单地用将手掌放在耳朵边形成半圆形喇叭状,虽然这样可以较好地收集声音,但是这种方法的增益效果仅为 3dB 左右。现在人们在日常生活中也偶尔会用到这种方法。后来,人们根据喇叭可以收集并放大声音的原理制成一种金属的耳喇叭(图 3.12)。这种耳喇叭非常巨大,携带很不方便。据说,1819 年葡萄牙国王约翰六世就曾在他的御座上安装了一个耳喇叭。下跪的仆人可以对着管子大声嚷嚷。管子的一端装在御座的扶手上,另一端则装在国王的耳旁。这两种方法就是早期人们用来提高听力的方法。

　　真正意义上的助听器是在 19 世纪发明出来的。苏格兰发明家亚历山大·格拉汉姆·贝尔(Alexander Graham Bell,1847—1922)想制作一种较好的助听器。贝尔研究了一些把声音转换成可增加的电信号的原理。但他的研究引导他作出的发明却不是助听器,而是另一项伟大的发明——电话。1876 年,贝尔成功制成了世界上第一台电话。20 年后,

图 3.12　一种金属的耳喇叭

1896 年贝尔又在电话的基础上制成了桌面电话系统(图 3.13)用于听力的改善。他被后人认为是创造了第一台供听力损失的人放大声音的耳机的人。但他的"世界上第一台助听器"可能并没有申请专利。

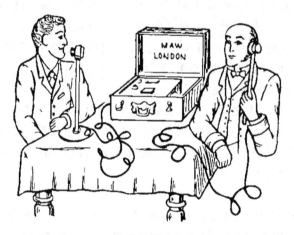

图 3.13　1896 年英格兰聋校的桌面助听器

在 1892—1990 年间,陆续出现了一些电子助听器,这些助听器以碳或碳粉为原料制成。但是这些助听器的效果并不是很好。助听器的改良工作在米勒·里斯·赫切恩森的手里有了新的进展,他发明了一种便于使用的电助听器。碳球麦克风被发明出来,碳球被应用于助听器(图 3.14)。这种助听器和以前相比不仅质量可靠,而且体积小,易于携带,一经问世就取得了成功。

虽然 20 世纪 20 年代左右的佩戴式助听器比以前笨重的助听器改良了很多,但是仍然明显可见,而且不太美观。以后,助听器逐渐向小型化发展。20 世纪 40 年代,三极真空放大管被应用到助听器上,出现了较小的盒式助听器(图 3.15)。1948 年,贝尔实验室的 Bardeen、Brattain 和 Shockley 3 位科学家发明了锗材料晶体管,1951 年,贝尔实验室又发明

图 3.14　1920 年佩戴式碳球助听器

锗合金晶体管,晶体管比真空管的性能更好,质量更高,体积更小,很快用于助听器制作。1953 年左右,全部采用晶体管的助听器在市场上出现。1954—1960 年,新型的传感器和电池促使更加小巧美观的助听器出现了,它们有发卡式、眼镜式、耳背式(BTE)等,如图 3.16 至图 3.18 所示。

图 3.15　三极真空管放大助听器

图 3.16　发卡式助听器

图 3.17　眼镜式助听器

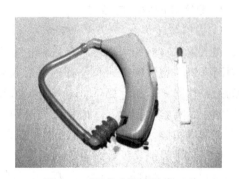

图 3.18　耳背式助听器(BTE)

1960—1970 年,硅晶体管和集成电路飞快发展,耳内式助听器(ITE)出现。第一台耳内助听器是在 1957 年推出的(图 3.19)。从解剖学上讲它占据耳甲腔和耳甲艇,其外壳根据患者的耳甲形状定制。它适合轻度到重度的听力患者。1973 年驻极电容麦克风出现。20 世

纪 80 年代的助听器更加隐蔽,出现了耳道式助听器(ITC),它比 ITE 略小。能放入耳道更深处(图 3.20)。它适用于轻度到中重度听力患者。随着计算机技术的发展,20 世纪 80 年代末,数字可编程助听器出现。后来又推出了深耳道式助听器和完全耳道式助听器(CTC),完全耳道式助听器放置的位置可深入外耳道的第二生理弯曲,非常接近鼓膜,戴上它即使从侧面看也不易被发现。它适用于轻度到中重度听力损失患者。

图 3.19　第一台耳内式助听器

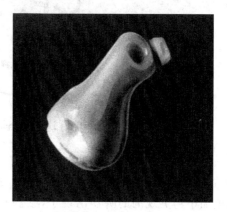

图 3.20　耳道式助听器

助听器发展到今天已经非常智能化,有全数字助听器。全数字助听器有许多先进的功能,如自动适应环境,有效降低噪声,提高言语的清晰度;模仿人类正常耳蜗功能,提高声音的自然性、真实性和舒适性,自动消除反馈声;应用数字反馈抑制技术,使助听器不会出现令人烦恼的反馈声,提高患者的语言分辨能力等。全数字助听器是集电子技术、微型计算机技术、听力学技术、仿生技术为一体的高科技产品,全数字助听器的问世,使助听器微电子工业进入了数字化、智能化时代。

助听器的发明给无数听力有障碍的人带来了福音。从其发展过程来看,其发展与信息科学与技术和智能科学与技术的发展是分不开的。助听器的发展验证了人类科学技术的进步。

3. 超声波的发现与妙用

1) 蝙蝠与超声波

在人类对自然的认识还没有达到一定高度之前,人们理所当然地认为所有的动物都是靠眼睛来识别物体的方向和位置的。后来事实证明,这种想法是错误的。首先揭开这个秘密的是拉扎罗·斯帕拉捷(Lazzaro Spallanzani,1729—1799),他是意大利著名的博物学家、生理学家和实验生理学家。他曾经做过四个关于蝙蝠的实验,揭示了蝙蝠靠耳朵而不是眼睛识别物体和捕捉猎物的事实,为超声波的研究提供了理论基础。

斯帕拉捷习惯晚饭后在附近的街道上散步,他常常看到,很多蝙蝠灵活地在空中飞来飞去,能在非常黑暗的条件下灵巧地躲过各种障碍物去捕捉飞虫,这个现象引起了他的好奇,蝙蝠凭什么特殊本领在夜空中自由自在地飞行呢,难道是因为它有一双可以在黑夜中洞悉一切的敏锐眼睛吗?

为了验证自己的猜想,他做了第一个蝙蝠实验。1793 年夏季的一个夜晚,斯帕拉捷走出家门,放飞了关在笼子里做实验用的几只蝙蝠。只见蝙蝠们抖动着带有薄膜的肢翼,轻盈地飞向夜空,并发出自由自在的"吱吱"叫声。斯帕拉捷见状,不禁大叫出声,因为在放飞蝙蝠之前,他已经蒙上了蝙蝠的双眼,"蒙上眼的蝙蝠怎么能如此敏捷地飞翔呢?"他感到百思不得其解,下决心一定要解开这个谜。

斯帕拉捷想到:"既然不是靠眼睛来辨别障碍物,那么会不会是鼻子在发挥作用呢?"于是他又做了第二个实验。这一次他把蝙蝠的鼻子堵住,在夜晚放了出去,结果,蝙蝠还是照样飞得轻松自如。"既然眼睛和鼻子都完全没有对蝙蝠的飞翔产生影响,那么蝙蝠又是依靠什么来躲避障碍物和捕捉食物呢? 奥秘会不会在翅膀上呢?"于是斯帕拉捷又做了第三次实验。他这次在蝙蝠的翅膀上涂了一层油漆。然而,和前两次一样,这也丝毫没有影响到它们的飞行。"眼睛、鼻子、翅膀都不是蝙蝠辨别物体的因素,那到底会是什么呢?"斯帕拉捷感到非常困惑。最后,斯帕拉捷又把蝙蝠的耳朵塞住,进行了第四次实验。这一次,飞上天的蝙蝠再也没有了之前矫健的身手,而是和一个喝醉酒的人一样,东碰西撞的,很快就跌了下来。斯帕拉捷这才恍然大悟,原来,蝙蝠是靠听觉来确定方向,捕捉目标的。

图 3.21　蝙蝠利用声音导航

斯帕拉捷的新发现引起了人们的震动,这完全打破了人们的常规认识。从此,许多科学家进一步研究了这个课题。最后,人们终于弄清楚:蝙蝠是利用超声波(频率高于 20 000 Hz 的声波)在夜间导航的(图 3.21)。它的喉头发出一种超过人耳听阈的高频声波,这种声波沿着直线传播,一旦碰到物体就迅速返回来,它们用耳朵接收了这种返回来的超声波,使它们能够做出准确的判断,引导它们飞行。

超声波的科学原理现已广泛地运用到航海探测、导航和医学中。

2) 斯帕拉捷方法

斯帕拉捷作为意大利著名的博物学家、生理学家和实验生理学家,在血液循环、消化生理、受精研究方面都有突出成果,在这里并不详细描述,只是简单分析一下上面蝙蝠实验中用到的科学方法。

(1) 观察实验方法。

观察实验方法是蝙蝠实验中用到的一种重要方法。毫无疑问,上面的例子本身就是斯帕拉捷针对影响蝙蝠飞行和捕猎的因素进行的实验。在实验的过程中离不开观察,斯帕拉捷通过观察蝙蝠在蒙上眼睛、堵上鼻子、翅膀涂漆、塞上耳朵四种情况下的飞行情况来验证自己的想法。

(2) 实验假设方法。

当某一变因素的存在形式限定在有限种可能(如某命题成立或不成立,如 a 与 b 大小:有大于、小于或等于三种情况)时,假设该因素处于某种情况(如命题成立,如 $a>b$),并以此为条件进行推理,谓之假设法。而实验假设方法就是在做出假设的情况下进行实验的方法。

实验假设方法是蝙蝠实验中的另一种重要方法。斯帕拉捷在每一次实验之前都是先提

出自己的假设,然后根据自己的假设进行实验安排,最后得到实验结果验证假设的正确性。例如,在第一次实验之前,斯帕拉捷假设眼睛是蝙蝠躲避障碍物和捕捉食物的关键因素,于是他就把蝙蝠的眼睛蒙上,在夜晚放飞蒙了眼的蝙蝠。从蝙蝠的灵活飞行中得到结论,眼睛是蝙蝠躲避障碍物和捕捉食物的关键因素这一假设是错误的。同样的道理,后面的实验也是这样的实验程序。斯帕拉捷的蝙蝠实验过程就是提出假设,实验验证假设,推翻假设,进行新的假设……他就是这样在循环四次以后,终于发现了蝙蝠飞行的秘密。

3)雷达和声呐技术——利用超声波原理

科学家们根据超声波的科学原理进行了一系列的技术发明,其中最具有代表性的就是雷达和声呐了。

(1)雷达。

雷达是一种神奇的电子学设备,它由电磁波往返时间测得阻波物的距离。雷达的工作原理与蝙蝠利用超声波回声定位的原理相仿,只是雷达用电磁波取代了超声波。雷达原理是:雷达设备的发射机通过天线把电磁波能量射向空间某一方向,处在此方向上的物体反射碰到的电磁波;雷达天线接收此反射波,送至接收设备进行处理,提取有关该物体的某些信息(目标物体距离,距离变化率或径向速度、方位、高度等)。[23]

在1842年,多普勒(Christian Andreas Doppler)率先提出多普勒效应的多普勒雷达。后来经过近80年的科学发展,电磁波理论得到发展,人们对于超声波定位的研究更加深入,这为雷达的出现奠定了基础。1917年,罗伯特·沃特森-瓦特(Robert Watson-Watt)成功设计了雷暴定位装置,它宣告了雷达的诞生。在1936年,罗伯特·沃特森-瓦特组织的特别小组奉英国政府之命在索夫克海岸架起了英国第一个雷达站。后来在沿海地区又增设了许多雷达站,形成雷达网,它们在第二次世界大战中发挥了重要作用。1935年,法国古顿(Gutton)研制出用磁控管产生16cm波长的电磁波,可以在雾天或黑夜发现其他船只。这是雷达民用的开始。1937年,美国第一个军舰雷达XAF试验成功。1941年苏联最早在飞机上装备预警雷达。1943年美国麻省理工学院研制出机载雷达平面位置指示器和预警雷达。1944年马可尼公司成功设计、开发并生产"布袋式"(Bagful)系统,以及"地毯式"(Carpet)雷达干扰系统,前者用来截取德国的无线电通信,而后者则用来装备英国皇家空军(RAF)的轰炸机队。1945年,全凭装有特别设计的真空管——磁控管的雷达,盟军得以打败德国。1947年美国贝尔电话实验室研制出线性调频脉冲雷达。20世纪50年代中期美国装备了超距预警雷达系统,可以探寻超音速飞机。不久又研制出脉冲多普勒雷达。1959年美国通用电器公司研制出弹道导弹预警雷达系统,可发跟踪3000英里(约4828km)外,600英里(约966km)高的导弹,预警时间为20分钟。1964年美国装置了第一个空间轨道监视雷达,用于监视人造地球卫星或空间飞行器。1971年加拿大伊朱卡等3人发明全息矩阵雷达。与此同时,数字雷达技术在美国出现。1993年美国曼彻斯特市德雷尔·麦吉尔发明了多塔查克超智能雷达(图3.22)。

雷达的发明不能归功于某一位科学家。在二战时,美国雷达的研究就涉及麻省理工学院的五百位科学家和工程师。现在雷达的应用非常广泛,它不仅是军事上必不可少的电子装备,而且在社会经济发展(如气象报告、资源环境监测)和科学研究(如天体研究)等方面发挥着重要作用,是人类的好帮手。

图 3.22　现代雷达

（2）声呐技术。[24]

声呐（超声波测距仪，也称声呐）是利用超声波原理的另一大发明。蝙蝠发出的超声波遇到障碍物就会被反射回来，迅速判断前方是什么物体，距离有多远，是食物、树干还是敌人，然后决定进攻或躲避。声呐采用相似的方式工作。它的工作原理是：利用声波在水下的传播特性，通过电声转换和信息处理，完成水下探测和通信任务。雷达主要在空中发挥其优势，声呐则是水声学中应用最广泛的一种装置，它是对水下目标进行探测、定位和通信的电子设备。

声呐技术至今已有超过 100 年历史，它是 1906 年由英国海军的李维斯·理察森（Lewis Nixon）发明的。到第一次世界大战时开始被应用到战场上，用来侦测潜藏在水底的潜水艇，这些声呐只能被动听音，属于被动声呐，或者叫做"水听器"。1915 年，法国物理学家保罗·朗之万（Paul Langevin）与俄国电气工程师 Constantin Chilowski 合作发明了第一部用于侦测潜艇的主动式声呐设备。尽管后来压电式变换器取代了他们一开始使用的静电变换器，但他们的工作成果仍然影响了未来的声呐设计。1916 年，加拿大物理学家 Robert Boyle 承揽了一个属于英国发明研究协会的声呐项目，Robert Boyle 在 1917 年制作出了一个用于测试的原始型号主动声呐，由于该项目很快就划归 ASDIC（Anti/Ailled Submarine Detection Investigation Committee，反潜/盟军潜艇侦测调查委员会）管辖，此种主动声呐亦被称英国人称为 ASDIC。1918 年，英国和美国都生产出了成品。1920 年英国在皇家海军 HMS Antrim 号上测试了他们仍称为 ASDIC 的声呐设备，1922 年开始投产，1923 年第六驱逐舰支队装备了拥有 ASDIC 的舰艇。1924 年在波特兰成立了一所反潜学校——皇家海军 Ospery 号（HMS Osprey），并且设立了一支有四艘装备了潜艇探测器的舰艇的训练舰队。1931 年美国研究出了类似的装置，称为 SONAR（声呐）。

声呐是水下观测和测量的重要技术手段，对于水中定位有非常重要的作用（图 3.23）。

现在雷达和声呐越来越趋向智能化，但是其最根本的工作原理并没有改变，都是对于蝙蝠超声波回声定位的仿生。雷达和声呐的发明具有重大意义，不仅对科学研究有非常重要的作用，而且为人类的社会生活提供了很大的方便。

4. 小结

人类听觉能力的扩展和视觉能力的扩展有非常相似的发展历程。在古代社会，人类主

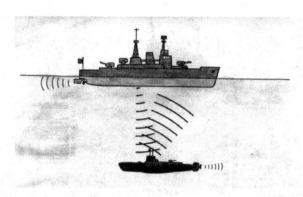

图 3.23 声呐用于水中定位

要靠着耳朵倾听世界的声音,是直接听取。到了近代,听诊器的问世为众多医学家带来了方便,很快成为医生间接听诊的工具;助听器则为众多的听力障碍者带来了福音。由蝙蝠超声波定位的研究发明了雷达和声呐,对于空中和水中的观察和测量有十分重要的意义。现代的听诊器、助听器、雷达和声呐等趋向数字智能化,越来越先进,发挥的作用也越来越重要。

在科学技术繁荣的近现代,扩展人类听觉能力的发明还有很多,在这里就不再一一介绍了。

3.5 科学技术飞速发展的现代

人类进入科学技术飞速发展的现代,各种质料工具高质量生产,人类的体质能力在各种高科技产品的帮助下更进一步得到扩展。

3.5.1 早期技术发明的进步

在 3.4 节提到的一些发明创造,在现代社会,随着科学技术的进步,也在不断地改良,仍然对人类体质能力的扩展发挥重要作用。本节以几个视觉辅助工具和听觉辅助工具为例子加以介绍。

首先是视觉工具的改进。化学材料的发展使眼镜的材料种类越来越多,眼镜已经不仅仅是单纯的作为近视眼和老花眼的视力矫正工具,它具有的功能越来越多,抗辐射、抗疲劳成为眼镜材料的基本要求。而且各种具有美化效果的美瞳眼镜纷纷面世。现在的显微镜和望远镜相比以前也有了很大的改进,清晰度越来越高,分辨率越来越大,更加深入到微观世界和宏观世界里面去。

其次是听觉工具的改进。现在听诊器的制作材料越来越好,种类越来越多,而且分工越来越明确,如声学听诊器、电子听诊器、拍摄听诊器、胎儿听诊器、多普勒听诊器等,几乎每一领域都有专门的听诊器。诊断的结果也更加正确,使人类听觉能力不断扩展。助听器越来越数字智能化,具备了许多先进的功能,如记忆功能、模仿模仿人类正常耳蜗功能等,这使患者的语言识别能力也越来越好。

3.5.2 增强体质能力的新兴工具

在科学技术飞速发展的现代,近代的发明得到技术改良,同时,一些新的科学技术成果的出现也使人类体质能力得到扩展。此阶段,人类不仅通过外在使用一些质料工具协助增强自身的体质能力,而且开始从人类身体内部出发进行体质能力的改善。这里仍然以几个简单的发明为例。

1. 身体内部体质增强

1)支架的使用

支架的使用是医疗史上的又一大重要突破。支架是一种应用于植入型外科手术的管状器具,以治疗体内病变的管道,例如血管、食道或输尿管等,用于恢复管道的正常运输功能。支架的种类有很多,一般按照支架在患者体内存留的时间可以分为永久、半永久、临时(手术中用以临时维持管道形状)三类。

支架在治疗和心脏有关的疾病时发挥了重要作用。心脏是人类身体的一个重要器官,以前,一个人的心脏得病后很难挽救其生命,但是在 20 世纪 80 年代,这种情况得到了改善,因为一门新的医疗技术——心脏支架——诞生了。心脏支架又称冠状动脉支架,是心脏介入手术中常用的医疗器械,具有疏通动脉血管的作用,可以用于治疗急性心肌梗塞、不稳定型心绞痛、劳力型心绞痛、法洛四联症、复杂先心病等。心脏支架经历了金属支架、镀膜支架、可溶性支架的研制历程,主要材料为不锈钢、镍钛合金或钴铬合金。

支架在医学中占有十分重要的地位,是一种有效的治疗手段。它给了许多人新的生存希望,是医疗手段的一大进步。

2)近视手术[25,26]

近视手术是近 20 年来才兴起的一种新技术,共经历了五个发展阶段:开拓期、普及期、提升期、高安全期、安全稳定期。从所用技术的不同进行分类,近视手术主要可以分类两类:准分子激光手术和可植入式隐形眼镜手术(ICL)。

准分子激光治疗设备是在 1983 年问世的,它在 1985 年应用于临床治疗近视。近视手术的前四个发展时期主要是准分子激光手术。所谓准分子激光,是指受激二聚体所产生的激光。之所以产生称为准分子,是因为它不是稳定的分子,是在激光混合气体受到外来能量的激发所引起的一系列物理及化学反应中短暂形成但转瞬即逝的分子,其寿命仅为几十毫微秒。在开拓期(1983—1996),近视手术多应用于治疗 700 度以下中低度近视的病人,但是它有很多缺点:近视手术后几天内会有疼痛感,而且由于破坏了角膜的正常解剖结构,术后可出现角膜浑浊、眩光和屈光回退等并发症。随着技术的不断进步,1997 年我国首先开展准分子角膜原位磨镶术(LASIK,简称 IK)手术,进入普及期;后来又出现准分子激光上皮下角膜磨镶术(LASEK,简称 EK)手术,使近视手术进入提升期。TK 是 LASIK 手术的最新进展,它标志着近视手术进入高安全期。TK 手术已经非常成熟,可以根据患者情况"量身定做"最佳治疗方案,是个体化的综合治疗,效果良好,可以使患者手术后视力达到或接近人正常视力。它是目前准激光治疗手术的最佳手段。目前近视手术已经进入安全稳定区。

近视手术的另一种技术是可植入式隐形眼镜手术。ICL 植入式隐形眼镜是一种高精度手术,欧美已有二十多年的成功经验了。它和准分子激光手术不同,准激光手术是通过改变角膜的屈光度来提高视力,是在眼角膜上进行手术,切除的角膜组织不能恢复,是不可逆的;而 ICL 则是在保持角膜结构的情况下,在眼后房插入晶状体。如果视力在以后随着年龄的增长有所变化,那么 ICL 可以取出或者替换,是可逆的。所以 ICL 晶体植入术比传统的激光治疗更加安全。治疗高度近视,ICL 植入是最常用的手术方式。ICL 手术后,患者能够立刻恢复视力,通常完全康复的时间为 1～2 天。

2. 身体外部防护

1) 防辐射服

随着科学技术的发展,电子产品特别是计算机的出现给人们带来了很大的方便,提高了人们的生活工作质量,但是人们在享受一些高科技产品带来的好处时,也面临着电磁波辐射的危害。这时,一种新的衣服出现了,它就是防辐射服(图 3.24)。

图 3.24　高效银纤维防辐射服

防辐射服又称电磁辐射屏蔽服,采用金属纤维与纺织纤维混织,制造工艺较为复杂。最早的防辐射服主要用于军事,源于 20 世纪初期在美国发起的关于电磁辐射影响的大讨论。后来科学证明电磁辐射确实对人体的健康有一定的影响,美国研制了最早的防辐射服应用于雷达兵。

现在,防辐射服在市面上的应用非常广泛,受到孕期女性、特殊职业者的青睐。市面上卖的辐射服多是民用。第一代防辐射服产品主要是将金属漆喷涂在纺织布料上,形成片状屏蔽层。这样的防辐射服虽然屏蔽效果较好,但是笨重,不透气,较难看,只能当里子使用,且易引起皮肤过敏。现在的防辐射服已经采用彩银纤维混纺工艺,是采用电解的方法将彩银镀到织物纤维的表面。这种防辐射服不仅具有较高的防辐射能力,有效屏蔽辐射可以达到 70DB,而且四季皆宜,可以完全防护孕妇度过整个孕期。

防辐射服为孕妇和特殊职业者的健康带来了保障,让他们可以安心生活和工作。防辐射服增强了人的体质能力。

2) 航天服

航天服可以说是目前最好的防护服了。科学技术的进步,使人们更加了解宇宙的同时,也更加渴望亲身走到宇宙中去。但是宇宙空间变化莫测的气温、强烈的太阳辐射、没有空气的真空环境、微流星等环境因素都对人体有很大的危害,航天员需要一种特制的防护服,这就是航天服(宇航服)。

航天服的主要作用主要是:保持宇航员体温;保持压力平衡(使太空人承受的压力与在地球上的相似);阻挡强烈的有害辐射(如来自太阳的辐射);处理宇航员的排泄物;提供氧气并抽去二氧化碳。航天服按照使用范围可以分为两类:舱内航天服和舱外航天服。舱内航天服是航天员在航天器内使用的航天服,它的主要作用是防止低压环境对人体的危害,如有需要也可增加对高温、低温或有害气体环境对人体危害的防护作用。舱内航天服一般由头盔、压力服、通风和供氧软管、手套、靴子及一些附件组成(图3.25)。舱外航天服实际上是最小的载人航天器,是航天员走出航天器到舱外作业时必须穿戴的防护装备。它除了具有舱内航天服所有的功能外,还增加了防辐射、隔热、防微陨石、防紫外线等功能,在服装内增加了液冷系统,以保持人体的热平衡,并配有背包式生命保障系统。舱外航天服主要由外套、气密限制层、液冷通风服、头盔、手套、靴子和背包装置等组成(图3.26)。[27]

图3.25 杨利伟穿过的舱内航天服

图3.26 美式舱外航天服

第一代航天服是1961年在美国问世的。当年5月阿仑·谢波德(Shepard)第一个成功地进行了美国最早的载人航天飞船计划——水星计划的亚轨道飞行。这种航天服的问题是:当内压提高时,航天员难以活动身体。现在的航天服与过去相比更加灵活,穿戴更为方便,航天员的活动也更加自由,而且外观也更加好看。

航天服的制造和发明为人类深入宇宙提供了方便,未来的航天服将更适合人类航天和在太空生活的需要。

3.6 本 章 小 结

本章按照时间顺序描述了人类在科学技术发展过程中不断扩展和增强自身体质能力的过程,并穿插讨论了一些方法论问题。远古人类在原始社会中逐渐学会了劳动中使用工具和制造工具,将前肢解放出来,开始直立行走,经过漫长的岁月终于完成人类自身体质的进化,科学技术在就在这个时期开始萌芽。古代社会以四大文明古国为代表,农业和畜牧业发展,农具不断改革,人类体质得到扩展,科学技术初步发展。对于近代,本章主要描述了人的视觉和听觉能力的扩展。望远镜和显微镜等工具分别打开了宏观世界和微观世界的大门,助听器、听诊器等工具为医生和听力障碍者提供了方面。这一时期,科学技术繁荣发展。现

代,在这个信息和智能的时代,人的体质能力更是不断得到增强。未来,人的体质能力也会在科学技术工具的帮助下得到更好的扩展,使人类更加适应生活。

参 考 文 献

[1] 钟义信. 信息科学原理[M]. 3 版. 北京:北京邮电大学出版社,2002.

[2] 远德玉,丁云龙. 科学技术发展简史[M]. 沈阳:东北大学出版社,2000.

[3] Galen PB. Galen on bloodletting:a study of the origins,development,and validity of his opinions,with a translation of the three works[M]. Cambridge University Press,1986.

[4] Mattingly DSPDJ. Life,death,and entertainment in the Roman Empire[M]. University of Michigan Press,1999.

[5] Vivian N. The Chronology of Galen's Early Career[J]. Classical Quarterly,1973,23(1):158-171.

[6] 雷·斯潘根贝格,黛安娜·莫泽. 科学的旅程[M]. 郭奕玲,陈蓉霞,沈慧君,译. 北京:北京大学出版社,2001.

[7] 博言. 发明简史[M]. 北京:中央编译出版社,2006.

[8] 刘二中. 技术发明史[M]. 2 版. 合肥:中国科学技术大学出版社,2006.

[9] 关增建. 伽利略发明望远镜之反思一二[J]. 科学导报,2008,26(19):45-46.

[10] 高晓燕,吕厚量. 伽利略望远镜的发明及其对明清中国的影响[J]. 鲁东大学学报(哲学社会科学版),2009,26(5):107-108.

[11] 吴元樑. 科学方法论基础[M]. 增补本. 北京:中国社会科学出版社,2008.

[12] 周经伟. 伽利略科学方法探究[J]. 中国科技信息,2008(4):274-275.

[13] 王忠明. 伽利略相对性原理及其动力学应用[J]. 物理教师,2012,33(2):40-41.

[14] 孙世雄. 科学方法论的理论和历史. 北京:科学出版社,1989.

[15] 凯瑟林·库伦. 科学先锋·物理学[M]. 邹晨霞,译. 上海:上海科学技术文献出版社,2011.

[16] 华讯词典. 科学假说. http://dict.591hx.com/liebiao/KeXueJiaShnod.shtml.

[17] 百度百科. 科学假说. http://baike.baidu.com/view/3673.htm.

[18] 百度百科. 光学显微镜. http://baike.baidu.com/view/25112.htm.

[19] 第四军医大学中心实验室. 电子显微镜技术简介. http://zxsys.fmmu.edu.cn/jishuziliao.htm.

[20] 华南师范大学实验中心. 电子显微镜发展历史. http://syzx.scnu.edu.cn/showtech.asp?tech_catid=1&tech_id=4.

[21] 凯瑟林·库伦. 科学先锋·生物学 ——站在科学前沿的巨人[M]. 史艺荃,译. 上海:上海科学技术文献出版社,2011.

[22] 维基百科. 听诊器. http://zh.wikipedia.org/wiki/听诊器.

[23] 意大利验证"海鸥"雷达对地测绘和目标探测能力. http://news.ifeng.com/mil/3/detail_2012_12/18/20290466_0.shtml

[24] 维基百科. 声呐. http://zh.wikipedia.org/zh-cn/声呐.

[25] 维基百科. 近视手术. http://zh.wikipedia.org/zh-cn/近视手术.

[26] 维基百科. ICL. http://zh.wikipedia.org/wiki/ICL♯cite_note-2.

[27] 维基百科. 航天服. http://zh.wikipedia.org/zh-cn/航天服.

思　考　题

1. 举例说明科学技术与巫术宗教的关系。
2. 简述伽利略的科技贡献及其方法论。
3. 简述牛顿的科技贡献及其方法论。
4. 举例描述人类听觉能力的扩展情况。

第4章 人类体力能力的模拟及其方法论

本章学习目标

- 了解人类使用能源动力的过程。
- 了解人类发展航空航天过程中的科技事件及方法论。
- 了解人类照明发展史及方法论。
- 了解人类发展生物免疫过程中的科技事件及方法论。

本章介绍人类体力能力的模拟及其方法论,首先描述人类对外部力量的模拟,然后说明其中所用到的方法论,以期对读者起到一定的引导和启发作用。

4.1 动力的发展变化

4.1.1 从人力到畜力的转变

当历史回溯至200多万年前,猿类开始下地活动并学会了使用工具,这标志着由猿向人进化的开始。随着不断的进化,约3万年至25万年前,尼安德特人(又称早期智人)出现。虽然人类经过很长时间的进化,但是这时候人类生活的动力依然是来自人类本身,例如出去打猎需要依靠自己的体力跟猎物赛跑。这种原始的依靠自身体力的方式持续到约1万年前,人类开始定居,这使得动物驯养成为可能,从早期驯养狗,到后来驯养猪、牛、羊和马等,人类驯养的动物不断增加,为人类提供了不同的用处。例如,猪是为人类提供肉食的,保证人类脂肪和蛋白质的供应;牛羊也可以提供肉食,而且羊皮和羊毛还可以用来制作保暖的衣服,牛可以提供犁地的畜力;马可以在狩猎的时候追赶野兽;狗既可以为人类看家护院,也可以在人类狩猎时帮助人类围捕野兽。从这时起,畜力在人类生产生活过程中的作用越来越大,从而改变了以前一直依靠人力的最原始的方式。

4.1.2 自然能源的利用

进入文明时期,人类开始逐步探索并利用自然界中蕴藏的丰富的天然能源,其中利用最广的是风力和水力。在水力的利用上,古代中国是比较早使用水力驱动的国家。中国早在汉朝就开始利用水力磨坊生产谷物。桓谭于公元20年左右所著的《新论》中描述了太古三皇之一伏羲发明了杵与研钵,后来又研制出水磨。书中的描写体现出公元 1 世纪水力磨坊在中国已广为使用:"宓牺之制杵臼,万民以济,及后世加巧,因延力借身重以践碓,而利十倍杵春,又复设机关,用驴、骡、牛、马及役水而春,其利乃且百倍。"公元 31 年,东汉官员杜诗发明了水排,它是一个复杂的机械装置,利用水力传动机械,使皮制的鼓风囊连续开合,将空气送入冶铁炉,铸造农具。

风能利用已有数千年的历史,在蒸汽机发明以前,风能曾经作为重要的动力,用于船舶航行、提水饮用和灌溉、排水造田、磨面和锯木等。最早的利用方式是"风帆行舟"。埃及可能是最先利用风能的国家,约在几千年前,他们的风帆船就在尼罗河上航行。中国是最早使用帆船和风车的国家之一,至少在三千年前的商代就出现了帆船。唐代有"乘风破浪会有时,直挂云帆济沧海"的诗句,可见那时风帆船已广泛用于江河航运。最辉煌的风帆时代是中国的明代,15 世纪初叶中国航海家郑和七下西洋,庞大的风帆船队功不可没。明代以后,风车得到了广泛的使用,宋应星的《天工开物》一书中记载有"扬郡以风帆数扇,俟风转车,风息则止",这是对风车的一个比较完善的描述。中国风帆船的制造已领先于世界。方以智著的《物理小识》记载:"用风帆六幅,车水灌田,淮阳海皆为之",描述了当时人们已经懂得利用风帆驱动水车灌田的技术。中国沿海沿江地区的风帆船和用风力提水灌溉或制盐的做法一直延续到 20 世纪 50 年代,仅在江苏沿海利用风力提水的设备就曾达 20 万台。12 世纪,风车从中东传入欧洲。16 世纪,荷兰人利用风车排水,与海争地,在低洼的海滩地上建国立业,逐渐发展成为一个经济发达的国家。今天,荷兰人将风车视为国宝,北欧国家保留的大量荷兰式的大风车已成为人类文明史的见证。[1]

虽然风和水等自然能源在很多地方得到利用,但是由于它们存在天然的局限性且利用效率不高,因此并未给人类发展带来具有变革意义的影响。

4.1.3　蒸汽机的发明——以蒸汽为动力的时代

蒸汽机是将蒸汽的能量转换为机械功的往复式动力机械。蒸汽机的出现对人类有非常重要的意义,它的出现引起了 18 世纪的第一次科学技术革命,开创了以机器代替手工劳动的时代,蒸汽机作为动力机被广泛使用,直到 20 世纪初,它仍然是世界上最重要的原动机。

当人们谈起蒸汽机时总会把它与瓦特联系在一起,认为是瓦特发明了蒸汽机,其实不然。古希腊数学家希罗(Hero of Alexandria)于 1 世纪发明的汽转球(Aeolipile),是蒸汽机的最早雏形。1679 年法国物理学家丹尼斯·巴本在观察蒸汽逃离他的高压锅后,制造了第一台蒸汽机的工作模型。1698 年托马斯·塞维利、1712 年托马斯·纽科门和 1769 年詹姆斯·瓦特制造了早期的工业蒸汽机,他们对蒸汽机的发展都做出了自己的贡献。

1764 年,学校请瓦特修理一台纽科门式蒸汽机,在修理的过程中,瓦特熟悉了蒸汽机的构造和原理,并且发现了这种蒸汽机的两大缺点:活塞动作不连续而且慢;蒸汽利用率低,浪费原料。以后,瓦特开始思考改进的办法。直到 1765 年的春天,在一次散步时,瓦特想到,既然纽科门蒸汽机的热效率低是蒸汽在缸内冷凝造成的,那么为什么不能让蒸汽在缸外冷凝呢? 瓦特产生了采用分离冷凝器的最初设想。在产生这种设想以后,瓦特在同年设计了一种带有分离冷凝器的蒸汽机。按照设计,冷凝器与汽缸之间有一个调节阀门相连,使他们既能连通又能分开。这样,既能把做工后的蒸汽引入汽缸外的冷凝器,又可以使汽缸内产

生同样的真空,避免了汽缸在一冷一热过程中热量的消耗,据瓦特所作的理论计算,这种新的蒸汽机的热效率将是纽科门蒸汽机的三倍。从理论上说,瓦特的这种带有分离器冷凝器的蒸汽机显然优于纽科门蒸汽机,但是,要把理论上的东西变为实际上的东西,把图纸上的蒸汽机变为实在的蒸汽机,还要走很长的路。瓦特辛辛苦苦造出了几台蒸汽机,但效果反而不如纽科门蒸汽机,甚至四处漏气,无法开动。尽管耗资巨大的试验使他债台高筑,但他没有在困难面前却步,继续进行试验。幸运的是,一个朋友把瓦特介绍给一个十分富有的企业家——罗巴克,他在苏格兰的卡隆开办了第一座规模较大的炼铁厂。当时罗巴克已近50岁,但对科学技术的新发明仍然倾注着极大的热情。他对瓦特的新装置很是赞许,当即与瓦特签订合同,赞助瓦特进行新式蒸汽机的试制。从1766年开始,瓦特克服了在材料和工艺等各方面的困难,终于在1769年制出了第一台样机。同年,瓦特因发明冷凝器而获得他在革新纽科门蒸汽机的过程中的第一项专利。瓦特的蒸汽机同纽科门蒸汽机相比,除了热效率有显著提高外,虽然在作为动力机来带动其他工作机的性能方面仍未取得实质性进展,但是这依然是现代意义上的第一台蒸汽机。

蒸汽机的出现和改进促进了社会经济的发展,但同时经济的发展反过来又向蒸汽机提出了更高的要求,如要求蒸汽机功率大、效率高、重量轻、尺寸小等。尽管人们对蒸汽机作过许多改进,不断扩大它的使用范围和改善它的性能,但是随着汽轮机和内燃机的发展,蒸汽机因存在不可克服的弱点而逐渐衰落。蒸汽机有很大的历史作用,它推动了机械工业甚至社会的发展,解决了大机器生产中最关键的问题,推动了交通运输空前的进步。随着它的发展而建立的热力学为汽轮机和内燃机的发展奠定了基础;汽轮机继承了蒸汽机以蒸汽为工质的特点,以及采用凝汽器以降低排汽压力的优点,摒弃了往复运动和间断进汽的缺点;内燃机继承了蒸汽机的基本结构和传动形式,采用了将燃油直接输入汽缸内燃烧的方式,形成了热效率高得多的热力循环;同时,蒸汽机所采用的汽缸、活塞、飞轮、飞锤调速器、阀门和密封件等,均是构成多种现代机械的基本元件。[2,3]

蒸汽机的发明使蒸汽的动力替代了人类原始的人力、畜力以及风力和水力等自然能源,把人类带进了工业大生产时代,深刻地改变了整个社会的形态和人们的生产生活方式,它引领着人类进入快速发展时期。蒸汽机的发明是人类智慧的结晶,体现了一代代科学家的不懈努力,反映了人类认识自然和改造自然的能力,具有划时代的意义。然而正如马克思所说,新事物是在旧事物的母体中孕育产生的,它汲取了旧事物中的合理的、积极的因素,增添了旧事物所不能容纳的新内容,并抛弃、克服了旧事物中过时的、腐朽的、消极的因素,因而具有旧事物不可比拟的优越性,新事物符合事物发展的必然趋势,具有强大的生命力和远大的发展前途。蒸汽机的发明在一定的时期内是新事物,能够推动社会的发展;而当社会发展到一定的时期,它终将变为旧事物并被更新的事物所替代,电气时代应运而生。

瓦特的故事

1736年1月19日,瓦特生于英国格拉斯哥。瓦特的父亲是一个穷苦的木匠,整日如牛一般辛苦地劳动着,母亲负担家务,整个家庭充满着痛苦和忧愁。由于他出生于这样贫寒的家庭,童年的瓦特身体非常虚弱,骨瘦如柴,贫病交加,使他失去了入学校读书的机会。时间长了,周围的孩子们也都不体谅他,见他不上学,游手好闲,常常嘲笑他,叫他"懒孩子""病包子"。瓦特听了很不高兴。瓦特很有自尊心。他不甘心这样虚度童年,他要求读书,渴望学习。在他强烈的要求下,父母只好答应,不管春夏秋冬,不管怎样辛苦劳累,父母都要抽空教他读书写字,有时还帮他学些算术。就这样,童年的瓦特学的知识虽不多,却记得很牢固,有时还能举一反三。大约在他六七岁时,发生过这样一件事:有一天,一位客人来看望他父亲。闲聊时,客人看见瓦特正拿着一支粉笔在地板上、火炉上画些圆圈和直线。客人便关切地对他父亲说:"你为什么不送孩子进学校学些有用的功课呢? 在家里乱画,岂不白白浪费时光吗?"父亲马上哈哈笑起来,然后回答说:"先生,你仔细看看,你看我的孩子在画什么?"客人很纳闷,好奇地走过去,细心地瞧了一阵子,便恍然大悟地说:"啊,原来是这样! 这孩子画的是圆形和方形的平面图哇! 这不是浪费,是在演算一个几何学上的问题。"说完后,他赞许地拍拍瓦特的肩膀。

瓦特有着倔强的性格,表现在他对文化科学知识的追求上,孜孜不倦,不达目的决不释手。

随着智力的发展,瓦特对客观存在的一些事物都发生了浓厚的兴趣,产生了好奇和钻研之心。这为他以后发明蒸汽机打下了良好的基础。在瓦特的故乡——格林诺克的小镇,家家户户都是生火烧水做饭。对这种司空见惯的事,有谁留过心呢? 有一次,瓦特在厨房里看祖母做饭。灶上坐着一壶开水,开水在沸腾,壶盖啪啪啪地作响,不停地往上跳动。瓦特观察好半天,感到很奇怪,猜不透这是什么缘故,就问祖母:"是什么使壶盖跳动呢?"祖母回答说:"水开了,就这样。"瓦特没有满足,又追问:"为什么水开了壶盖就跳动? 是什么东西推动它吗?"可能是祖母太忙了,便不耐烦地说:"不知道。小孩子刨根问底地问这些有什么意思呢。"瓦特在祖母那里不但没有找到答案,反而受到了冤枉的批评,心里很不舒服,可他并不灰心。连续几天,每当做饭时,他就蹲在火炉旁边细心地观察着。起初,壶盖很安稳,隔了一会儿,水要开了,发出哗哗的响声。这时,壶里的水蒸气冒出来,推动壶盖跳动了。蒸汽不住地往上冒,壶盖也不停地跳动着,好像里边藏着个魔术师在变戏法似的。瓦特高兴了,几乎叫出声来,他把壶盖揭开又盖上,盖上又揭开,反复验证。他还把杯子、调羹遮在水蒸气喷出的地方。瓦特终于弄清楚了,是水蒸气推动壶盖跳动,这水蒸气的力量还真不小呢。就在瓦特兴高采烈、欢喜若狂的时候,祖母又开腔了:"你这孩子,不知好歹,水壶有什么好玩的,快给我走开!"他的祖母过于急躁和主观了,这随随便便不放在心上的话险些挫伤了瓦特的自尊心和探求科学知识的积极性。年迈的老人啊,根本不理解瓦特的心,不知道"水蒸气"对瓦特有多么大的启示! 水蒸气推动壶盖跳动的物理现象不正是瓦特发明蒸汽机的认识源泉吗?

瓦特刻苦好学,有时读书通宵达旦。他15岁时就读了一些工艺和物理方面的书籍,已经具有了一些自然科学知识。他喜欢天文学,常常一个人躺在草地上,观察天空的星星。他喜欢做模型,小起重机、小辘轳、小抽气筒以及船上用的各种物件,他几乎都做过,有的反复做过多次。父亲被孩子的好学精神感动了,慷慨地把自己使用多年的一套木工工具送给了瓦特,以示支持。瓦特利用这些工具,运用所学知识,试作了一件发电机器。这种机器转动时能放射出灿烂耀眼的火花,还能产生一种电流,触到身上,有强烈的刺激感。邻居的孩子看了感到既新奇又神秘,都说瓦特了不起;年长的人也赞扬瓦特,说他有出息。瓦特的学习生活多有趣味啊! 可是天下常常有一些不以人的主观意愿为转移的事。瓦特十八岁那年,家庭生活更加困苦,几乎到了断炊的地步。生活所迫,他不得不去外地谋生。他离开家庭时,衣服褴褛,只背着一个衣箱,箱中除了仅有的一件旧背心、一双袜子外,其余的只是工具

和那件破围裙了。开始，瓦特到了格拉斯哥，在一家数学仪器店里学习制造仪器。这工作倒可心，活儿很顺手，又能向长者学习一些技艺。可是老板很吝啬，对瓦特很刻薄。这种谋生解决不了家庭的困难。不久，他随着一位老船长到了伦敦。原以为到伦敦也许会好一些，没承想反而遭了难。瓦特几乎天天徘徊在街头上寻找职业。也许人家看他面容过于憔悴，多日来没有一个人收留他、雇佣他。在万不得已的情况下，他以不计报酬的特殊条件在一家钟表店里落了脚。伦敦的寒酸生活摧残了瓦特那经不起折腾的身体，使他失去了青春的活力；但也磨炼了他的毅力。过了一段时间，瓦特便离开了这家敲骨吸髓的钟表店，返回格拉斯哥城。到了格拉斯哥，瓦特打算开设一家制造数学仪器的小商店。在筹划过程中，他遭到了同行业主的刁难和阻拦，没有实现。幸运的是，正在危难之时，瓦特得到了本城一位大学教授的帮助。教授给他在格拉斯哥大学里借了一间房子，专门为大学修理理科仪器。在这所大学里，他结识了一些教授学者，阅读了一些科学书籍，打开了科学知识宝库的大门，他如饥似渴的求知欲得到了满足。在这里，他恢复了身体，恢复了青春。此时瓦特刚刚二十岁。坎坷的道路使瓦特看到了人世间的辛酸和不平。但他没有气馁，他要通过高尚的劳动去迎接那新的希望和光明。

瓦特生活的时代正是历史上发生变革的时代。一是政治变革，君主专制变为民主共和；二是经济变革，家庭手工业变为工厂机器生产。前者以法国先行，后者以英国领先。这个时代，虽有粗陋的蒸汽机的发明，但只能应用于玩具上。最好的一种要算纽科门发明的用蒸汽的膨胀力推动活塞的机器了。尽管它比手工推动汽筒迅速多了，但离完整的蒸汽机不知还差多少倍呢。有一次，格拉斯哥大学里的一座纽科门蒸汽机坏了，让瓦特修复。他像熟练的机械工人一样动手修理着。在修理过程中，瓦特爱上了这台机器，他以赤诚的心要把这台机器复活，使它完美无缺。修理完毕，瓦特在汽锅里放了水，机器便发动起来。可是，几分钟后便停了。什么缘故呢？经过仔细琢磨，瓦特发现这种机器存在着很严重的缺点，那就是汽筒裸露在外边，四周的冷空气使它温度逐渐下降，蒸汽注进去，还没等汽筒热透，就有一部分变成水了。要使汽筒再变热，又消耗了好多蒸汽，这样一冷一热，又一热一冷，反复循环下去，只能有四分之一的蒸汽起作用，其余四分之三被浪费掉。这是一种多么不经济的蒸汽机啊！问题提出来了，而且是一个很值得重视的问题。一向善于动脑筋钻研的瓦特怎能放过去呢？他想：解决问题的途径必须从保持汽筒的温度开始。可是怎么保持呢？他思索着，念叨着。有时查阅书籍，有时找别人谈谈，有时一个人在房间里比画。过了好久，他在格拉斯哥大学草坪上散步时，忽地想出了解决的办法。假如在汽筒的外边安装上一个"分离凝结器"，蒸汽就可以在"凝结器"内化成水，汽筒便不会冷却，不致浪费热量了。瓦特豁然开朗，立即回到了修理房间，开始工作。他废寝忘食地研究，夜以继日地实验，排除了重重困难，终于制成了"分离凝结器"。这是瓦特对蒸汽机的最大贡献。1769年，瓦特把蒸汽机改为发动力较大的单动式发动机。后来又经过多次研究，于1782年完成了新的蒸汽机的试制工作。机器上有了联动装置，把单动式改为旋转运动，完善的蒸汽机发明成功了。新蒸汽机与发达的煤铁工业使英国成为世界上最早利用蒸汽推动铁制海轮的国家。19世纪，开始海上运输改革，一些国家进入了所谓的"汽船时代"。从此，船只能够行驶在茫茫无际的海洋上了。随之而来，煤矿、工厂、火车也全应用了蒸汽机。体力劳动解放了，经济发展了。这不能不说是蒸汽机发明的成果，当然也是发明家瓦特的功劳。因此，瓦特在世界上享有盛名。[4]

瓦特的一生充满着艰苦和斗争，他走过的道路是多么坎坷不平啊！他在艰苦和坎坷中为人类造福。瓦特十分重视学习和实践。学习,丰富了他的智慧;实践,结出了丰硕的成果。

4.1.4 电气时代——以电、内燃机提供动力的时代

蒸汽机的使用为社会带来了巨大的生产力,但是其也暴露出很多缺点:一是体积偏大,只能用于工业用途,在人们生活中很少使用;二是其能源利用效率低下,高能耗,低产出;三是工作过程是不连续的,蒸汽的流量受到限制,也就限制了功率的提高。渐渐地内燃机替代了以前蒸汽机所做的很多工作,随着电的发现,又有一部分工作被电替代,这标志着电气时代的到来。

19 世纪 80 年代中期,德国发明家卡尔·本茨提出了轻内燃发动机的设计,这种发动机以汽油为燃料。内燃机的发明解决了交通工具的发动机问题,引起了交通运输领域的革命性变革。19 世纪末期,新型的交通工具——汽车出现了。19 世纪 80 年代,德国人卡尔·本茨成功地制成了第一辆用汽油内燃机驱动的汽车。1896 年,美国人亨利·福特制造出他的第一辆四轮汽车。与此同时,许多国家都开始建立汽车工业。随后,以内燃机为动力的内燃机车、远洋轮船、飞机等也不断涌现出来。1903 年 12 月 17 日,美国的莱特兄弟制造的飞机试飞成功,实现了人类翱翔天空的梦想,预告了交通运输新纪元的到来。内燃机的发明还推动了石油开采业的发展和石油化学工业的产生。石油也像电力一样成为一种极为重要的新能源。1870 年,全世界开采的石油只有 80 万吨,到 1900 年猛增至 2000 万吨。

电的发现就曲折得多,1600 年,英国吉尔伯特(William Gilbert,1603—1640)发明了验电器,这为后来人们对电的研究提供了试验基础,并以古希腊语定义了 electron(电子)一词。自吉尔伯特到富兰克林,人们基本都是研究静电。富兰克林等人研究闪电,研究发现不是持续的电流。而后 1780 年,意大利的加凡尼(Galvani,1737—1798)发现两种不同金属相碰会产生放电,并称之为“动物电”,其实是放电回路。加凡尼的发现源自一次极为普通的闪电现象。闪电使加凡尼解剖室内桌子上与钳子和镊子环连接触的一只青蛙腿发生痉挛现象。严谨的科学态度使他没有放弃对这个“偶然”的奇怪现象的研究。他花费了整整 12 年的时间,研究像青蛙腿这种肌肉运动中的电气作用。最后他发现,如果使神经和肌肉同两种不同的金属(例如铜丝和铁丝)接触,青蛙腿就会发生痉挛。这种现象是在一种电流回路中产生的现象。但是,加凡尼对这种电流现象的产生原因仍然未能给出回答,他认为蛙腿的痉挛现象是“动物电”的表现,由金属丝构成的回路只是一个放电回路。这样加凡尼发现了持续的电流。1799 年,意大利伏特(Volta,1745—1827)发明电堆及电池。1800 年春季,有关电流起因的争论有了进一步的突破。伏特发明了著名的“伏特电池”。这种电池是由一系列圆形锌片和银片相互交迭而成的装置,在每一对银片和锌片之间,用一种在盐水或其他导电溶液中浸过的纸板隔开。银片和锌片是两种不同的金属,盐水或其他导电溶液作为电解液,它们构成了电流回路。这是一种比较原始的电池,是由很多银锌电池连接而成的电池组。伏特在英国皇家协会发表了关于伏特电池的论文。伏特后来又继续改进,制出了更加易用的电堆。稳定直流电流的出现宣告了人类的电气时代的到来。

虽然人类这时已经发现了可以利用的直流电,但是这种以金属为原材料的发电方式注定不能大规模使用。这时另外一种产生电流的方式被发现,这就是电磁感应。1821 年,英国人法拉第发现了电磁感应现象。他在实验时,无意间发现带电的导线在接通电流的一瞬间,靠近导线的带磁性指针会发生偏转。电磁感应(clectromagnetic induction)现象是指放

在变化磁通量中的导体会产生电动势,此电动势称为感应电动势或感生电动势。若将此导体闭合成一个回路,则该电动势会驱使电子流动,形成感应电流。1831 年,法拉第根据电磁感应原理制出了世界上第一台发电机。1866 年德国人西门子(Siemens)制成世界上第一台大功率发电机。1882 年,尼古拉·特斯拉发明了交流电(AC),制造出世界上第一台交流发电机,并创立了多相电力传输技术。发电机和交流电的发明,使能源的持续大规模产生和长途运输成为可能,奠定了现代能源的基础。

内燃机的发明和电的发现推动了第二次科学技术革命,带领人们进入了电气时代,它们的发明不但极大地改变了人们的生活,人们可以有自己的私家汽车,电灯取代了原有的照明工具,人们可以同大洋彼岸的人进行对话等等,而且为后面的信息技术革命奠定了基础。但是内燃机和火力发电机是以煤为原材料,煤是一种不可再生的资源,而且煤燃烧后的烟雾中会产生大量的污染气体。科学技术的发展总是不断地发现和发明新事物,使旧事物退出历史舞台,因此当科技发展到一定阶段,这种以不可再生资源为原材料提供动力的方式成为旧事物,而以核电为代表的新能源成为新事物。

法拉第的故事

在 1791 年,迈克尔.法拉第(Michael Faraday)生于离英国伦敦不远的纽因格顿城市的一个铁匠的家中。他有 9 个兄弟姊妹。由于家境贫穷,法拉第幼年并没有受到完整的初等教育。14 岁那一年,法拉第在一间书店学习书本装订技术。这份工作给了他很多阅读的机会,他尤其喜欢读物理学和化学方面的书。

他有强烈的求知欲,挤出一切休息时间力图把他装订的一切书籍内容都读一遍。读后还临摹插图,工工整整地做读书笔记;用一些简单器皿照着书上进行实验,仔细观察和分析实验结果,把自己的阁楼变成了小实验室。在这家书店待了 8 年,他废寝忘食、如饥似渴地学习。他后来回忆这段生活时说:"我就是在工作之余,从这些书里开始找到我的哲学。这些书中有两本对我特别有帮助,一是《大英百科全书》,我从它第一次得到电的概念;一是马塞夫人的《化学对话》,它给了我化学的科学基础。"

一个偶然的机会,英国皇家学会会员丹斯来到印刷厂校对他的著作,无意中发现法拉第的"手抄本"。当他知道这是一位装订学徒的笔记时,大吃一惊,于是丹斯送给法拉第皇家学院的听讲券。法拉第以极为兴奋的心情来到皇家学院旁听。做报告的正是当时赫赫有名的英国著名化学家戴维。法拉第瞪大眼睛,非常用心地听戴维讲课。回家后,他把听讲笔记整理成册,作为自学用的《化学课本》。后来,法拉第把自己精心装订的《化学课本》寄给戴维教授,并附了一封信,表示"极愿逃出商界而入于科学界,因为据我的想象,科学能使人高尚而可亲"。

收到信后,戴维深为感动。他非常欣赏法拉第的才干,决定把他招为助手。法拉第非常勤奋,很快掌握了实验技术,成为戴维的得力助手。1813 年 3 月,24 岁的法拉第担任了皇家学院助理实验员。后来戴维曾把发现法拉第作为自己最重要的功绩而引以为荣。半年以后,戴维带法拉第出国,到欧洲大陆作一次科学研究旅行,访问欧洲各国的著名科学家,参观各国的化学实验室。就这样,法拉第跟着戴维在欧洲旅行了一年半,会见了安培等著名科学家,长了不少见识,还学会了法语。

1831 年是法拉第做出重大发现的一年。他发现了电磁感应现象,这个现象的发现奠定了日后电工业发展的基础。与此同时,他还研究了电流的化学作用。1833 年,法拉第发现了电流化学的两个定律,震动了科学界。这两个定律一起被命名为"法拉第电解定律"。1845 年,他病愈后又重新置身于研究工作之中,并发现了抗磁性。1867 年 8 月 25 日,法拉第坐在他的书房里看书时逝世,终年 76 岁。[5]

法拉第依靠刻苦自学,从一个连小学都没念过的图书装订学徒跨入了世界第一流科学家的行列。他最初从事化学研究工作,也涉足合金钢、重玻璃的研制。在电磁学领域倾注了大量心血,取得了出色成绩。在法拉第连年取得科学成果的日子里,他不断收到各种诱人的建议,高达十二倍的工资在诱惑他,各种不同的职务在等着他,英国贵族院要授予他贵族封号,皇家学院想聘请他为学会主席。但是法拉第一概予以谢绝了。"上帝把骄矜赐给谁,那就是上帝要谁死。"他对妻子这样说:"我父亲是个铁匠的助手,兄弟是个手艺人,曾几何时,为了读书学习,我当了书店的学徒。我的名字叫迈克尔·法拉第,将来,刻在我的墓碑上的也唯有这一名字而已!"恩格斯曾称赞法拉第是"到现在为止最伟大的电学家"。

4.1.5　以核电为代表的新能源

正如 4.1.4 节所说,当时人们认识到以煤等不可再生资源为原料提供动力的缺点时,科学的发展发现了核能,核能克服了前者的不足,是一种具有强大生命力的新事物,核能的发现和利用体现了科学对人类越来越重要,是人类科学发展到一定程度的结晶。

当时间来到 19 世纪末期,牛顿开创的经典物理学进入了全盛时代,这样的伟大时期在科学史上是空前的,或许也是绝后的。当几乎所有人都认为物理学的体系已经足够完美而不需要人再做更多的研究的时候,1895 年,伦琴(Wilhelm Konrad Rontgen)发现了 X 射线。1896 年,贝克勒尔(Antoine Herni Becquerel)发现了铀元素的放射现象。1897 年,居里夫人(Marie Curie)和她的丈夫皮埃尔·居里研究了放射性,并发现了更多的放射性元素:钍、钋、镭。1897 年,汤姆逊(Joseph John Thomson)在研究了阴极射线后认为它是一种带负电的粒子流,电子被发现了。1899 年,卢瑟福(Ernest Rutherford)发现了元素的嬗变现象。如此多的新发现接连涌现,令人一时间眼花缭乱。每个人都开始感觉到了一种不安,似乎有什么重大的事件即将发生。

1900 年的 4 月 27 日,在伦敦阿尔伯马尔街皇家研究所(Royal Institution, Albemarle Street),欧洲有名的科学家都赶到这里,聆听一位德高望重、以顽固出名的老人——开尔文男爵(Lord Kelvin)的发言。开尔文的这篇演讲名为《在热和光动力理论上空的 19 世纪乌云》。当时已经 76 岁,白发苍苍的他用特有的爱尔兰口音开始了发言,他的第一段话是这么说的:"动力学理论断言,热和光都是运动的方式。但现在这一理论的优美性和明晰性却被两朵乌云遮蔽,显得黯然失色了……"(The beauty and clearness of the dynamical theory, which asserts heat and light to be modes of motion, is at present obscured by two clouds.)这两朵著名的乌云,分别指的是经典物理学在光以太和麦克斯韦-玻尔兹曼能量均分学说上遇到的难题。再具体一些,指的就是人们在迈克尔逊-莫雷实验和黑体辐射研究中的困境。物理学这座大厦依然耸立,看上去依然那么雄伟,那么牢不可破,但气氛却突然变得异常凝重起来,一种山雨欲来的压抑感觉在人们心中扩散。新的世纪很快就要到来,人们不知道即将发生什么,历史将要何去何从。眺望天边,人们隐约可以看到两朵小小的乌云,小得

那样不起眼。没人知道,它们即将带来一场狂风暴雨,将旧世界的一切从大地上彻底抹去。但是,在暴风雨到来之前,还是让我们抬头再看一眼黄金时代的天空,作为最后的怀念。金色的光芒照耀在我们的脸上,把一切都染上了神圣的色彩。经典物理学的大厦在它的辉映下,是那样庄严雄伟,溢彩流光,令人不禁想起神话中宙斯和众神在奥林匹斯山上那亘古不变的宫殿。谁又会想到,这震撼人心的壮丽,却是斜阳投射在庞大帝国土地上最后的余晖。

在经典物理学的大厦摇摇欲坠的时候,量子力学取得了巨大的发展。1902 年,居里夫人经过三年九个月的艰苦努力又发现了放射性元素镭,1905 年,爱因斯坦提出质能转换公式,1914 年,英国物理学家卢瑟福通过实验,确定氢原子核是一个正电荷单元,称为质子。1935 年,英国物理学家查得威克发现了中子。1938 年,德国科学家奥托·哈恩用中子轰击铀原子核,发现了核裂变现象。这些发现冲击了经典物理学的根基,建立了量子力学的基础。爱因斯坦质能方程的提出具有重大的意义,它是后来核能的理论基础,$E=mc^2$,E 表示能量,m 代表质量,而 c 则表示光速常量。在经典力学中,质量和能量之间是相互独立、没有关系的;但在相对论力学中,能量和质量是可互换的。质能转换方程说明了以很少的质量就可以产生巨大的能量。虽然奥拓·哈恩为纳粹德国服务,但是他同时也是一位和平爱好者,哈恩曾讲过这样的话:"我对你们物理学家们唯一的希望就是,任何时候也不要制造铀弹。如果有那么一天,希特勒得到了这类武器,我一定自杀。"哈恩不愿让纳粹政权掌握原子能技术,拒绝参与任何研究。他是第一个用中子轰击铀原子核,使之产生裂变的科学家。爱因斯坦为原子弹和核能的利用奠定了理论基础,奥托·哈恩将它付诸实践,人工核裂变的试验成功,是近代科学史上的一项伟大突破,它开创了人类利用原子能的新纪元,具有划时代的深远历史意义。[6]

当核能的科学论证意见到了比较成熟的地步,核能的利用也逐渐开展起来,核能被用在两个方面,一是制造原子弹,二是利用核能发电。1942 年 12 月 2 日,美国芝加哥大学成功启动了世界上第一座核反应堆。1945 年 8 月 6 日和 9 日,美国将两颗原子弹先后投在日本的广岛和长崎。1954 年,苏联建成了世界上第一座核电站——奥布灵斯克核电站。之后人类开始将核能运用于军事、能源、工业、航天等领域。美国、俄罗斯、英国、法国、中国、日本、以色列等国相继展开对核能应用前景的研究。由于核能发电不会像化石燃料造成大气污染,不会产生二氧化碳等温室气体,能源密度比化石燃料高几百万倍,所需燃料具有体积小,费用低,发电成本稳定等优点,所以现在世界上很多国家都开始兴建核能发电站,核能将为人类提供巨大的能源动力。

虽然核能发电拥有众多优点,但核能发电的缺点也逐渐暴露出来。1986 年 4 月 26 日凌晨 1 点 23 分(UTC+3),乌克兰普里皮亚季邻近的切尔诺贝利核电厂的第四号反应堆发生爆炸。[7] 连续的爆炸引发了大火并散发出大量高能辐射物质到大气层中,这些放射性尘埃涵盖了大面积区域。这次灾难所释放出的辐射线剂量是二战时期爆炸于广岛的原子弹的 400 倍以上。此次爆炸导致事故后的前 3 个月内有 31 人死亡,之后 15 年内有 6～8 万人死亡,1 万人遭受各种程度的辐射疾病折磨,方圆 30km 地区的 1 万多民众被迫疏散。2011 年 3 月,地震导致日本福岛县两座核电站反应堆发生故障,其中,第一核电站中一座反应堆震后发生异常导致核蒸汽泄漏,3 月 12 日发生小规模爆炸,或因氢气爆炸所致。福岛核电站在技术上是单层循环沸水堆,冷却水直接引入海水,安全性无法保障。3 月 14 日地震后发生爆炸。以上两起核电站事故都给当地居民带来了严重的灾难,给人们心里蒙上了一层阴影,开始让人们怀疑是否有建核电站的必要,同时也提醒各个国家政府在利用核能的过程中必须把安全放在首位。

与核电站事故相比,给人们带来更大威胁的是来自核能武器的威胁,现在俄罗斯和美国掌握着大量可以摧毁整个地球很多遍的核武器,与此同时,越来越多的国家已经拥有核武器或者已掌握了相应技术,整个世界变得越来越危险。为应对此威胁,1968 年 7 月 1 日《不扩散核武器条约》分别在华盛顿、莫斯科、伦敦开放签字,当时有 59 个国家签约加入。该条约的宗旨是防止核扩散,推动核裁军和促进和平利用核能的国际合作。1970 年 3 月该条约正式生效。截至目前,条约缔约国共有 186 个。但是这条约掺杂较多政治因素,往往成为国家间政治博弈的工具,而偏离其本身原有的意义。当然,除了核能之外还有风能、太阳能、生物能源等新兴能源,随着科学技术的发展,也渐渐地为人类所认知所利用。

纵观人类动力来源的变化,由最开始人类自身的动力——人力,到现在已经被广泛使用的水电、火电和新兴能源作为动力,人类社会发生了巨大变化,这正是一个人类认识自然、改造自然的过程。人类在不断地认识自然的过程中,掌握了大自然的规律,进而利用这些规律改造大自然。这是一个对人类体力进行模拟的过程,在这个过程中,充分表现了科学与技术对人类改造自然的作用,以及人类孜孜不倦的科学探索精神,这些都是人类宝贵的财富。

爱因斯坦的故事

阿尔伯特·爱因斯坦(Albert Einstein,1879—1955,图 4.1)出生在德意志帝国的符腾堡王国乌尔姆市。[8,9]他的父亲赫尔曼·爱因斯坦(Hermann Einstein)是一位商人,他的母亲宝琳·柯克(Pauline Koch)是一位音乐家。

1880 年他们举家迁往慕尼黑,同年 10 月爱因斯坦的父亲与叔叔在新居住地创建了一间电机工程公司,专门设计与制造电机机器。

爱因斯坦在小时候并不是神童,但也不是很糟糕的学生。有故事说他直到 3 岁才开始说话。他是一个思维敏捷、聪明,但有时十分叛逆的学生,在语言方面不是十分出色,但在自然科学方面却表现十分出众。爱因斯坦常读科普书籍,喜欢了解最新的科研成果,特别是亚龙·贝恩斯坦所著的《自然科学通俗读本》对他兴趣的形成产生了重大影响。

图 4.1　爱因斯坦

由于他母亲的缘故,他从 5 岁开始就学小提琴,但在那时他并不喜欢小提琴。当他 13 岁时,他接触到莫扎特的小提琴奏鸣曲,从此就爱上了莫扎特的音乐。从那时起,音乐在爱因斯坦的生活中扮演了中心的角色。他虽然从未想过成为职业音乐家,但曾和一些专业人士一起在私人场合为朋友演奏过室内乐。在四五岁时,爱因斯坦有一次卧病在床,父亲送给他一个罗盘。当他发现指南针总是指着固定的方向时,感到非常惊奇,觉得一定有什么东西深深地隐藏在这现象后面。他一连几天很高兴地玩这罗盘,还纠缠着父亲和雅各布叔叔问了一连串问题。尽管他连“磁”这个词都说不好,但他却顽固地想要知道指南针为什么能

指南。这种深刻和持久的印象,爱因斯坦直到 67 岁时还能鲜明地回忆出来。

1888 年,爱因斯坦进入路易博德文理中学,在中学里,他喜爱上了数学课,却对那些脱离实际生活的其他课程不感兴趣。孤独的他开始在书籍中寻找寄托,寻找精神力量。就这样,爱因斯坦在书中结识了阿基米德、牛顿、笛卡儿、歌德、莫扎特……书籍和知识为他开拓了一个更广阔的空间。视野开阔了,爱因斯坦头脑里思考的问题也就多了。一天,他对经常辅导他数学的舅舅说:"如果我用光速和光一道向前跑,能不能看到空间里振动着的电磁波呢?"舅舅用异样的目光盯着他看了许久,目光中既有赞许,又有担忧。因为他知道,爱因斯坦提出的这个问题非同一般,将会引起出人意料的震动。此后,爱因斯坦一直被这个问题苦苦折磨着。

1895 年爱因斯坦申请了瑞士苏黎世联邦理工学院,由于没有德国大学资格入学考试成绩,爱因斯坦需要当年夏天参加该校入学考试,他的朋友格罗斯曼虽然借笔记给爱因斯坦做准备,不过爱因斯坦并未在考前抓紧复习,而是选择去了意大利北部游玩,因此,16 岁的他,身为当时最小的参考者,没有通过此次考试。他的自然科学考得很不错,但法语没考好。该校校长赫尔岑推荐他去瑞士的阿劳州立中学学习一年。在阿劳州立中学学习的这段时光使爱因斯坦感到十分愉快,这所学校的理念是"概念思考是建立在'直观'之上的",完全符合他的需求。1896 年 10 月,爱因斯坦参加瑞士大学入学考试,他有五科取得最好的成绩。随后,爱因斯坦进入苏黎世联邦理工学院师范系学习物理学。他对学校的注入式教育十分反感,认为它使人没有时间也没有兴趣去思考其他问题。幸运的是,窒息真正科学动力的强制教育在苏黎世的联邦工业大学要比其他大学少得多。爱因斯坦充分利用学校中的自由,把精力集中在自己所热爱的学科上。在学校中,他广泛地阅读了赫尔姆霍兹、赫兹等物理学大师的著作,他最着迷的是麦克斯韦的电磁理论。他有自学、独立思考的能力和习惯。该校物理教授海因里希·弗里德里希·韦伯很讨厌爱因斯坦,曾对他说:"你很聪明,但有个缺点,你听不进别人的话。"

1900 年爱因斯坦大学毕业,由于他对某些功课不热心,以及对老师态度冷漠,被拒绝留校。当时正赶上经济危机爆发,由于他是犹太人血统,又没有关系,没有钱,所以只好失业在家。为了生活,他只好到处张贴广告,靠讲授物理获得每小时 3 法郎的生活费。这段失业的时间给了爱因斯坦很大的帮助。在授课过程中,他对传统物理学进行了反思,促成了他对传统学术观点的猛烈冲击。经过高度紧张兴奋的 5 个星期的奋斗,爱因斯坦写出了 9000 字的论文《论动体的电动力学》,狭义相对论由此产生。可以说,这是物理学史上的一次决定性的、伟大的宣言,是物理学向前迈进的又一里程碑。尽管还有许多人对此表示反对,甚至还有人在报上发表批评文章,但是,爱因斯坦毕竟还是得到了社会和学术界的重视。在短短的时间里,竟然有 15 所大学给他授予了博士证书。1902 年,他在大学同学格罗斯曼的父亲协助下,成为伯尔尼瑞士专利局的助理鉴定员,从事电磁发明专利申请的技术鉴定工作,1903 年成为正式职员。他利用业余时间开展科学研究,和几个伯尔尼的朋友组成了名为"奥林匹亚学院"的讨论组,讨论科学和哲学。

1905 年,对爱因斯坦和整个物理学界都是意义不同寻常的一年。爱因斯坦在这一年发表了六篇划时代的论文,分别为《关于光的产生和转化的一个试探性观点》《分子大小的新测定方法》《基于热分子运动论的静止液体中悬浮粒子的运动研究》《论动体的电动力学》《物体的惯性同它所含的能量有关吗?》《布朗运动的一些检视》。因此这一年被称为"爱因斯坦奇迹年"。他在三个领域做出了四个有划时代意义的贡献,在这短短的半年时间,爱因斯坦在科学上的突破性成就可以说是"石破天惊,前无古人"。即使他就此放弃物理学研究,即使他只完成了上述三方面成就的任何一方面,爱因斯坦都会在物理学发展史上留下极其重要的一笔。爱因斯坦拨散了笼罩在"物理学晴空上的乌云",迎来了物理学更加光辉灿烂的新纪元。

1915 年爱因斯坦发表了广义相对论。他所做的光线经过太阳引力场要弯曲的预言于1919 年被英国天文学家亚瑟·斯坦利·爱丁顿的日全食观测结果所证实。1916 年他预言的引力波现在也得到了证实。爱因斯坦和相对论在西方成了家喻户晓的名词,同时也招来了德国和其他国家的沙文主义者、军国主义者和排犹主义者的恶毒攻击。1921 年爱因斯坦因在光电效应方面的研究获授诺贝尔物理学奖。不过在瑞典科学院的公告中并未提及相对论,原因是他们认为相对论存在争议。

1933 年 1 月纳粹党攫取德国政权后,爱因斯坦成为科学界首要的迫害对象,幸而当时他在美国讲学,未遭毒手。3 月他回欧洲后避居比利时,9 月 9 日发现有准备行刺他的盖世太保跟踪,星夜渡海到英国,10 月转到美国担任新建的普林斯顿高等研究院的教授。1939 年他获悉铀核裂变及其链式反应的发现,在匈牙利物理学家利奥·西拉德推动下,上书罗斯福总统,建议研制原子弹,以防德国抢先。第二次世界大战结束前夕,美国在日本广岛和长崎两个城市上空投掷原子弹,爱因斯坦对此表示强烈不满。战后,为开展反对核战争和反对美国国内右翼极端分子的运动进行了不懈的斗争。1955 年 4 月,爱因斯坦被诊断出患有主动脉瘤,18 日午夜在睡梦中感到呼吸困难,主动脉瘤破裂导致大脑溢血破裂而逝世于普林斯顿。

爱因斯坦是 20 世纪伟大的犹太裔理论物理学家,创立了相对论,现代物理学的两大支柱之一(另一个是量子力学)。虽然爱因斯坦的质能方程 $E=mc^2$ 最著称于世,他是因为"对理论物理的贡献,特别是发现了光电效应"而获得 1921 年诺贝尔物理学奖。爱因斯坦总共发表了 300 多篇科学论文和 150 篇非科学作品。爱因斯坦被誉为是"现代物理学之父"及二十世纪世界最重要科学家之一。他卓越的科学成就和原创性使得"爱因斯坦"一词成为"天才"的同义词。

4.2　人类的航空航天工程——飞得更高

人类基因组计划、曼哈顿原子弹计划和阿波罗登月计划一起被称为 20 世纪人类三大科学工程。阿波罗登月计划作为人类航天史上的一个重要组成部分,说明人类航空航天工程对人类有重要的意义,本节将探讨人类航空航天的发展历程,学习其中的科学方法和科学精神。

4.2.1　古代的航空航天探索

嫦娥奔月是一个古老的神话故事。在《淮南子·外八篇》中有如下记载:"昔者,羿狩猎山中,遇姮娥于月桂树下。遂以月桂为证,成天作之合。逮至尧之时,十日并出。焦禾稼,杀草木,而民无所食。猰貐、凿齿、九婴、大风、封豨、修蛇皆为民害。尧乃使羿诛凿齿于畴华之野,杀九婴于凶水之上,缴大风于青丘之泽,上射十日而下杀猰貐,断修蛇于洞庭,擒封豨于桑林。万民皆喜,置尧以为天子。羿请不死之药于西王母,托与姮娥。逢蒙往而窃,窃之

不成,欲加害姮娥。娥无以为计,吞不死药以升天。然不忍离羿而去,滞留月宫。广寒寂寥,怅然有丧,无以继之,遂催吴刚伐桂,玉兔捣药,欲配飞升之药,重回人间焉。羿闻娥奔月而去,痛不欲生。月母感念其诚,允娥于月圆之日与羿会于月桂之下。民间有闻其窃窃私语者众焉。"这段记载的大意是:后羿与嫦娥相识于月桂树下,以月桂为证,结为夫妻。到尧的时候,天空中出现十个太阳,地上的草木和庄稼全都被烧死,民众没有吃的。尧就让后羿射下了九个太阳,为民除害。民众都很高兴,把尧当作天子。后羿向王母求不死之药,交给嫦娥保管。逢蒙想偷这长生之药,没有成功,就想杀嫦娥。嫦娥没有办法,吞下不死之药升天离去。因为不舍得离后羿而去,就滞留在月宫里面。嫦娥奔月的神话故事,表达了人们对人类升天的期望,体现了人类航天的梦想。

对于古代人们为升天所做的努力,国外也有相关的记载。美国人 Herbert S. Zim 于 1945 年所写的 Rockets and Jets 书中记载,万虎(也译为万户)是实验空中飞行的开拓者,被后人认为是世界火箭的鼻祖。万虎是生于中国明朝的一个低级官吏,他喜好工艺技术,他在研究火箭具有推动物体上升能力的基础上,制作了一把木制椅子,他坐在椅子上,两手各拿一个大风筝,椅子下面捆绑了 47 支当时最大的火箭,他命仆人点燃火箭,然而,随着一声巨响,万虎消失在火焰和烟雾之中(图 4.2)。就这样,人类首次火箭飞行的尝试失败了。尽管如此,万虎被公认为世界上第一个尝试利用火箭升空飞行的人。[10]为了纪念他,人们后来把月球背面东方海附近的环形山命名为万虎山。

图 4.2 万虎飞行试验图

4.2.2 飞机的发明

当时间来到近代,随着更强大动力装置的发明,新的动力装置可以为飞机提供比以往更强大的动力,飞机的研制迎来了新的发展,直到 1903 年莱特兄弟实现了人类历史上的第一次飞行①,人类已经过很多次的实验。莱特兄弟飞机的试飞成功并不是他们幸运所得,而是基于人类长期的前仆后继奋斗和积累所得的结果。欧洲文艺复兴时期,达·芬奇在札记中

---

① 关于人类历史上第一次飞行,有几种说法:法国人认为世界上最早的飞机由法国人克雷芒·阿德尔于 1890 年 10 月 9 日发明,美国人则认为是莱特史弟于 1903 年 12 月 17 日在美国试飞成功,巴西人认为是巴西人阿尔贝托·桑托斯·杜蒙特发明了飞机,于 1906 年 10 月 12 日成功把飞机飞到 60m 的高空,并认为之前的飞行没有达到真正意义上的飞行。一般普遍认为是莱特兄弟发明了飞机。

记载了他对滑翔升空的构想,他长期对鸟、蝙蝠和昆虫的飞行进行研究并完成手稿《论鸟的飞行》。19 世纪初,英国人乔治·凯利设计了一架悬臂机对空气阻力和升力进行了定性的研究,得到了关于升力和速度之间的关系的最早研究成果,他的初步结果为,平板的升力与面积成正比,与迎风角成正比,与速度的平方成正比,他还发现流线型对减少阻力的重要性。[11]在这之前或者之后,很多热衷于动力飞行的人们尝试了无数次的实验,他们有的成功,有的失败,有的献出了自己的生命或是变为终生残疾,有的从富豪变得一无所有,然而正是这些冒险家们的不懈努力,最终为实现人类的飞行梦做出了伟大的贡献。莱特兄弟只是他们之中的幸运者,完成了他们一生的夙愿。飞机的发明使人们相信比空气重的物体也能飞起来,使人类由地面能够进入空中,特别是后期的发展改变了人类的生活方式,它们被用于战争、长途运输等方面,同时它的出现也对火箭技术产生影响,使航天充满了希望,从此人类进入航空的时代。

飞机发展到现在已经广泛地应用在人们生活的各个领域,根据不同的特点和用途,其衍生出了众多的分支,用于空中搏斗的战斗机,用于运输的大型运输机,用于高空侦测的侦察机,用于轰炸的轰炸机,以及现在最先进的无人机等等。乘坐飞机从地球的一边到另一边只需 10 个小时,飞机改变了人们生活和工作的方式。

4.2.3　近现代航天的发展

航天工程不是一个单一的工程,而是众多科学技术的结合体,其中包括天文学、火箭技术、卫星技术、飞船技术、通信技术和计算机技术等。天文学是航天工程成为可能的理论基础,火箭技术的发展是人类能将卫星和飞船等送进外太空的物质基础,卫星技术和飞船技术使航天工程能够为人类的生活做出实际的贡献。计算机和通信技术的发展使得航天工程变得容易和可以远程操控卫星等在轨航天体。

下面首先介绍天文物理学的发展史。天文学的发展有很久的历史,不过,近代天文学开始发展并迅速地壮大起来是从哥白尼开始的。1514 年记载哥白尼日心说思想的匿名小册子,即《要释》,在天文学家中间流传。哥白尼是一个胆怯的保守主义者,他的目的并不是要推翻旧的天文学,而是纠正天文学的谬误,还其本来面目。直到 1543 年,哥白尼的《天体运行论》才发表出来,日心说就是在其中被提出的。在日心说理论中,地球每天绕自己的轴转一圈,每年绕太阳运行一周。哥白尼虽然提出了日心说,但是没有利用任何新的观测资料作为依据,并且不能解决很多技术难题,以至于日心说并没有被当成一种不证自明的理论,也没有成为公认完善的天文学体系。1609—1610 年,意大利物理学家伽利略制成第一台天文望远镜,并用它观测天象,发现了月亮上的山和谷,发现木星的四个大的卫星,发现金星的盈亏,发现太阳黑子和太阳的自转,认识到银河是由无数星体所构成,为哥白尼学说提供了一系列有力的明证。1632 年伽利略出版《关于托勒密和哥白尼两大世界体系的对话》,论证了哥白尼的日心说,是继哥白尼之后对神学和经院哲学新的打击,是近代科学思想史上的重要著作。1672 年牛顿创制了反射望远镜。他用质点间的万有引力证明,密度呈球对称的球体对外的引力都可以用同质量的质点放在中心的位置来代替。他还用万有引力原理说明潮汐的各种现象,指出潮汐的大小不但同月球的位相有关,而且同太阳的方位有关。牛顿预言地球不是正球体。岁差就是由于太阳对赤道突出部分的摄动造成的。牛顿提出的万有引力定

律同样对天文学有重大的影响，这也间接地为宇宙第一速度的发现奠定了理论基础，宇宙速度的发现是人类能把航天器送入太空的理论基础。

作为航天工程的另一个关键，火箭技术虽然发展得很早，但是直到近代一些理论基础建立之后才得到巨大的发展。现代火箭之父是俄罗斯的齐奥尔可夫斯基，[12] 1883 年他在《自由空间》论文中便提出了宇宙飞船的运动必须利用喷气推进原理，并画出了飞船的草图。1896 年齐奥尔科夫斯基开始系统地研究喷气飞行器的运动原理，并画出了星际火箭的示意图。1903 年，他发表了《利用喷气工具研究宇宙空间》的论文，深入论证了喷气工具用于星际航行的可行性，从而推导出发射火箭运动必须遵循的"齐奥尔科夫斯基公式"。十月革命后，齐奥尔科夫斯基提出了燃气涡轮发动机的新方案，及飞行器在行星表面着陆的理论，1929 年提出了多级火箭构造设想。第二位火箭发明实验者是罗伯特·戈达德，他于 1909 年开始进行火箭动力学方面的理论研究，3 年后点燃了一枚放在真空玻璃容器内的固体燃料火箭，证明火箭在真空中能够工作。他从 1920 年开始研究液体火箭，1926 年 3 月 16 日在马萨诸塞州沃德农场成功发射了世界上第一枚液体火箭。第三位航天之路的先驱者是赫尔曼·奥伯特，他是现代航天学奠基人之一。他于 1894 年生于罗马尼亚赫尔曼施塔特。于1938 年在维也纳工程军院从事火箭研究，后又在德累斯顿大学研制液体火箭的燃料泵，但他的主要兴趣在固体火箭方面。1940 年他加入德国籍，1941 年到佩内明德研究中心参与V-2 火箭的研制工作。他的贡献主要在理论方面，他的经典著作为《飞往星际空间的火箭》于 1923 年出版。1929 年经过修改和充实改名为《通向航天之路》。

经过一代代科学家的不懈努力，1957 年 10 月 4 日，苏联拜科努尔航天中心天气晴朗，在人造卫星发射塔上竖立着一枚大型火箭，火箭的头部有一颗圆形的有四根折叠式天线的人造卫星"斯普特尼克"一号，随着火箭发动机的一声巨响，火箭腾空，在不到两分钟的时间火箭消失得无影无踪，世界上第一颗人造卫星发射成功。三年多以后，1961 年 4 月 12 日，在莫斯科时间上午 9 时 07 分，加加林乘坐东方 1 号宇宙飞船从拜克努尔发射场起航，在最大高度为 301km 的轨道上绕地球一周，历时 1 小时 48 分，于上午 10 时 55 分安全返回，降落在萨拉托夫州斯梅洛夫卡村地区，完成了世界上首次载人宇宙飞行，实现了人类进入太空的愿望。他驾驶的东方 1 号飞船成为世界上第一个载人进入外层空间的航天器。加加林成为世界上第一个进入外太空的人。在苏联在航天领域不断取得重大成果的同时，作为冷战对立面的美国也不甘落后。1969 年 7 月 16 日，阿姆斯特朗同奥尔德林和柯林斯（担任指令长）乘阿波罗 11 号宇宙飞船飞向月球。7 月 20 日，由阿姆斯特朗操纵"鹰"号登月舱在月球表面着陆，于美国时间当天下午 10 时左右，他和奥尔德林跨出登月舱，踏上月面。阿姆斯特朗率先踏上月球那荒凉而沉寂的土地，成为第一个登上月球并在月球上行走的人。当时他说："这是个人迈出的一小步，但却是人类迈出的一大步。"这句话成为此后在无数场合常被引用的名言。他们在月球上度过 21 个小时，21 日从月球起飞，24 日返回地球。阿姆斯特朗成为人类历史上第一个登上月球的人。1971 年 4 月苏联发射礼炮一号空间站，苏联成为首个发射载人空间站的国家。在这之后美苏又相继发射多个空间站进入太空。以上航天工程所取得的成就，主要是由于苏联和美国作为东西方两大阵营的领导者对抗的结果，两国为了发展航天工程都不遗余力地大力投资，完全不顾国家的经济水平，忽略了经济学规律，虽然航天工程发展到了人类有史以来的高峰，但是对于当时来说这种超前发展不但不能为社会的发展带来推动作用,相反还拖累了经济的发展。

随着苏联的解体,美苏冷战宣告结束。航天工程的发展不再那么紧迫,加上航天的高风险和高成本,所以很多航天工程放缓了脚步,不再一味地追求进展。虽然这时航天工程的速度放缓,但是它依然在慢慢地向前发展着,像一只潜伏的狮子,等待着猎物出现,迎接着新的高峰的到来。近些年来,随着中国经济快速发展,中国的航天事业进入快速发展时期。自 2003 年 10 月 15 日中国神舟五号载人飞船的发射升空,中国首次将宇航员送入太空,此后又两次将宇航员送入太空,这表明中国掌握了载人航天技术并逐步走向成熟。2007 年 10 月 14 日,随着嫦娥一号成功奔月,嫦娥工程顺利完成第一期工程;2010 年 10 月 1 日嫦娥二号成功发射,成功传回嫦娥三号预选的着陆区——月球虹湾地区的局部影像图;嫦娥三号于 2013 年 12 月 2 日发射,12 月 14 日嫦娥三号实现月球的软着陆,12 月 15 日"玉兔号"巡视器与着陆器成功分离,围绕嫦娥三号旋转拍照并传回照片。嫦娥工程表明中国已迈开登月的第一步,为以后宇航员登上月球铺平了道路。与此同时,中国正积极组建代号为"天宫"系列的空间站,为以后送科学家等进入太空开展太空实验做准备。由于国际空间站差不多到了生命终止的时期,所以天宫空间站可以为很多其他的国家提供进行太空实验的场所。

与此同时,欧洲诸国、日本、印度等国家经济不断地发展,也相应地进行着很多航天探索。航天格局已经由美苏两级争霸,变成了世界很多国家百花齐放、百家争鸣的情况。航天事业注定要迎来新一轮的高峰。

当然航天的发展也得益于其他行业的发展,包括通信技术和计算机技术的发展。通信由最初的电报到电话的发展,由有线到无线的发展,使得远程通话和控制成为可能。计算机最早作为计算工具,到后来用到存储、通信、控制等多个方面,为航天事业更加自动化和智能化提供了更多帮助。

关于阿波罗登月的争议

阿波罗登月是人类第一次登上月球,但是由于阿波罗登月计划之后,美国再也没有任何登月行动,加上很多谜团被人为地挖掘出来,所以,尽管很多人认为阿波罗登月是成功的,但是也有人认为这是一个骗局,美国的目的是在太空领域竖立自己的权威,以对抗苏联。在此,我们就来谈谈这个争议。

1969 年 7 月 16 日上午,巨大的"土星 5 号"火箭载着"阿波罗 11 号"飞船从美国肯尼迪角发射场点火升空,开始了人类首次登月的太空飞行。参加这次飞行的有美国宇航员尼尔·阿姆斯特朗、埃德温·奥尔德林、迈克尔·柯林斯。在美国东部时间下午 4 时 17 分 42 秒,阿姆斯特朗将左脚小心翼翼地踏上了月球表面,这是人类第一次踏上月球。接着他用特制的 70mm 照相机拍摄了奥尔德林降落月球的情形。他们在登月舱附近插上了一面美国国旗,为了使星条旗在无风的月面看上去也像迎风招展,他们通过一根弹簧状金属丝使它舒展开来。接着,宇航员们装起了一台"测震仪"、一台"激光反射器"……在月面上他们共停留 21 小时 18 分,采回 22kg 月球土壤和岩石标本。7 月 25 日清晨,"阿波罗 11 号"指令舱载着三名航天英雄平安降落在太平洋中部海面,人类首次登月宣告圆满结束。

但时隔 30 多年,戈尔多夫却公开发表文章对美国拍摄的登月照片表示怀疑。他认为,

所谓美国宇航员在月球上拍摄的所有照片和摄像记录都是在好莱坞摄影棚中制造的。他强调,他是在进行了认真的科学分析和论证后做出这一结论的。主要理由如下:

(1) 没有任何一幅影像画面能在太空背景中见到星星。

(2) 图像上物品留下影子的朝向是多方向的,而太阳光照射物品所形成的阴影应是一个方向的。

(3) 摄影记录中那面插在月球上的星条旗在迎风飘扬,而月球上根本不可能有风把旗子吹得飘起来。

(4) 从摄影纪录片中看到宇航员在月球表面行走犹如在地面行走一样,实际上月球上的重力要比地球上的重力小得多,因而人在月球上每迈一步就相当于人在地面上跨越了5~6m长。

(5) 登月仪器在月球表面移动时,从轮子底下弹出的小石块的落地速度也与地球发生同一现象的速度一样,而在月球上其速度应该比地球上快6倍。

"阿波罗登月计划"是否是一场骗局的问题在美国引起了强烈反响。以著名物理学教授哈姆雷特为代表的人士肯定"骗局论",他们认为阿波罗登月造假的依据如下:

(1) 阿波罗登月照片纯属伪造。根据美国宇航局公布的资料计算,当时太阳光与月面间的入射角只有6~7°左右,但那张插上月球的星条旗的照片显示,阳光入射角大约近30°。照片中出现的阴影夹角应该在"跨出第一步"后46小时才可能得到。

(2) 阿波罗登月录像带在地球上摄制。通过录像分析,宇航员在月面的跳跃动作、高度与地面近似,而不符合月面行走特征。

(3) 月面根本没有安装激光反射器。根据美国某天文台的数据可以计算得知,在地球上用激光接收器收到的反射光束强度只是反射器反射强度的1/200。其实,这个光束是由月亮本身反射的。也就是说,月球上根本没有什么激光反射器。

(4) 阿波罗计划进展速度可疑。美国直到1967年1月才研制出第一个"土星5号",1月27日做首次发射试验,不幸失火导致三名宇航员被熏死。随后登月舱重新设计,硬件研制推迟18个月,怎么可能到1969年7月就一次登月成功呢?

(5) 对土星5号火箭和登月舱的质疑。现代航天飞机只能把20吨载荷送上低轨,而当年的土星5号却能轻而易举地把100吨以上载荷送上地球轨道,将几十吨物体推出地球重力圈,为什么后来却弃而不用,据说连图纸都没有保存下来?

(6) 温度对摄影器材的影响。月面白天可达到121℃,据图片看,相机是露在宇航服外而没有采用保温措施的。胶卷在66℃就会受热卷曲失效,怎么拍得了照片?

这些人士认为,对以上这一切美国政府一直未作说明,而知情者由于担心生活和安全受到影响,甚至可能直接遭到了胁迫,至今对此沉默不言。

"阿波罗登月计划"的支持者认为上述质疑不可信,他们认为:首先,该计划当时是在全球实况转播的,近亿人亲眼看到;宇航员还从月球带回了一些实物,如岩石。第二,美国政府不会拿信誉开玩笑。第三,美国宇航局有成千上万的科技、工程人员,绝大多数人都会持科学的态度,不会视严肃的科学问题为儿戏。如果登月计划是一场骗局,不仅全体参与者的人格将受损,而且,让几万人守着谎言过几十年,实非易事。第四,美国的传媒几乎是无孔不入。假如政府有欺骗行为,各大媒体一定会大做文章。而至今美国新闻界并没有对

此大肆渲染,其中必有一定道理。针对反对者对登月证据的质疑,他们也做了技术性的反驳:

(1) 为什么在登月照片的背景中看不到星星? 反驳者认为:这与曝光时间有关,为了使拍到的近景非常清楚,相机的曝光时间必然很短,这样远景就看不清楚;如果要拍到星星,相机的曝光时间必然很长,但是这会导致照片中近处的景物发白,照片也就无意义。

(2) 在登月过程中制动火箭喷出气流吹走了月尘,为什么还能留下脚印? 反驳者认为:因为月球上没有空气,也就没有风,月球表面积累了几十亿年的尘土,制动火箭喷出的气流不可能吹走全部的尘土,所以制动火箭喷出气流吹走了部分月尘,还能留下脚印。

(3) 为什么有的照片影子会朝向两个方向? 反驳者认为:因为月球表面起伏不平,影子照在月面上产生了弯曲变形,远远看去影子会朝向两个方向。

(4) 月球"大气"压力为 10^{-12}mmHg,在月球上的美国国旗为什么会飘动? 反驳者认为:美国国旗的上方有一根横杆,所以国旗能够支起来;当初为了带这面塑料国旗,科学家们很伤脑筋,后来想到一个办法:把这面塑料国旗夹在梯子中带去,所以这面塑料国旗带到月球后变得皱巴巴的,再加上铝制旗杆的弹性晃动,远看就像是因为有风而飘动等等。

其他的不再一一列举。[13]

关于阿波罗的争议至今仍然在世界范围内热度不减。是否为骗局,可能后人会给我们答案,也或许永远都没有答案。但是我们相信,随着科学技术的进步与发展,当人类再次登上月球的时候,这个争议也许不再有任何意义。

4.2.4　光驱动石墨烯材料

目前,几乎所有的航空、航天飞行均采用化学驱动,即通过喷射燃烧的化学物质来获得驱动力,光直接驱动飞行是科学界和航空界多年的梦想。南开大学化学学院陈永胜教授和物理学院田建国教授的联合科研团队通过 3 年的研究,获得了一种特殊的石墨烯材料。该材料可在包括太阳光在内的各种光源照射下驱动飞行,其获得的驱动力是传统光压的千倍以上。该研究成果令"光动"飞行成为可能。

2015 年 6 月 15 日,他们的论文 *Macroscopic and direct light propulsion of bulk graphene material*(《大规模直接光驱动石墨烯材料》)在线发表于国际著名学术刊物《自然光学》(*Nature Photonics*)上,介绍了这一成果。[14]

空间飞行器是人类探索宇宙的重要工具,而动力源问题一直羁绊着人类无法走得更远。"光直接驱动飞行"因其重大的学术意义和广阔的应用前景,成为世界各国科学家争相研究的难题。在以往的大量研究中,科学家试图利用"光压"提供动力。"光压"是射在物体上的光所产生的压强。光子同时具有质量与速度,具有动量的大量光子照射在物体上产生的光压会使物体移动。然而,来自光压的驱动力微乎其微,远不能满足航空和航天的负载要求。

陈永胜教授团队研制出的这种石墨烯材料,在其宏观材料特殊形貌结构和石墨烯自身特殊电子结构的共同作用下,可以在包括太阳光在内的各种光源照射下有效驱动飞行。

英国著名科普杂志 *New Scientists* 为该成果撰写了题为 *Spacecraft built from*

graphene could run on nothing but sunlight 的评述。[14]文章指出该成果"再为石墨烯这种优良材料增添了一种惊人的性能……石墨烯海绵可以替代太阳能帆板,用以制造光动力推进系统的航天器"。麻省理工学院教授 Paulo Lozano 在文章中表示,最好的火箭是不需要任何燃料,石墨烯动力飞船是一个非常有趣的创意。

4.3 人类照明发展史——寻找光明

在描述人类早期的生活方式的时候,人们常会讲"日出而作,日落而息",即当太阳升起的时候就开始一天的劳动,当太阳落山的时候就结束一天的劳作。这恰恰反映了照明在人类的生产生活中具有重要的意义。从某种意义上讲,照明是人类体力(视觉)的补充和延伸,本节将探讨照明的发展历程。

4.3.1 原始的照明方式

正如前面所提到,日出而作、日落而息是人类早期的生活方式,在这样的环境下,人类照明方式就是依靠日月星辰。太阳白天给予世间万物温暖与阳光,人们在日光下劳作,人类得以生产和生活。当地球由于自转来到了晚上,虽然月光和星光很微弱,但是也不是伸手不见五指,人类可以利用月光和星光来观察周围的情况,确保自身的安全。日月交替使人类度过了漫长的岁月,人类一直受到来自大自然的恩惠。当然,除了来自日月的光之外,自然界还存在很多其他的光源。

在原始社会的某个夏日的晚上,某原始人部落聚在一起等待着黎明到来,突然之间空中亮起了很多的光点,一闪一闪的,这些光点还在移动,原始人出于对光的渴望,便去找寻这些光点,越来越多的光点被他们聚集在一起,进而发出更大的光亮,足以照亮周围的环境。这便是人类发现的最早的生物光源——萤火虫,萤火虫的发光器官位于腹部后端的下方,该处具有发光细胞。发光细胞的周围有许多微细的气管,发光细胞内有荧光素和荧光素酶。荧光素接受细胞内三磷酸腺苷(ATP)提供的能量后就被激活。在荧光素酶的催化作用下,激活的荧光素与氧发生化学反应,形成氧化荧光素并且发出荧光。原始人虽然不知道其发光原理,但是已经懂得用这些光源。除了萤火虫之外,还有很多别的光源,特别是来自海洋生物的光源更多,像发光细菌、瓜水母和长腹缥水蚤等,不过不清楚它们是否曾为早期人类所使用。

4.3.2 火的发现

火的发现对于人类有重要的意义,利用火提供热和光是人类早期的伟大成就之一。火的发现过程极其曲折和漫长,在原始人生活的区域,某天电闪雷鸣,闪电引燃山上的树木,火势一路蔓延并向他们燃烧过来,原始人最开始害怕大火,刻意地逃避大火。经过漫长的岁月,他们慢慢发现,经过火烧烤过的兽肉味道更加鲜美,而且火可以在寒冷中给他们提供热量。于是他们开始接触火并尝试保留火种,火就这样进入了人类的生活。火的发现和使用最终把人与动物分开,学会用火使人类能够移到气候较冷的地区定居。火被用于照明、取暖、烹饪较难消化的食物、驱赶野兽等。

虽然这时人类已经能够使用火,但是保留火种存在很多的问题,给原始人生活带来诸多不便。直到某一天,原始人发现通过使用硬木棍去摩擦木头可以产生火,这便是钻木取火(图 4.3)。人工取火是人类利用火的历史上的一次大飞跃,这标志着人类用火不再是依靠大自然的随机事件,而是把主动权掌握在自己的手中。除了钻木取火之外,人类又发现了其他的取火方法,像敲击燧石、火锯法等也可以用来取火。人工取火的发明标志着人已经拥有能力完全地控制火的使用,当遇到难以消化的食物时,可以用火来烧烤以达到帮助消化的目的;当遇到寒冷来袭的时候,可以通过火来取暖;当夜晚来临的时候,可以点火用来照明、取暖以及驱赶野兽,更重要的是,人们白天在外劳作之后,晚上可以聚在一堆篝火旁边分享和交流信息和经验,这就促进了人类体制的形成与社会的发展,为人类社会进入文明社会奠定了基础。

图 4.3　钻木取火

最开始人类发现火并使用火的时候,最常见的燃料是木材,对当时环境来说,木材很容易得到,木材作为主要的燃料持续很长的时间。逐渐地,人们发现动物脂肪组织和内脏中的油脂也可以燃烧,这些油脂便是动物油。随着农业的发展,人们发现一些从植物中得到的油脂也可以燃烧,这就发现了植物油。植物油或动物油作为燃料的优势在于,需要的存放空间较小,易于使用并且可持续性好,与木材可以较好地互补使用。随后又有蜡烛等照明燃料被发现,这些燃料陪伴人类度过了漫长的岁月,为人类的繁衍生息做出了不可磨灭的贡献,虽然这些燃料相对原始,但是现在依然被人们在很多特殊场合所使用,继续为人类奉献着它们的能量。

4.3.3　电灯的发现

当时间来到近代,人们发明了以煤油作为燃料的照明工具。煤油是一种从石油中提取出来的化工燃料,因为煤油灯具有美丽的外观、先进的燃料以及科学的燃烧方式和很高的亮度,很容易被人类所接受,所以在电灯使用之前得到了广泛的使用。

电灯(其准确技术名称为白炽灯),是一种透过通电,利用电阻把细丝线(现代通常为钨丝)加热至白炽,用来发光的灯。电灯外围由玻璃制造,使灯丝处于真空或低压的惰性气体中,作用是防止灯丝在高温下氧化。历史一般认为电灯是由美国人托马斯·爱迪生发明的。但倘若认真考据,另一美国人亨利·戈培尔比爱迪生早数十年已发明了相同原理和物料,而且可靠的电灯泡,而在爱迪生之前很多其他人亦对电灯的发明做出了不少贡献。1801 年,英国化学家戴维将铂丝通电发光。他亦在 1810 年发明了电烛,即利用两根碳棒之间的电弧照明。1854 年亨利·戈培尔使用一根炭化的竹丝放在真空的玻璃瓶下通电发光。他的发明今天看来是首个有实际效用的白炽灯。他当时试验的灯泡已可维持 400 小时,但是并没有即时申请设计专利。还有很多的前人为制造电灯而努力。爱迪生在认真总结前人制造电灯的失败经验后,制定了详细的试验计划,分别在两方面进行实验:一是分类实验1600 种不同的耐热材料,二是改进抽空设备,使灯泡有高真空度。1879 年 10 月 21 日,经过

反复的实验,终于点燃了世界上第一盏有实用价值的电灯。而在发明电灯成功之前,他经过了 13 个月的艰苦工作,试验了 6000 多种材料,总次数达到 7000 多次,一次次实验,一次次失败,很多专家都认为电灯的前途黯淡,甚至有人讽刺爱迪生的研究是毫无意义的。然而面对失败和有的人的冷嘲热讽,爱迪生并没有放弃,他知道每失败一次他就离成功更进一步。电灯就这样在爱迪生孜孜不倦的科学精神下被发明出来。爱迪生是世界著名的发明家、物理学家、企业家,拥有的发明专利超过 2000 多项,包括留声机、电影摄影机、钨丝灯泡等,被传媒称为"门洛帕克的奇才"。

电灯是 19 世纪末最著名的发明之一,也是爱迪生对人类最辉煌的贡献。人们对爱迪生做出了高度评价:希腊神话中说,普罗米修斯给人类偷来了天火;而爱迪生却把光明带给了人类。电灯改变了以前那种依靠燃烧物质而发光的照明方式,它是依靠电流通过灯丝时产生热量,螺旋状的灯丝不断将热量聚集,使得灯丝的温度达 2000℃以上,灯丝在处于白炽状态时,就像烧红了的铁能发光一样而发出光来。灯丝的温度越高,发出的光就越亮。对电灯的使用者来说,这是一种安全的、清洁的照明方式并且亮度足够,深受人们的喜爱,因而开启了用电照明的新时代。

多数白炽灯会把消耗能量中的 90%转化成无用的热能,只有不到 10%的能量会成为光。20 世纪 30 年代初,汞灯和钠灯以比白炽灯明亮和节电的优势脱颖而出。1940 年之后,荧光灯以更高的光效和更好的光色很快占领了照明的半壁江山。20 世纪 70 年代末,当时被称为照明电器发展史上的一项重大技术创新的荧光灯交流电子镇流器问世了。1980 年,随着三基色稀土荧光粉的研制成功,欧洲市场上便出现了荧光灯家族的又一新成员——紧凑型荧光灯(俗称节能灯),由于使用与白炽灯同样方便,而且可在大幅度降低能耗的同时达到与白炽灯相同的光输出及光照效果,因此成为白炽灯的替代品。迄今荧光灯家族枝叶繁茂,已经成为地球上最大的光明使者并且仍在迅速发展。

随着科学技术的不断发展,发光二极管(LED)由于其能量消耗低、寿命长而被广泛看好。LED 问世于 20 世纪 60 年代初,1964 年首先出现红色 LED,之后出现黄色、绿色 LED。但由于缺少三原色中的蓝色而配制不出白色 LED,因此无法用于照明光源。1994 年日本 Nichia(日亚)公司的木村(被称为"蓝光之父")发现了蓝色 LED,1996 年日本 Nichia 公司成功开发出白色 LED,从此 LED 便逐渐进入照明领域。近几年来,随着人们对半导体发光材料研究的不断深入,制造工艺的不断进步和新材料的开发应用,使得各种颜色的超高亮度 LED 取得了突破性进展,其发光效率提高了近千倍,色度方面也实现了可见光波长的所有颜色,其中最重要的是超高亮度白光 LED 的出现,使 LED 应用领域跨越至高效率照明市场成为可能。LED 经过几十年的迅猛发展,其应用市场将更加广阔,特别是在全球能源短缺的忧虑再度升高的背景下,LED 在照明市场的前景更受全球瞩目,被业界认为在未来 10 年成为取代白炽灯和荧光灯的最有力的商品。据国际权威机构预测,21 世纪将进入以 LED 为代表的新型照明光源时代,被称为第四代光源。

纵观人类照明史,从最开始的自然光到火的发现利用,再到白炽灯和 LED 的发明,照明已经远远超越了单纯的环境照明而步入了环境艺术领域,由功能性向艺术性转变,注重个性和人文精神,突出生态和环保理念的高科技的运用。从简陋的建筑投光到精妙绝伦的光影艺术,其涵盖领域之大,表现形式之多,令人惊叹不已,从中可以清晰地看到人类科技和文明的不断进步。

4.4　纳米技术及应用

4.4.1　纳米技术

纳米技术是 21 世纪科技发展的制高点,是新工业革命的主导技术,目前已经成为全球范围内最大和最具竞争力的研究领域之一。现在纳米技术已经得到广泛应用,渗透到人们的衣食住行中,使人们的生活方式和工作方式发生了巨大变化。尤其是一些纳米产品的问世,对于人类体质能力的增强具有十分重大的意义。

那么,什么是纳米技术呢? 纳米技术是以纳米科学为基础,研究结构尺度在 0.1～100nm 范围内材料的性质及其应用,制造新材料、新器件、研究新工艺的方法和手段。纳米技术以物理、化学的微观研究理论为基础,以当代精密仪器和先进的分析技术为手段,是现代科学(混沌物理、量子力学、介观物理、分子生物学)和现代技术(计算机技术、微电子和扫描隧道显微镜技术、核分析技术)相结合的产物。

1. 纳米技术的产生和发展

关于纳米技术的构想可以追溯到 20 世纪 60 年代。1959 年,著名物理学家、诺贝尔奖获得者理查德·费曼(Richard Feynman)在加州理工学院出席美国物理学会年会,做了著名演讲《底部还有巨大空间》(*There's Plenty of Room at the Bottom*),并且预言,人类可以用小的机器制作更小的机器,最后将变成根据人类意愿,逐个地排列原子,制造产品,这是关于纳米技术最早的梦想。而"纳米技术"一词的最早提出是在 1974 年,东京理工大学的科学家谷口纪男(Norio Taniguchi)教授在一篇题为《论纳米技术的基本概念》(*On the Basic Concept of Nanotechnology*)的科技论文中首次使用"纳米技术"来描述精密机械加工。为研究纳米技术创造实验条件的人是德国物理学家格尔德·宾宁(Gred Bing)和瑞士物理学家海因里希·罗雷尔(Heinrich Rohrer),1981 年,两人在 IBM 公司位于瑞士苏黎世的实验室共同发明了扫描隧道显微镜(STM)。扫描隧道显微镜使得人类第一次能够实时地观察单个原子在物质表面的排列状态和与表面电子行为有关的物理、化学性质。[15]

世界上第一块纳米材料的诞生则归功于德国物理学家赫伯特·格莱特(Herbert Gleiter)教授(图 4.4)。1980 年的一天,在澳大利亚的茫茫沙漠中,格莱特教授正驾驶租用的汽车独自横穿澳大利亚大沙漠。空旷、寂寞、孤独,使他的思维特别活跃。他是一位长期从事晶体物理研究的科学家。此时此刻,一个长期思考的问题在他的脑海中跳动:如何研制具有异乎寻常特性的新型材料? 在长期的晶体材料研究中,人们把具有完整空间点阵结构的实体视为晶体,是晶体材料的主体;而把空间点阵中的空位、间隙原子、相界和晶界等看作晶体材料中的缺陷。此时,他想到,如果从逆方向思考问题,把

图 4.4　赫伯特·格莱特教授

"缺陷"作为主体,研制出一种晶界占较大体积比的材料,那么结果会是怎样?格莱特教授在沙漠中的构想很快变成了现实,经过 4 年的不懈努力,他领导的研究组终于在 1984 年研制成功了黑色金属粉末。实验表明,任何金属颗粒,当其尺寸在纳米量级时都呈黑色。第一块纳米固体材料(nanometer sized materials)就这样诞生了。

格莱特教授制备了铁、铜、铅、二氧化硅等纳米晶,开创了纳米材料领域的研究,从此,各种纳米材料层出不穷,纳米产品不断产生,纳米技术逐渐向人们的生产生活中渗透。

2. 纳米技术的应用

纳米技术对新世纪人类的生活带来了深远影响,纳米材料已经成为 21 世纪的代表材料。纳米材料的结构尺度介于宏观和微观之间,一些仅适用于宏观世界的物理定律因此失效,部分微观世界的物理学原理开始逐步发挥作用。一系列新的效应在纳米尺寸上开始显现,它们令纳米材料呈现出许多与传统材料不同的物理和化学特性:量子尺寸效应、表面效应、小尺寸效应、宏观量子隧道效应等等。这些特性使得纳米材料和传统材料相比具有很多优良特性,逐渐成为人类未来发展的新型材料。

虽然现在纳米技术在大部分领域仍然处于开发阶段,但是纳米材料已经在一些领域得到实际应用,例如信息领域的磁记录、光记录等,能源领域的纳米锂电池、纳米太阳能电池、纳米燃料电池、石油产品合成等,涂料领域的防腐、杀菌、环境美化等涂料,催化领域的纳米光催化等,军事领域的纳米机器人(图 4.5)、纳米侦察机(图 4.6)、纳米卫星系统、纳米导弹等,都用到了纳米材料;其他如环保、建筑、能源、电子和电器工业、精细化工、机械、医学、生物和医学、化纤和纺织等行业也都用到了纳米技术。尤其是在生物医学与化纤纺织两个行业,纳米技术和纳米材料的应用使得人类体力能力大大增强。[16]

图 4.5　纳米机器人

图 4.6　美国研制的纳米蜂鸟侦察机

1) 纳米技术与医学

纳米技术给医学带来了变革,使得人们能在分子水平上利用分子工具和对人体的认识从事疾病的诊断、预防与治疗。

纳米级粒子可以作为药物载体。药物要发挥作用,首先要透过人体的生物屏障进入病灶区。生物屏障就像一个过滤器,让需要的物质通过,而阻止毒素与病毒等危害人体的物质通过。生物屏障在阻止危害物质通过的同时,也阻止了潜在药物的通过。因此,很多药物在临床应用上受到限制。纳米技术可以解决这个难题。1nm 相当于 4～5 个原子排列起来的长度,许多化学和生物反应的过程均可以在纳米尺度的层面上发生。所以,纳米药物载体将使药物在人体内的传输更为方便。借助纳米药物载体,药物可以顺利穿过生物屏障,进入病灶区,主动搜索并攻击癌细胞或修补损伤组织,实现疾病的有效治疗。

纳米技术可以用于疾病诊断。癌症的早期检测和治疗非常重要,但是癌症患者早期症状不明显著,临床上缺乏良好的早期诊断和治疗方式。纳米颗粒体积小,具有特殊的物理化学特性,有望广泛地应用于肿瘤的早期诊断。显微镜技术的快速发展使得人们能够在纳米尺度上了解肿瘤细胞的形态和结构,通过寻找特异性的纳米结构来实现对肿瘤的早期诊断。

另外,在人工器官外面涂上纳米粒子可预防移植后的排异反应。现在的一些保健品、牙膏、药品、生物芯片、杀菌剂等生物和医学产品就是用纳米材料制成的。用纳米材料制作的骨骼、器官、牙齿也已经开始使用,并且有相当大的市场。[17]

纳米技术还可用于器官培育。2012 年,英国伦敦大学向人们展示了他们利用纳米材料培养人工器官的新技术。伦敦大学纳米技术与再生医学部门负责人亚历山大·塞法利恩表示,自己的实验室就像是一个"人体零件商店"。利用患者自身细胞可以培育耳朵、鼻子、气管和心脏瓣膜等组织和器官(图 4.7)。用人工培育的"零件"取代患者受损组织和器官是一种更为理想的治疗方式,无须等待合适的捐献者出现。在这里,科学家还首次为患者培育出人造鼻子。培育这些人造器官采用了一种创新性纳米高分子材料,这些高分子材料由数十亿个纳米等级分子构成,直径仅是人类头发的 4 万分之一。塞法利恩说:"这种纳米材料中有数千个小洞,人造器官在这里培育生长,最终将生长成为真实的鼻子等器官。当将这种人造鼻子植入患者身体时,并不是直接移植到患者的面部,而是放置在他们手臂皮肤之下的一个内置气球中,经过 4 个星期,皮肤和血管生长出来,在医师的监控之下,才将人造鼻子移植到患者面部。"随

图 4.7　伦敦大学教授亚历山大·塞法利恩和纳米培育人造耳朵

着这项技术的不断进步,器官捐献有望成为过去。这是全世界人类的福音。[18]

纳米材料所展现的优异性能使其在生物医学领域具有良好的应用前景,但纳米材料在生物医学中的应用研究尚处于初期阶段。目前缺乏对纳米材料生产、使用和转化等整个周期的了解,对进入人体内的纳米材料安全性研究还不够全面,缺乏标准化的纳米材料安全性评价程序[9]。如何建立健全纳米材料和纳米药物安全性的标准评价体系和检测方法,以及如何健全纳米生产企业的监督管理方法以保证生物和环境安全刻不容缓。

2)纳米技术与化纤纺织

纳米材料在化纤纺织行业的应用为人类身体提供了外部防护,使得类体质能力得到增强。2007 年,在美国康奈尔大学举办的一场时装展上,研究人员展出了一种"神奇外套",据说具有预防感冒的效果。这是一套具有金属色泽的外套和裙子,是世界上首套使用纳米粒子布料制成的服饰。这种布料一经推出,就吸引了成衣制造商、科研人员甚至军方实验室的注意。它的"闪光点"并非其设计多么前卫时髦,而是它的防菌本领。这款衣服看上去就是

由普通的棉料制成的,但是在它的布料里添加了一种纳米微粒,能够侦测并且"抓住"漂浮在空气中的病毒和病菌。衣服的兜帽、衣袖和口袋里还添加有独特的钯微粒,其功能与微型的排气净化器相似,能够分解有害的空气污染成分。因此在一定程度上可以达到隔绝病毒、预防感冒的神奇效果。这种神奇的外套是由康奈尔大学的设计师奥莉维亚·翁设计的,在康奈尔大学研究纤维科学的化学工程专家胡安·伊内斯特罗萨的大力帮助下制造成功。图 4.8 为模特们在展示神奇的预防感冒的外套。

图 4.8　模特们在展示预防感冒的外套

纳米材料还可用于制造防水衣服。传统材料由于其表面的化学组成和形态结构,具有湿润性的特性。研究人员从自然界中荷叶的疏水表面得到灵感,在织物表面附着一层纳米材料,这个纳米材料表面形成一层永久性的空气层,从而达到疏水效果。这种疏水衣物同传统衣服相比,不沾水,易于清洗,但是如果表面纳米层受到磨损,会导致防水功能下降。[16]

4.4.2　方法论——逆向思维

在格莱特教授提出并研究纳米材料的过程中用到了一种科学方法,那就是逆向思维方法。

1. 概念

逆向思维也叫求异思维,它是对司空见惯的、似乎已成定论的事物或观点反过来思考的一种思维方式。敢于"反其道而思之",让思维向对立面的方向发展,从问题的相反面深入地进行探索,这样的思维方式就是逆向思维。一般地,人们习惯于沿着事物发展的正方向去思考问题并寻求解决办法。其实,对于某些问题,尤其是一些特殊问题,从结论往回推,倒过来思考,从求解回到已知条件,或许会使问题简单化。[20,21]

格莱特教授没有被常规的思维方式所限制,跳出了以完整空间点阵结构的晶体为主体的惯性思维模式,反其道而行之,把传统观点里被视为晶体材料中的"缺陷"的部分看作主体,着手进行新材料的研制。正是这种反向思维方式,使得格莱特教授在纳米材料研究方面取得了巨大成果,首次研制出纳米固体材料,打开了纳米材料研究的大门。

2. 逆向思维方法分类

在描述逆向思维方法分类之前,先来看几个小故事。

（1）吸尘器的发明。

1901 年,英国土木工程师布斯去伦敦莱斯特广场的帝国音乐厅参观一种除尘器的示范表演。这种除尘器严格说应该叫吹尘器,是利用压缩空气产生的强大气流把尘埃吹入容器内。吹尘器除尘后,地面是干净了,可吹起的灰尘呛得人透不过气来。布斯认为此法并不高明,因为许多尘埃未能吹入容器。他由此联想,如果反其道而行之,"吸尘"是否可行呢? 布斯首先做了个很简单的试验:将一块手帕蒙在椅子扶手上,用口对着手帕吸气,结果手帕附上了一层灰尘。试验证明,吸尘是可行的,比起吹尘的方法更加高明。于时,他制成了吸尘器,用强力电泵把空气吸入软管,通过布袋将灰尘过滤掉。1901 年 8 月布斯取得专利,并成立了真空吸尘公司,但并不出售吸尘器。他把用汽油发动机驱动的真空泵装在马车上,上门服务,把三四条长长的软管从窗子伸进房间吸尘。我们今天使用的真空吸尘器就是根据这一原理设计的。

（2）送礼。

一个中国人移民到了美国,因为要打官司,就对其律师说:"我们是不是找个时间约法官出来坐一坐或者给他送点礼?"律师一听,大骇,说:"千万不可! 如果你向法官送礼,你的官司必败无疑。"中国人说:"怎么可能?"律师说:"你给法官送礼不正说明你理亏吗?"几天后,律师给他的当事人打电话:"我们的官司赢了。"中国人淡淡地说:"我早就知道了。"律师奇怪地问:"怎么可能呢?"中国人说:"我给法官送了礼。"那位律师差点跳了起来,惊呼:"不可能吧?!"中国人说:"我的确送了礼,不过我在邮寄单上写的是对方的名字。"

（3）金边凤尾裙。

一位裁缝吸烟时不小心掉下烟灰,将一条高档裙子烧了一个洞,使裙子变成了残品。裁缝为了挽回损失,凭借其高超的技艺,在裙子小洞的周围又挖了许多小洞,并精心饰以金边,然后,将其取名为"金边凤尾裙"。这款金边凤尾裙不但卖了好价钱,还一传十,十传百,风靡一时,生意十分红火。

上面的 3 个小故事实际上运用了三种逆向思维方法:反转型法、转换型法、缺点型法。

（1）反转型逆向思维法。

这种方法是指从已知事物的相反方向进行思考,产生发明构思的途径。这种方法常常从事物的功能、结构、因果关系等 3 个方面作反向思维。吸尘器的发明人布斯从吹尘的相反面考虑,因此发明了吸尘器,取得了成功;而格莱特教授也正是利用这一类逆向思维,纳米材料就是对晶体结构进行反转型思考,把"缺陷"看作主体而发明的新材料。

（2）转换型逆向思维法。

这是指在研究问题时,由于解决这一问题的手段受阻,而转换成另一种手段,或转换思考角度,以使问题顺利解决的思维方法。

上面的第二个故事"送礼"中,那个打赢官司的中国人就是运用了此类思考方法。如果自己给法官送礼会让法官觉得自己理亏,会输掉官司,那么,反过来,如果法官收到了自己对立方的礼物,那么法官肯定会认为对方理亏,利于自己打赢官司。于是,这个人以对方的名义给法官送了礼物,将法官拉到自己的阵营里。

"司马光砸缸"的故事实质上也是一个运用转换型逆向思维法的例子。面对儿童落入水缸的情景,常规的想法是如何想办法让落水者离开水（缸）。司马光不能通过爬进缸中救人的手段解决问题,于是他就转换为另一手段,运用逆向思维方法,砸缸救人,从而让水（缸）离开落水者,顺利地解决了问题。

(3) 缺点型逆向思维法。

这是一种利用事物的缺点,将缺点变为可利用的东西,化被动为主动,化不利为有利的思维方法。这种方法并不以克服事物的缺点为目的,相反,它是将缺点化弊为利,找到解决方法。

上面的第三个故事"金边凤尾裙"中,裁缝就是利用了缺点型逆向思维方式。高档裙子被烧了一个洞,其价值和美观都会大打折扣,但是聪明的裁缝并没有急着修补,因为他知道即使修补得再好,仍然难掩其痕迹。于是,他运用逆向思维的方法,既然怎样都无法掩盖这一缺点,那么不如大方地呈现出来。结果证明他是正确的,他发明的金边凤尾裙很受欢迎,不仅没有贬值,而且价值倍增。

日常生产生活中还有很多这样变废为宝的事例,都是逆向思维的产物。例如金属腐蚀是一种坏事,但人们利用金属腐蚀原理进行金属粉末的生产或进行电镀等,丰富了人们的生产和生活。

人们在日常生活中多采用正向的思维方式,可以说正向思维是人们的惯性思考方式。但是有时候,正向思维往往不能够有效地解决问题,这时候,就要我们换个方向来思考,也许会取得意想不到的效果。逆向思维可以使我们另辟蹊径,在别人不注意的地方有所建树,出奇制胜;逆向思维可以让我们在众多解决方案中找到最佳方法;逆向思维可能会使某些复杂问题简单化;逆向思维会使我们认识事物更加深刻,使一些难题迎刃而解。在科技的发展长河中,并不缺少这样的事例。上面格莱特教授提出纳米材料新构想是其中一个,法拉第通过磁效应,提出电磁感应定律,也是逆向思维方法的成功运用……当我们遇到解决不了的难题时,不妨运用逆向思维进行思考,也许这个难题就不再是难题了。在日常的学习、工作和生活中,有意识地培养自己进行逆向思维非常有意义。

4.5 生物免疫学与抗生素

4.5.1 生物免疫学——牛痘与天花

提到免疫,大家不会陌生,每个人的身体都有一套免疫系统,保护人们免受各种病毒的侵害。但是单单依靠人类自身的体质,并不能完全防护所有的病毒,很多人仍然因为病毒的侵袭离开这个世界。许多年来,生物学家和医生们一直致力于通过增强人体的免疫力来增强人类体质,抵制外部病毒侵袭,在这方面也取得了丰硕的成果。

世界上第一个对免疫学做出巨大贡献的人是英国的医生琴纳(图 4.9),他发明并推广牛痘疫苗,为防止天花蔓延做出了很多努力,被称为"免疫学之父"。[22-26]

现在的人已经很少得天花这种病了,但是在以前,天花病可以说是令人闻风丧胆,一旦得了天花病,很难治愈,轻者变成麻子,重者危及生命。尤其是 18 世纪的欧洲,天花病盛行,人口大量死亡,就连荷兰国王威廉二世、奥地利皇帝约瑟、法国国王路易十五以及俄国皇帝彼得二世等知名人物都未能幸免。如何防治天花病

图 4.9 爱德华·琴纳

成为当时世界各国的第一难题。这种情况直到英国医生爱德华·琴纳（Edward Jenner，1749—1823）发明牛痘接种才有所好转。

在琴纳没有发明牛痘疫苗以前，英国使用人痘接种术，办法是把天花病患者身上的脓以小刀拭在受种者的皮肤之下。受种者因为不是透过空气在肺部染病，因此多数只会出现轻微的天花症状。但这种天花接种有严重缺点：因为受种者是得了真正的天花病，因此还是有死亡的可能。而且受种者在完全产生抵抗力之前，会把天花传染给身旁没有抵抗力的家人，所以必须被隔离。

琴纳是英国一位非常有责任心的乡村医生，他看到许多人因为得天花而死去，感到非常的伤心，他发誓一定要想出一个好办法来对付这个病毒。

有一天，他去统计村里死于天花这个病毒的人数。他挨家挨户登记的时候，发现差不多每家都有被天花夺去生命的人，可是当他检查到一个奶牛厂时，看见了一个奇怪的现象：奶牛厂的挤奶姑娘竟没有一个死于天花或变成麻子的。这是怎么回事啊？通过调查发现，挤奶姑娘在挤奶的过程中，传染过牛身上轻微的天花，他还发现得过一次天花的人就不会再得天花，所以挤奶姑娘得过一次轻微的天花，就不会再得天花了。于是琴纳想到：牛痘和治疗天花很可能存在关系，得过牛痘的人都不会再得天花了，可能是因为在得过牛痘后，在人的身体里面产生了一种对天花的"免疫力"，使得人不会再次感染相同的疾病。那么用牛痘接种代替天花接种效果会更加理想。

琴纳为了证实自己的猜想，找到预防天花的方法，以顽强不息的精神潜心研究了20多年。最后终于发现：从牛身上获得的浓浆，接种到人的身上，会像挤奶姑娘那样得轻微天花，以后就不患天花了。

1796年5月，琴纳动手做了第一次牛痘接种实验。这天，琴纳的候诊室里一清早就聚集了很多好奇的人。屋子中间放着一张椅子，上面坐着一个8岁的男孩菲普士，正津津有味地吃着糖果。琴纳则在男孩身边走来走去，显得有些焦急不安，他正在等一个人。不久，一位包着手的女孩来了。她就是挤牛奶的姑娘尼姆斯，几天前她从奶牛身上感染了牛痘，手上长起了一个小脓疱。琴纳所等的人正是她，今天他要大胆地实施一个几十年日思梦想的计划了：他要把反应轻微的牛痘接种到健康人身上去预防天花。实验开始了。琴纳用一把小刀，在男孩左臂的皮肤上轻轻地划了一条小痕，然后从挤牛奶姑娘手上的痘痂里取出一点点淡黄色的脓浆，并把它接种到菲普士划破皮肤的地方（图4.10）。两天以后，男孩便感到有些不舒服，但很快地就好了，菲普士又照样活泼地与其他孩子们一起在街上嬉闹玩耍了。菲普士非常顺利地过了"牛痘关"。现在摆在琴纳面前最主要的事情是：证明菲普士今后再也不会传上天花。那就需要在菲普士身上接种真正的天花。如果菲普士身上接种真正的天花后仍然安全，那么目的就达到了，而牛

图4.10　爱德华·琴纳为儿童接种疫苗

痘的接种就是真正成功了！但是这个实验同样面临着巨大的风险,如果牛痘接种不成功,那么菲普士就面临着感染天花的风险,极有可能会失去年轻的生命,这是一件多么可怕的事情呀！终于,两个月后,决定性的时刻到来了。琴纳从天花病人身上取来了一点痘痂的脓液,接种在菲普士身上。接下来就是耐心的等待和观察。这是一段令人感到漫长和煎熬的时日。然而,一星期过去了,又一星期过去了。菲普士依然很健壮,结果证明琴纳的实验成功了。

在菲普士实验之后,琴纳并没有马上发表他的工作成果,而是又接着做了一批批试验,更进一步证实了牛痘预防天花的作用。琴纳这才彻底放下心来,决定把这一伟大的发现公之于众,让更多的人受益。

然而,事情没有那么顺利,一些真理在最初似乎总是会受到各种不公平的对待。在医学会的一次例会上,琴纳把自己深思已久的想法告诉同行。但是,没等琴纳把话说完,那些平素和琴纳关系极好的医生们突然都换下了友好的微笑,一个个用嘲笑来挖苦琴纳。当时一些非常愚昧的人甚至说种过牛痘疫苗的人会在身上长出牛毛,头上长出牛角(图4.11)。琴纳万万没有想到这样一个严肃的话题竟轻而易举地被埋葬在放肆的哄堂大笑中了。琴纳意识到,靠医学会的同行们合作,看来是指望不上了。

图 4.11　当时的人以为种过牛痘疫苗会长出牛角、牛毛(詹姆斯·吉尔雷绘于 1802 年)

琴纳并没有因为别人的讥笑而放弃自己的努力,他还是一如既往地进行研究,彻底贯彻了"走自己的路,让别人去说吧"的至理名言。找他接种的人也越来越多,他自己还摸索出了一套切实可行的技术措施,研究出了羽毛管保存育苗的好办法。1798 年,琴纳完成了《种牛痘的原因与效果的探讨》(*An Inquiry into the Causes and Effects of the Variolae Vaccinae, a Disease Known by the Name of Cow Pox*)一文,向全世界公布了他的发现和发明,并首次在书中使用了病毒(virus)一字,20 多年的心血和努力终于结出了硕果。

琴纳的理论经历了艰难曲折逐渐被人们承认了。开始是伦敦的一些开明医生试用牛痘接种,后来,欧洲、整个世界都接受了牛痘接种法。琴纳的努力终于得到了大众的认可,他的发明将拯救整个人类,他的名字也走进了千家万户,就连不可一世的拿破仑也称他为"伟人"。从那以后,凡是接种过牛痘的人就不会再得天花了。为了奖励琴纳对人类做出的伟大贡献,1802 年英国政府奖给他 1 万英镑的重金,1806 年又奖给他 2 万英镑,俄国皇帝还赠送给琴纳一个昂贵的宝石戒指,作为永久的纪念。后来为了纪念这位把人类从疾病的困苦中解救出来的乡村医生,英国中部的伯克利市为他建造了一座雕像。琴纳发明的牛痘接种法一直沿用了 200 多年。1979 年,世界卫生组织庄严宣布:天花作为一种传染病已经被人类消灭了。

琴纳由于其在免疫学方面的突出贡献,被后人尊称为"免疫学之父"。他领导众多的生物学家、医学家进入免疫研究的大门,开创了人类预防疾病的新篇章。爱德华·琴纳由于其突出成绩,被收录到美国应用物理学家、普林斯顿天文学博士迈克尔·H·哈特所著的 *The 100: A Ranking of the Most Influential Persons in History*(英文初版发行于 1978 年,中国中文版书名为《影响人类历史进程的 100 名人排行榜》)中,排名第 72 位。[24]

4.5.2　走自己的路,让别人说去吧

"走自己的路,让别人说去吧。"出自意大利著名文学家但丁的代表作长诗《神曲》。虽然说起来非常简单,但是实际做起来却非常困难,非有顽强意志和不屈斗争精神者不能做到。

爱德华·琴纳第一次使人类真正征服了一种疾病,把人类从天花的苦难中解救出来,受到了世人的尊敬。琴纳之所以取得成功,与其顽强的意志、勤奋不懈的努力、强大的自信心和敢于向传统和权威挑战的精神是分不开的,最重要的是他面对流言蜚语,勇敢地坚持了下来,真正做到了"走自己的路,让别人去说吧"。

当一个人做的事情得到周围所有人的支持和理解时,这件事做起来就会顺利很多,至少不会受到周围人的嘲笑和排挤,同时也会得到同行更多的帮助。但是,我们知道,琴纳在做牛痘接种试验的时候是不被理解的。当他把自己的想法严肃地告诉医学同行的时候,得到的不是鼓励和支持,而是嘲笑和讥讽。1797 年,琴纳将自己的试验研究结果写成论文送到皇家学会,却遭到了拒绝。皇家学会拒绝刊印琴纳的成果,他只好自费刊印了几百份。琴纳时刻都在承受着精神上的巨大压力,同行和教会联手围攻琴纳。当时医学界怀疑他的发现,有人报着敌视的态度写道:"我们不相信你这一套,我们是有根据的。"并将琴纳的发明称为"虚伪的预防"。更严重的威胁来自教会,教会里有人指责说"接触牲畜就是亵渎造物主的形象","接种天花乃是谎言"。新闻界也趁火打劫,有的记者写道:"你相信种牛痘的人不会长牛角吗?""谁能保证人体内部不发生使人逐渐退化成为走兽的变化呢?"报纸上出现了这样耸人听闻的消息:"某人的小孩开始像牛一样地咳嗽,而且浑身长满了毛。""某些人开始像公牛那样眼睛斜起来看了。"有些书上印着彩色插画来证明种牛痘的不幸。格洛斯特医学会的同行们则攻击他践踏了希波克拉底的《医生誓言》,要开除他的会员资格。教会则把他看作"魔鬼的化身",诅咒他应该下地狱。琴纳不仅承受着精神上的压力,还受到身体上的攻击。反对琴纳的人组织流氓无赖经常骚扰他的住宅,使得他生活不得安宁。面对这些可以把人逼疯的言论和攻击,琴纳淡然地回答道"走自己的路,让别人去说吧!"最终,琴纳的成功让他的名字走进千家万户。琴纳所享受的荣誉当之无愧。

试想,如果当时琴纳在舆论的压力下放弃牛痘接种试验的研究,选择顺应大众,那么不知何时才会有一位勇敢的科学家站出来,带领大家战胜天花这种疾病了。无数的人可能会因此而送命。所以,我们要感谢琴纳的勇敢与坚持。

几乎每一次新生事物的出现,都会遭到周围的怀疑和攻击。而当新事物获得认可时,无不在向我们昭示着"走自己的路,让别人去说吧"这句名言。在哥白尼刚刚提出"日心说"时,也遭到了"地心说"支持者的无情攻击,但是事实证明,"日心说"更加准确;在莱特兄弟发明飞机之前,人们一直坚信,任何比空气重的物体都不可能飞起来,现在飞机已经飞上蓝天;达尔文在提出进化论时,也是受到很多质疑;在弗莱明研究青霉素时,受到老师赖特的质疑……新事物的出现也许刚开始会不被接受,但是只要坚持走自己的路,最后总会成功。事实证明,成大事者,永远是那些敢于喊出自己声音、坚持走自己路的人,而那些人云亦云者注定与成功无缘。历史上很多有大成就者,都是一路披荆斩棘,经历无数磨难,始终在自己的道路上奋斗,不轻易放弃才最终取得成功的。

当然,"走自己的路,让别人去说吧",前提必须是有一定的事实依据,而不是空穴来风,胡乱猜想。琴纳通过研究挤牛奶姑娘不得天花以及不断试验才确定牛痘接种的可行性。如果发现方案或目标错了或有偏差,还坚持不改,那就不明智了。

4.5.3　青霉素

青霉素(penicillin,或音译为盘尼西林)是指分子中含有青霉烷、能破坏细菌的细胞壁并在细菌细胞的繁殖期起杀菌作用的一类抗生素,是由青霉菌中提炼出的抗生素。过去被认为是致命的一些疾病,如肺炎、梅毒、腹膜炎、破伤风等,在青霉素面前都迎刃而解。但每次使用青霉素前必须做皮试,以防过敏。青霉素是人类最早发现的抗生素,1928 年英国伦敦大学圣玛莉医学院(现属伦敦帝国学院)细菌学教授亚历山大·弗莱明(Alexander Fleming,1881—1955,图 4.12)在实验室中发现青霉菌具有杀菌作用,1939 年由牛津大学的恩斯特·伯利斯·柴恩(Sir Ernst Boris Chain,1906—1979)、霍华德·华特·弗洛里(Howard Walter Florey,1898—1968)领导的团队提炼出来。因此弗莱明、柴恩和弗洛里共同获得了1945 年诺贝尔生理医学奖(图 4.13)。[27]

图 4.12　亚历山大·弗莱明

图 4.13　因青霉素而获奖的三位科学家

1. 青霉素的发现和提取

在巴斯德发现并证实细菌微生物广泛存在并会随时入侵人体导致各种疾病以后,生物学家和医学家一直致力于找到一种抗菌物质,抵御细菌的侵袭,防止疾病的产生。弗莱明就是其中的一员,一战结束后,他一直在圣玛丽医院的实验室里默默无闻地从事这一研究。

1921 年,弗莱明患上了重感冒,不停地流鼻涕。在他培养一种新的黄色球菌时,他索性取了一点鼻腔粘液滴在固体培养基上。几天后,当弗莱明检查培养皿时,发现这些分泌物变成了一大团淡黄色的微生物。他在这些微生物当中加入少许稀薄鼻腔黏液,发生了令人意想不到的事情:培养基上遍布球菌的克隆群落,黏液所到之处的微生物都被杀死了,而稍远的一些地方,似乎出现了一种新的克隆群落,外观呈半透明如玻璃般。弗莱明一度认为这种新克隆是来自他鼻腔黏液中的新球菌,还开玩笑的取名为 A.F(他名字的缩写)球菌。而他的同事 Allison 则认为更可能是空气中的细菌污染所致。很快他们就发现,这所谓的新克隆根本不是一种什么新的细菌,而是由于细菌溶化所致。

1921 年 11 月 21 日,弗莱明的实验记录本上写下了"抗菌素"这个标题,并记录了三个培养基的情况。第一个即为加入了他鼻腔黏液的培养基,第二个则是培养的一种白色球菌,第三个的标签上则写着"空气"。第一个培养基重复了上面的结果,而后两个培养基中都长满了细菌克隆。弗莱明通过对比研究,得出明确结论,鼻腔黏液中含有抗菌素。随后弗莱明通过实验发现,几乎所有体液和分泌物中都含有抗菌素,不仅鼻涕中有,眼泪中有,唾液中有,人体的大部分组织和器官中都有,甚至指甲中也有,血液中包含更多,但通常汗水和尿液中没有。他还发现,鸡蛋和牛奶中也存在这种神奇的物质,但是热和蛋白沉淀剂都可破坏其抗菌功能。于是弗莱明得出一个结论:抗生素是一种分布极广的抗菌酵母,也许是动物细胞与生俱来的基本杀菌物。当他将结果向赖特汇报时,赖特建议将它称为溶菌酶,而最初的那种细菌如今被称为滕黄微球菌。在此研究基础上,1922 年 2 月 13 日,弗莱明完成了一份题为《皮肤组织和分泌物中所发现的奇特细菌》的报告,这意味着弗莱明已经发明了抗生素。

从 1922 年开始弗莱明一直在研究抗生素,一直到 1928 年,他有了新的发现。1928 年夏天,弗莱明在培植葡萄球菌。在一个湿热的早上,弗莱明像往常一样,准时走进圣玛丽医院的实验室。当打开培植葡萄球菌的玻璃器皿时,他发现器皿的边缘产生了灰绿色的霉菌层,而他要培植的葡萄球菌已经死亡腐烂。这种情况在实验时经常发生,但是这一次弗莱明没有和往常一样,清洗掉器皿边缘的霉菌,而是对其进行了观察,他发现,当培养基的整个平面被葡萄球菌布满时,霉菌周围却没有这种细菌。弗莱明猜想是霉菌阻止了细菌的蔓延,也就是说霉菌可以杀死细菌。为了证实自己的猜想,他又进行了重复试验,结果证明他的猜想是正确的。弗莱明感到非常兴奋,这种霉菌既然可以杀死细菌,那么是否可以用于人类疾病的治疗呢? 它会不会对人体有害呢? 弗莱明开始在动物身上进行实验。他先后在兔子和白鼠身上做了实验,结果非常理想:这种物质可以杀死细菌,且对人体无害。

弗莱明终于找到了同行们一直在寻找的东西。因为这种霉菌外表看起来像毛刷,所以弗莱明称之它为盘尼西林(penicillin),意为"有细毛的东西",又因为它是由青霉菌产生出来的,又称之为"青霉素"。

接下来,弗莱明一直想要提取出青霉素,制成"治疗剂",体现这一研究成果的实际价值。

但是他的行为遭到了老师莱特的怀疑,政府也不支持。当他向英国政府申请研究助手,寻求经济帮助时,遭到了拒绝。在缺乏人力物力的情况下,弗莱明不得不暂时停止自己的研究工作,只好把当时为止所有的研究成果发表在一篇概括性文章里面:《关于霉菌培养的杀菌作用》。正是这篇论文最终使其获得诺贝尔奖。

在弗莱明发现盘尼西林10年之后,分离青霉素的工作被再次拾起。1939年,法国微生物学家杜伯克分离出最早的抗生素短杆菌素(又名杜伯克霉),尽管其抗菌作用微小,但这一发现让人们对弗莱明的研究成果重新有了兴趣。与此同时,牛津大学的哈维教授和柴恩博士运用"冷冻干燥法"成功地析出青霉素。后来通过不断试验,终于证明了青霉素的神奇疗效。之后,青霉素开始源源不断地进入医院,使许多致命的疾病得到治疗,挽救了无数的生命。第二次世界大战期间,青霉素发挥了非常重要的作用,使无数的伤者及时得到救助,生命得以延续。当时的人们创作了许多感谢青霉素的插画(见图4.14和图4.15)。

图 4.14 二战青霉素宣传画

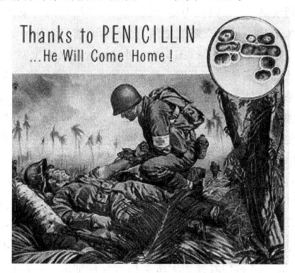
图 4.15 二战宣传画《感谢青霉素》

现在,已有数千种不同的抗生素进入了人类的视野,人们已经记不清这些抗生素都是谁发现的,但是载入人类科技发展史册的是:青霉素是人类发现的第一种抗生素,它的发现者是亚历山大·弗莱明。

2. 对照试验方法

从弗莱明研究造成培养皿奇怪现象的实验中,我们可以学到一种科学方法,那就是对比(相互对照)实验方法。对比实验方法是对照实验方法中的一种特殊方法。下面先来看一下什么是对照实验方法。

对照实验是在实验中设置比较对象的一种科学方法。为了阐明一定因素对一个对象的影响、效应或意义,减少实验中不确定的变量带来的影响,人们在实验时,除了要研究的因素或操作处理外,其他因素都保持一致,而将不同实验结果进行比较。使用对照实验可以增强实验的可信度。

通常,一个对照实验分为实验组和对照组。实验组是接受实验变量处理的对象组;对照组也称控制组,对实验假设而言,是不接受实验变量处理的对象组,至于哪个作为实验组,哪个作为对照组,一般是随机决定的,这样从理论上说,由于实验组与对照组无关变量影响是相等、平衡的,故实验组与对照组两者的差异则可认定为是来自实验变量的效果,这样实验结果是可信的。

一般,对照实验方法可以分为 4 类。[28]

(1) 空白对照实验法。

空白对照是指不做任何实验处理的对象组。例如,在"催化酶具有催化作用验证"的实验中,在保持其他条件不变的情况下,向甲试管溶液加入催化酶,而乙试管溶液不加,放在一起比较它们的变化。这样,甲为实验组,乙为对照组,且乙为典型的空白对照。空白对照能明白地对比和衬托出实验的变化和结果,增强了说服力。

(2) 自身对照实验法。

自身对照是指实验与对照在同一对象上进行,即不另设对照组。单组法和轮组法一般都包含有自身对照。如"植物细胞质壁分离和复原"实验,就是典型的自身对照。自身对照方法简便,关键是要看清楚实验处理前后现象变化的差异,实验处理前的对象状况为对照组,实验处理后的对象变化则为实验组。

(3) 条件对照实验法。

条件对照是指虽给对象施以某种实验处理,但这种处理是作为对照意义的,或者说这种处理不是实验假设所给定的实验变量意义的。例如,"甲状腺激素能促进动物的生长发育"实验,甲组饲喂甲状腺激素,乙组则饲喂生理盐水。显然甲组为实验组,乙组为条件对照组。

(4) 相互对照(对比)实验法。

相互对照(对比)是指不另设对照组,而是几个组均为实验组(或互为实验组和对照组),相互对比对照,通过对比结果的比较分析来探究各种因素与实验对象的关系。它是对照实验的一种特殊形式,在等组实验法中,大多是运用对照。相互对照实验的每个实验组相互对照,较好地平衡和抵消了无关变量的影响,使实验结果更具有说服力。

显然,弗莱明所用的实验方法就是对比实验方法。他做了 3 个培养有葡萄球菌的培养基,一个加鼻腔黏液,一个加白色球菌,一个是空气。三者相互比较,通过实验结果观察影响葡萄球菌生长的真正因素。

对照实验是科学研究常用的一种实验方法,在生物学、医学、农学、心理学和教育学等各领域有非常广泛的应用,通过对比实验的结果,我们可以较为容易地发现想要研究的因素对实验的作用,从而为科学的研究提供事实依据和直接证据。

4.5.4　青蒿素

1967 年美国与越南正处于战火之中。当时中南半岛疟疾肆虐,越南政府向我国求援,毛泽东主席和周恩来总理应越南的要求,也考虑中国南方存在的疟疾问题,开展了全国性抗疟研究计划"523 任务":仿造西药或制造衍生物,从中药中寻找抗疟药,制造驱蚊剂等。1969 年,中国中医研究院接受抗疟药研究任务,屠呦呦任科技组组长。

1969 年 1 月开始,屠呦呦(图 4.16)领导课题组从系统收集整理历代医籍、本草、民间方药入手,在收集 2000 余方药基础上,编写了 640 种药物为主的《抗疟单验方集》,对其中的200 多种中药开展实验研究,历经 380 多次失败,利用现代医学和方法进行分析研究,不断改

进提取方法,终于在 1971 年利用青蒿素抗疟成功。1972 年,屠呦呦和她的同事在青蒿中提取到了一种分子式为 $C_{15}H_{22}O_5$ 的无色结晶体,一种熔点为 $156\sim157℃$ 的活性成分,他们将这种无色的结晶体物质命名为青蒿素。青蒿素为具有"高效、速效、低毒"优点的新结构类型抗疟药,对各型疟疾特别是抗性疟有特效。1979 年获"国家发明奖"。[29,30]

图 4.16　屠呦呦

屠呦呦,女,药学家。1930 年生于浙江宁波,1951 年考入北京大学,在医学院药学系生药专业学习。屠呦呦多年从事中药和中西药结合研究,突出贡献是创制新型抗疟药青蒿素和双氢青蒿素。1972 年成功提取到了一种分子式为 $C_{15}H_{22}O_5$ 的无色结晶体,命名为青蒿素。2011 年 9 月,因为发现青蒿素——一种用于治疗疟疾的药物,挽救了全球特别是发展中国家的数百万人的生命获得拉斯克奖和葛兰素史克中国研发中心"生命科学杰出成就奖"。2015 年 10 月,屠呦呦获得诺贝尔生理学或医学奖,理由是她发现了青蒿素,这种药品可以有效降低疟疾患者的死亡率。她成为首获科学类诺贝尔奖的中国人。

2015 年 12 月 7 日,屠呦呦在卡罗琳医学院诺贝尔大厅用中文做了题为《青蒿素的发现——中国传统医学对世界的礼物》的演讲。其中提到了发现青蒿素的过程及其方法论,主要可以概括为如下几个方面:目标明确、跨学科学习、准确分析信息和坚持不懈。

(1)目标明确、坚持信念是成功的前提。1969 年,她被指令负责并组建"523"项目课题组,承担抗疟中药的研发。对于一个年轻科研人员,有机会接受如此重任,深感责任重大,任务艰巨。她决心不辱使命,努力拼搏,尽全力完成任务!

(2)学科交叉为研究发现成功提供了准备。从 1959 年到 1962 年,她参加西医学习中医班,系统学习了中医药知识,并得到著名生药学家楼之岑的指导。化学家路易·帕斯特说过"机会垂青有准备的人"。当抗疟项目给她机遇的时候,西医药理论为她从事青蒿素研究提供了良好的准备。

(3)信息收集、准确解析是研究发现成功的基础。接受任务后,她收集整理历代中医药典籍,走访名老中医并收集防治疟疾的方剂和中药、同时调阅大量民间方药。在汇集了包括植物、动物、矿物等 2000 余内服、外用方药的基础上,编写了以 640 种中药为主的《疟疾单验方集》。正是这些信息的收集和解析铸就了青蒿素发现的基础,也是中药新药研究有别于一般植物药研发的地方。

(4)关键的文献启示。当年面临研究困境时,她又重新温习中医古籍,进一步思考东晋葛洪《肘后备急方》中有关"青蒿一握,以水二升渍,绞取汁,尽服之"的记载。这使她联想到提取过程可能需要避免高温,由此改用低沸点溶剂的提取方法。

(5)在困境面前需要坚持不懈。20 世纪 70 年代中国的科研条件比较差,由于缺乏通风设备,又接触大量有机溶剂,导致一些科研人员的身体健康受到了影响。为了尽快进入临床,在动物安全性评价的基础上,她和科研团队成员自身服用青蒿素有效部位提取物,以确保临床病人的安全。当青蒿素片剂临床试用效果不理想时,经过努力坚持,深入探究原因,最终查明是崩解度的问题。改用青蒿素单体胶囊,从而及时证实了青蒿素的抗疟疗效。

4.6　方　法　论

科学技术已经和正在改变我们的生活。通过对科技史的了解和学习,我们可以看到科学家和实干家在发明和创造的过程中所用到的各种方法和所表现出的高贵精神。虽然有的科学家已离我们而去,但是他们的方法和精神传承了下来,默默影响着后人,激励和引领后人勇攀科技高峰。在本节中将探讨科学家们所使用的方法。

4.6.1　观察方法

加凡尼偶然发现与青蛙腿连接的钳子和镊子可以让青蛙腿发生痉挛,最终发现了可持续的电流;法拉第在试验时无意间发现带电的导线在接通电流的一瞬间,靠近导线的带磁的指针会发生偏转,最终发现了电磁感应;伦琴发现阴极管射线使密封的底片曝光,最终发现了 X 射线。从以上几个例子可以看出几个共同点:①都存在偶然因素;②都被科学家们敏锐地注意到;③都取得了重大的发现。其中最重要的是科学家们能够观察到这些不同寻常之处,为开辟一片新天地而奠定基础。在此就先来讲讲观察这种方法。

观察就是指人们通过感官或借助于仪器,有目的、有计划地感知和描述研究对象,从而获取科学事实或规律的一种科研方法。根据观察的手段和方法不同,可分为直接观察和间接观察。直接观察,即凭借人的感官直接感知研究对象,而不借助于仪器。其优点是:运用方便,干扰最少,比使用仪器更具有直接的现实性。其缺点是:对于高难度的研究对象,在一定条件下要受到感官能力的限制。间接观察,也叫仪器观察,是人们借助于仪器或其他技术手段间接地从外部获取感性材料的一种方法。它在现代科学发现活动中显得尤为重要。其优点是:扩展延伸了人类的感官,扩大了感知的范围和种类,提高了观察的精确度和反应能力,使人们对于自然界的认识能力得到了很大的提高。其缺点是:由于仪器本身的复杂性和干扰性,易带来一些认识上的错觉和误会。根据观察的性质和内容可以分为质的观察和量的观察。质的观察,亦称性质观察,是考察事物具有或不具有某种属性和特征以及与其他事物是否具有何种性质联系的一种观察方法。量的观察,即对研究对象的某些性质和特征进行数量描述和测定的一种观察方法。观察是收集科学事实、形成科学认识的基础,也是检验假说和理论的重要标准。[14]

奥古斯特·罗丹说过:"世界上并不缺少美,只是缺少发现美的眼睛。"这说明观察的重要性,对于一个不善于观察的人,即使机会就在眼前也会错过;而对于善于观察的人,能够敏锐捕捉一切不同之处。科学也是一样,需要一双敏锐的眼睛,保持一种严谨的科学态度,洞察所有不同之处,从细微之处入手开辟一片新天地。

4.6.2 继承与发扬方法

正是在法国物理学家丹尼斯·巴本的第一台蒸汽机模型、萨缪尔·莫兰建造的蒸汽机、托马斯·塞维利和托马斯·纽科门的早期工业蒸汽机的基础上进行改进,瓦特完成了对蒸汽机的发明和完善。

正是在伦琴发现 X 射线、居里夫妇发现放射性元素、卢瑟福发现元素的嬗变、爱因斯坦提出智能转换方程以及德国科学家奥托·哈恩用中子轰击原子核发生的核裂变现象的基础之上,原子核能得以发现和利用。

正是在英国化学家戴维、美国人亨利·戈培尔、英国人约瑟夫·威尔森·斯旺等人研制电灯的基础上,爱迪生使用钨丝替换碳丝,完成了对白炽灯的改进。

……

可以发现,科学的发展不是一个人在封闭的实验室里独立钻研的结果,而是一种历史的、开放性的发展,这种发展就是继承与发扬。继承的方法(又称历史方法)已经在科技社会必不可少并且越来越重要。

牛顿曾经说过:"如果说我看得远,那是因为我站在巨人的肩上。"这句话体现了历史的方法对于科学的作用。历史方法(继承方法)是按照客观对象在发展过程中所经历的不同的具体阶段、具体形态和具体过程来制定的理论体系,从而反映对象的本质及发展规律的一种方法。任何事物,其发展过程中都有其内在规律。历史事件的参与者要么直接希求的不是已成之事,要么这已成之事能够引起完全不同的未预见到的后果。就历史事件的发展来看,总是由简单的东西过渡到比较复杂的东西,简单的东西是复杂的东西形成的前提条件,或简单的东西往往以复杂的东西中的组成成分和要素的面目出现,或者简单的东西以成熟的形式成为复杂的东西。简单的东西最初总表现为某种征兆、胚胎或萌芽的状态,只有在事件的历史发展进入到一定阶段的时候,它们才获得充分的成熟的形式。人类思维只能随着实践水平的提高,逐步深入地接近客观事件的历史发展。

可以看出任何科学的发展都遵循历史的规律,因此历史方法对于科学研究和发现具有重要的意义。但是在科学研究中,我们必须了解历史方法的特征,更要注重历史方法和逻辑方法(又称发扬的方法)的统一。首先,历史方法必须按照一定的时间顺序追踪客观对象的全过程,要把握历史的东西,不能离开时间的先后关系,它不允许有任何跳跃、超越,也不允许有任何颠倒,它必须遵循时间的顺序性和不可逆性,它关注的是历史过程自身的连续性。其次,历史方法必须详细了解客观对象发展过程中的大量丰富的内容,尽可能地反映全部具体实在。最后,历史方法的实质并非单纯地描述具体事件中的事或人,而是通过这些描述,去发现和说明具体事件中的人或事的活动规律,了解隐藏在偶然性背后的必然性。为了全面地反映事物的发展,以揭示事物的本质,我们在对事物的认识中必须运用历史和逻辑统一的方法。历史与逻辑的关系是客观与主观、实践和理论的辩证关系,其中,历史是第一性的,是逻辑的基础;逻辑是第二性的,是由历史所派生的。在历史过程中,只有掌握其中的逻辑联系才能认识历史发展规律。

总的来说,历史方法反映了科学技术的发展规律,每一次科学技术的进步都是在前人的基础上进行的。历史方法告诉我们不仅要了解历史过程,而且要对历史过程进行更进一步的发展和创新。

4.7　本章小结

本章主要描述了人类体力能力的模拟和方法论,通过对动力的发展变化、航天工程的发展和人类照明发展史的介绍,呈现了人类在动力、光能等方面的科学技术进步的例子。然后探讨了科学家们所常用到的宏观的科学方法,包括观察方法、继承与发扬方法,通过方法论的学习,我们可以从中有所感悟和启发,并在以后的学习和工作中使其为我们所用。

参 考 文 献

[1] 国内外风力发电新技术与风电政策设计. http://www.docin.com/p-64611121.html.

[2] 唐远志. 曲折的蒸汽机早期探索之路(上)[J]. 知识就是力量. 2011(4):48-50.

[3] 西门子的智慧工业之路. 信息化观察. 2011(1):51-54.

[4] 刘玉磊. 瓦特[M]. 北京:中国社会出版社,2012.

[5] 赵喜臣. 法拉第[M]. 北京:中国社会出版社,2012.

[6] 李静. 能源的故事[J]. 法语学习,2011(3):40-45.

[7] 切尔诺贝利的今天:巨型穹顶覆盖反应堆残骸. 科学探索.
    http://blog.sina.com.cn/s/blog_867586ac01015257.html.

[8] 维基百科. 爱因斯坦. https://zh.wikipedia.org/wiki/爱因斯坦.

[9] 艾萨克森. 爱因斯坦传[M]. 张卜天,译. 长沙:湖南科技出版社,2012.

[10] 朱毅麟. 万虎遗愿终须偿(上)[J]. 国际太空,2001(6):7-8.

[11] 武际可. 人类飞起来前后——力学史杂谈之十五[J]. 力学与实践,2003,25(6):76-80.

[12] 朱庭光,秦晓鹰,孙耀文. 外国历史名人传[M]. 北京:中国社会科学出版社;重庆:重庆出版社,1984.

[13] 维基百科. 阿波罗登月计划阴谋论. https://zh.wikipedia.org/wiki/阿波罗登月计划阴谋论.

[14] 王晖,宓文湛. 科学研究方法论[M]. 上海:上海财经大学出版社,2004.

[15] 姜山,鞠思婷,等. 纳米[M]. 北京:科学普及出版社,2013.

[16] 李星国. 纳米材料研究及其应用. 第三届功能性纺织品及纳米技术应用研讨会,2003.

[17] 新华每日电讯. 纳米材料培育人造器官. http://news.xinhuanet.com/mrdx/2012-05/11/c_131581924.htm.

[18] 周国强,谷广其,王文颖,等. 纳米材料在生物医学中的应用[J]. 河北大学学报(自然科学版),2012,
    32(2):218-224.

[19] 王英泽,黄奔,吕娟,等. 纳米技术在生物医学领域的研究现状[J]. 生物物理学报,2009,25(3):
    168-174.

[20] 互动百科. 逆向思维. http://www.baike.com/wiki/逆向思维.

[21] 百度百科. 逆向思维. http://baike.baidu.com/view/1111.htm.

[22] 互动百科. 爱德华·琴纳. http://www.baike.com/wiki/爱德华·琴纳.

[23] 百度百科. 爱德华·琴纳. http://baike.baidu.com/link? url=fAYqo2fdoKCuezem_keAGQ00ugS3QW7OGjn-
    Ykympg8r-jsEZbAOwjm-Kv97l34xX.

[24] 张大可,贾东瀛. 影响世界历史100名人[M]. 重庆:重庆出版社,2008.

[25] 王晓梅,张晶. 不可不知的2000个中外名人[M]. 北京:中央编译出版社,2008.

［26］维基百科. 牛痘. http：//zh. wikipedia. org/wiki/牛痘.

［27］百度百科. 亚历山大·弗莱明. http：//baike. baidu. com/view/53615. htm.

［28］百度百科. 对照实验. http：//baike. baidu. com/view/985500. htm.

［29］青蒿研究协作组. 抗疟新药青蒿素的研究［J］. 药学通报，1979，14 (2)：49-53.

［30］中国科学院生物物理研究所青蒿素协作组. 青蒿素的晶体结构及其绝对构型［J］. 中国科学，
     1979(11)：1114-1128.

［31］http：//www. nature. com/nphoton/journal/vaop/ncurrent/full/nphoton. 2015. 105. html.

［32］http：//www. newscientist. com/article/mg22630235. 400-spacecraft-built-from-graphene-could-run-on-nothing-
     but-sunlight. html.

思 考 题

1. 描述能源动力发展过程中的主要科技事件。
2. 举例说明逆向思维方法。
3. 描述爱德华·琴纳的科技贡献。
4. 谈谈你是如何理解继承与发扬方法的。

第 5 章　人类智力能力的模拟及方法论

本章学习目标

- 了解数学萌芽时期和初等数学时期的重要事件。
- 了解近代和现代数学时期的重要事件及方法论。
- 了解机器智能的发展及其方法论。

随着社会的不断进步与发展,人类社会在对人的体质能力模拟和体力能力模拟的同时,也不断地对人的智力能力进行模拟。随着越来越多的智能模拟产品出现,智力模拟展现出越来越强大的生命力和活力。本章从数学和机器智能两个方向的发展来说明人类智力能力模拟的发展历史。

5.1　数学的发展史

数学作为一门基础学科,对于其他任何一门自然学科的发展都有十分重要的作用,特别是对物理学和计算机科学的发展有着特殊的意义,在人类的科学技术不断取得进步的时候,数学的作用愈加凸显。数学体现了人类智力能力模拟的能力。如果要对人类智力能力进行模拟,就必须真正认识数学这一学科,而数学的发展史就是一部人类智力的发展史。在此先学习数学的发展历史。

5.1.1　数学萌芽时期

数学的萌芽时期相当漫长,跨越了原始社会和奴隶社会。根据目前考古学的成果,数学的萌芽可以追溯到几十万年以前,这一时期可以分为两个阶段,一是史前时期,从几十万年前到公元前约五千年;二是从公元前约五千年到公元前约 600 年。数学萌芽时期的特点是人类在长期的生产实践中积累了丰富的有关数和形的感性知识。人们逐步形成了数的概念,并初步掌握了数的运算方法,积累了一些数学知识。由于丈量土地和观测天文的需要,几何知识初步兴起,但是这些知识只是零碎的片段,缺乏逻辑关系,人类对数学只是感性的认识,还不存在理性的认识。

在史前,人类就已尝试用自然的法则来衡量物质的多少、时间的长短等抽象的数量关系,

如时间——年、月、日、时等。算术(加减乘除)也自然而然地产生了。古代的石碑亦证实了当时人类已经掌握了一定的几何知识。已知最古老的数学工具是发现于斯威士兰列朋波山的列朋波骨,它大约是公元前35 000年的遗物。它是一支狒狒的腓骨,上面被刻意切割出29个不同的缺口,使用其计数妇女数量及妇女的月经周期。相似的文物也在非洲和法国被发现,大约有35 000至20 000年之久,都与量化时间有关。伊香苟骨发现于尼罗河源头之一的爱德华湖西北岸伊香苟地区(位于刚果共和国东北部),距今大约有20 000年,上面刻了三组一系列的条纹符号。对此符号常见的解释是已知最早的质数序列,亦有人认为是代表六个阴历月的记录。其他地区亦发现不同的史前计数系统,如符木或印加帝国内用来储存数据的奇普。

在几何学方面,公元前五千年的古埃及前王朝时期就已出现用图画表示的几何图案。在大约公元前三千年的英格兰和苏格兰地区的巨石文化遗址中也发现融入了几何观念的设计,包括圆形、椭圆形和毕达哥拉斯三元数。从数学萌芽的开始,数学的主要用途是做税务和贸易等相关计算,了解数字间的关系,测量土地以及预测天文事件。这些需要可以简单地概括为对数量、结构、空间及时间方面的研究。

人类进入奴隶社会以后,数学得到进一步发展,位于黄河流域的古中国、尼罗河下游的古埃及、幼发拉底河和底格里斯河的巴比伦国与恒河流域的古印度都对数学的发展起到了重要的作用。这些国家在农业发展基础上逐渐掌握了一些数学知识,很多数学问题都建立在农业测量需要之上,人类逐渐开始形成最初的数学概念,如自然数、分数;掌握了最简单的几何图形,如正方形、矩形、三角形、圆形等,一些简单的数学计算知识也开始产生,如数的符号、记数方法、计算方法等等。

古埃及人在一种用纸莎草压制成的草片上书写,我们对于古埃及数学的了解主要是依据两部纸草书——莱因德纸草书和莫斯科纸草书。古埃及采用的是十进制的记数法。在古埃及,尼罗河水定期泛滥。人们经过长期的观察发现,天狼星和太阳同时出现,就是尼罗河洪水将至的征兆,而且这种现象每365天出现一次。于是古埃及人根据这一发现制定了年历,规定365天为一年。因此数学被用到了天文学,而且远远不止如此。在尼罗河泛滥后要对土地进行重新测量,这些几何问题涉及田地的面积、谷仓的容积和有关金字塔的简易计算法,这使得古埃及几何学得以起源和发展。[1]根据现在的测量结果发现,公元前两千多年的古埃及金字塔的计算误差都很小,这说明古埃及已具有较高的数学水平。莱因德纸草书主体由84个问题组成,莫斯科纸草书包含25个问题,这些问题大部分来自现实生活,是古埃及人在生活中必须解决的问题,因此书中并没有出现对公式、定理、证明的理论推导,数学依然处于感性层面,但这为迎接理性数学的到来奠定了基础。

对于古巴比伦数学的了解主要根据巴比伦泥板。在所有发现的泥板中,有300块是数学文献,200块是数学计算表。从这些数学泥板中可以发现,古巴比伦已经开始使用六十进制记数法,并出现了六十进制的分数。用与整数同样的法则进行计算。[1]而且古巴比伦已经有了关于倒数、乘法、平方、立方、平方根、立方根的数表。借助于倒数表,除法常转化为乘法进行计算。巴比伦数学具有算术和代数的特征,几何只是表达代数问题的一种方法,同样还没有产生数学的理论概念。

中国历史悠久,发掘出来的大量石器、陶器、青铜器、龟甲以及兽骨上面的图形和铭文表明：几何观念远在旧石器时代就已经在中国逐步形成。早在五六千年前，古中国就有了数学符号，到三千多年前的商朝，刻在甲骨或陶器上的数字已十分常见。这时，自然数记数都采用了十进位制。甲骨文中就有从一到十再到百、千、万的十三个记数单位。这说明古中国也形成了数学的基本概念。

萌芽时期是最初的数学知识积累时期，是数学发展过程中的渐变阶段。这一时期的数学知识是零散的、初步的、非系统的，但是这是数学发展史的源头，为数学后续的发展奠定了基础。

5.1.2　初等数学时期

公元前 600 年至 17 世纪中叶是数学发展的第二阶段，数学在这一时期得到了巨大的发展。这一时期开始阶段的数学以希腊数学为代表，希腊数学汇集了巴比伦精湛的算术和埃及神奇的几何学，成为当时欧洲最先创造文明的地区。随着罗马帝国征服了希腊并摧毁了希腊的文化，数学发展的中心转移到了东方的中国、印度和阿拉伯国家。

毫无争议，泰勒斯（Thales）是这一时期数学的开山鼻祖。[2]他学得了两大文明的数学知识。他学会了埃及人用几何技术测量距离的方法和用小块农田计算面积的方法，另外他还学会了巴比伦人的天文学和六十进制记数系统的使用方法。这使得他有很好的数学基础。他认为一些数学结论之所以正确，并不仅仅因为它们与人们的生活经验相符合，其中必然还有更深刻的原因。泰勒斯为此探索出了一整套基本理论和基本逻辑来帮助他的研究，使他能够以这些理论为基础，从其中推演出所有的数学定理和规则，他称这些基本理论为公理和公设。通过一定的逻辑上的论证，能够从这些公理和公设中得到一些特殊结论，这些特殊结论称定理，而这个逻辑推理过程则称为证明。泰勒斯证明了 5 个定理，这 5 个定理都与圆和三角的几何特性相关：①任何一条通过圆心的直线都将圆分割成面积相等的两部分，也就是"直径平分圆"；②如果一个三角形的两条边长度相等，那么与两条边相对的两个角的角度也相等。也就是"等腰三角形的底角相等"；③如果两条直线相交，那么其中任意两个相对的角相等，也就是"两直线相交，其对角相等"；④如果三角形的三个顶角（即角的顶点）都在一个圆上，同时三角形其中的一条边恰好是圆的直径，那么这个三角形就是直角三角形，也就是"对半圆的圆周角是直角"；⑤如果一个三角形中的两个角和这两个角中间的那条边与另一个三角形中相应的两个角和一条边相等，那么这两个三角形是全等三角形，这就是判断全等三角形的"角边角定理"。虽然古埃及、古巴比伦人也许早已知道这几个结论，但是没有系统的说明和证明，是泰勒斯把它们整理成一般性的命题，论证了它们的严格性，并在实践中广泛应用。泰勒斯最早提出"数学定理必须证明"的观点，这一观点对重新定义数学的本质产生了深远的影响。在科学上，他倡导理性，不满足于直观的、感性的、特殊的认识，崇尚抽象的、理性的、一般的知识。数学从此从感性走向了理性。

在泰勒斯之后便是毕达哥拉斯，毕达哥拉斯是古希腊的数学家和宗教领袖，他对数学的研究早已超越了命理学的范畴，拓展到了数论这一分支。[2]他还发现了一些构成音乐理论基础的数学比例，并且认为这样的比例在天文学中同样存在。他还给出了毕达哥拉斯定理的最早的证明，根据这个定理又发现了无理数。在他之前人们只知道 3 种正多面体：正四面体、正六面体和正十二面体，他发现了另外两种正多面体：正八面体和正二十面体，并且证

明不可能再有别的正多面体。

随后数学发展中心由希腊转移到了亚历山大里亚,这一时期有很多水平很高的数学书稿问世并一直流传到现在。[2]欧几里得写出了著作《几何原本》,它是平面几何、比例论、数论、无量理论、立体几何的集大成者,第一次把几何学建立为演绎体系,成为数学史和思想史上一部划时代的名著。欧几里得创立的理论思想确立了几何学研究的基本框架,这一理论框架一直沿用了两千多年,直到19世纪人们才发现一个与欧几里得几何学相矛盾的结论,随后才开始发展现在的非欧几里得几何学。由于他的著作长期在几何学的学习和研究中占据着支配地位,因此被人们尊称为"几何学之父"。

之后的阿基米德对应用数学知识来解决实际问题以及发展新的数学思想产生了浓厚的兴趣。他采用内结合外切多边形的方法求圆周率的近似值,可以精确到小数点后面的4位,他在《圆的度量》这本书中介绍了这个方法和得到的结果,此后18世纪的数学家们一直都利用这个方法计算圆周率。他还利用穷竭法估算周长、面积和体积,利用现在称为"阿基米德螺旋"的曲线来确定切线,这使他离发现18世纪才被发现的微积分只有咫尺之遥,给很小和很大的数带来了崭新的方法。但是这位伟大的数学家却死于战争。公元前212年,阿基米德75岁,罗马军队占领叙拉古城,阿基米德由于在试图解决一个数学问题而没有参加庆祝,被一个罗马士兵用长矛杀害。他是一个富有创意的问题解决者,他一生中几乎解决了当时数学界无法回答的所有的主要问题。数学家们将他和牛顿、高斯一起并称为3位贡献最大的数学家,他们与欧拉一起并称为4位最伟大的数学家。[2]

随着罗马帝国摧毁了希腊,希腊的文化开始走向灭亡。虽然这时候希腊数学开始没落,但是也出现了一批杰出的数学家,像海伦、帕波斯、丢番图、海帕西娅等。海伦以解决几何测量问题而出名,著名的"海伦公式"就是由他证明得出,他的主要著作是《量度论》。帕波斯有不少著作,唯一流传下来的正是最有价值的一本:《数学汇编》,它在历史上占有特殊的地位,这不仅仅是它本身有许多发明创造,更重要的是记述了大量前人的工作,保存了一大批现在已无法看到的著作。丢番图是代数学的创始人之一,他认为代数方法比几何的演绎陈述更适宜于解决问题,他对算术理论进行了深入研究,他完全脱离了几何形式,摆脱了几何的羁绊。其墓志铭便是著名的丢番图问题。海帕西娅是最早的女数学家,但是由于教会感到她的雄辩能力和崇高的声望威胁到了教会,把她视为眼中钉。公元前415年3月的一天,一群暴徒将她残忍地杀害,她的死标志着希腊数学的消亡。

在此后的数年里数学进入了黑暗时期,从5世纪到15世纪,数学发展的中心开始转移到东方的印度、中亚细亚、阿拉伯国家和中国。在这一时间段里,数学主要是由于计算的需要(特别是天文学)而迅速发展。古希腊的数学看重的是抽象、逻辑和理论,强调数学是认识自然的工具,重点是几何学;而古代中国和印度看重具体、经验和应用,强调数学是支配自然的工具,重点是算术和代数。

印度数学的发展是世界数学史的重要组成部分,在西方数学进入黑暗的时期,印度和许多东方国家一起扛起了发展数学的大旗。印度数学受婆罗门教的影响很大,此外由于其特殊的地理位置,还受到了来自希腊和近东地区特别是中国的影响。印度数学的主要代表人物有阿里耶波多第一[2](也称大阿里耶波多)和婆罗摩笈多。阿里耶波多第一创立了由元音和辅音相结合的字母记数系统,它使用印度字母中的33个辅音来代表1~25的整数和30~

100 的 10 的倍数。他又使用一个元音与一个辅音连接表示 10 倍，对于记录那些巨大的数字很有帮助。他阐明了计算立方根的有效方法，计算数列和的公式解决一次不定方程的代数学方法。他所改进的正弦值和 π 的近似值被一直沿用很长时间。他还准确地估量了一年的长度，并给出了计算行星轨道的公式。另外一个著名的数学家是波罗摩笈多，他所作的两本关于天文学和数学知识的经典著作在印度得到广泛的应用，也将印度的技术系统传到阿拉伯世界。他在其中一本书中提到了负数和 0，这是目前已知的最早记录。他还发展了一套复杂的代数学方法，用来解答一次不定方程和二次不定方程，提出了圆内接四边形的定理和公式。另外，他所修订的估算平方根和角的正弦值的方法则开创了数值分析的新领域，因此他被称为"数值分析之父"。

此外中亚和波斯对数学也有着重要的贡献，现在所广泛使用的阿拉伯记数法就是其中之一。具有代表性的人物是有"代数学之父"之称的阿布-贾法尔-穆罕默德-伊本-穆萨-花剌子米，奥马·海亚姆和吉亚斯丁·阿尔-卡西。[2] 阿布-贾法尔-穆罕默德-伊本-穆萨-花剌子米论证了如何解答二次方程的问题，这正式开启了代数学研究的帷幕。他在著作中介绍了如何使用印度的十进制记数系统，后世称这样的系统为"阿拉伯数字"。奥马·海亚姆一共写了 4 本数学书，在其中的一本中他确定了三次方程的 14 种类别，并且介绍了解答这 14 类三次方程的几何方法。他还发明了一种用二项式的系数来估算一个整数的 n 次方根的方法。在试图改进欧几里得的平行线公理的时候，他证明了一系列定理，这些工作被人们认为是对非欧几里得几何学最早的研究。吉亚斯丁·阿尔-卡西发展出了一套具有革命性的近似方法。通过对有大于 8 亿条边的正多边形的计算以及非常有效的估算平方根的方法，他把圆周率 π 的值精确到了小数点后 16 位。他发展了 5 套估算建筑穹顶和拱顶的面积和体积的方法。他还采用迭代法来估算三次方程的根，并且据此将 sin1° 的值精确到了小数点后面的18 位。他使用十进制小数来进行计算，完善了印度-阿拉伯记数系统的发展。

作为世界四大文明古国之一，中国的数学发展对于世界的数学发展有重要的作用。中国古代数学影响深远，风格独特。在春秋战国时期，筹算已经得到普遍的应用，筹算使用的是十进制记数法，这对世界数学的发展有划时代的意义。在初等数学时期，中国出现了很多世界闻名的数学家，例如刘徽（公元 3 世纪）、祖冲之（429—500）、王孝通（公元 6—7 世纪）、李冶（1192—1279）、秦九韶（1202—1261）、朱世杰（十三四世纪）等人，同时也出现了很多数学著作，特别是《九章算术》的完成，标志着我国古代初等数学体系的基本形成。《九章算术》是战国、秦、汉时期创立并发展的数学总结，就其数学成就来说，堪称是世界数学名著。我国传统数学在线性方程组、同余式理论、有理数开方、开立方、高次方程数值解法、高阶等差级数以及圆周率计算等方面都长期居世界领先地位。

初等数学时期从泰勒斯开始直到高等数学的出现，其中经历了两千多年，从泰勒斯把数学从感性认识带入理性推导开始，经过长时间的发展和无数科学家的共同努力，初等数学的主体部分（算术、代数与几何）已经基本完成，并且发展趋于成熟。在这期间数学中心也发生了改变，从开始的希腊到后来的中亚、印度和中国，数学的国际沟通与交流也是促使数学快速发展的重要原因。这一时期的数学已经可以解决很多现实中的问题，对人民的生产和生活已经产生了重大的影响，同时这一时期数学的发展也为近代数学和现代数学奠定了坚实的基础。

东西方文化的碰撞——《九章算术》和《几何原本》

《几何原本》是欧几里得所著的古希腊数学的代表作品,《九章算术》是刘徽所著的中国古代数学的代表著作。两部数学史上经典的作品,一个代表当时西方世界的数学发展,一个则代表了当时东方世界的发展,从这两部作品中可以看到东西方文化的差异。

《几何原本》是历史上最早建立的演绎的公理化的体系。演绎的公理化证明从有限的不加证明的公理和公设出发,通过严格的逻辑推理推演出所有其他命题,形成一个有序的理论整体。欧几里得将希腊的几何利用公理化的思想和严格的演绎推理的逻辑方法整理在一个体系之中,形成了这本书,这本书并不是欧几里得独创的,而是欧几里得对之前希腊数学的一个总结。全书共 13 卷,总共 475 个命题,包括 5 个公设和 5 个公理,除几何外还包括初等数论、比例理论等内容。《几何原本》是一个比较完整的、相对封闭的演绎体系,虽然在证明某些命题时确实用到了除了公设、公理和逻辑之外的一些看似很直观的东西,但是这只是个别现象,并不影响整个体系。另外,《几何原本》并不与当时社会生产和生活中的事情息息相关,因此对于社会生活来说它也是封闭的。

《九章算术》是中国古代最重要的经典著作,它总结了先秦到西汉的数学成果,形成了以问题为中心的算法体系。它与希腊的《几何原本》交相辉映,同为世界数学发展之源。《九章算术》的结构与《几何原本》并不同,它包括 246 问、202 术,并按问题的性质分为 9 大类,每一类为一卷。它主要解决的是与人们日常生活息息相关的问题,与人类生产和实践都有深刻的联系。它是一个完全开放的体系,所有的问题都是计算问题。与《几何原本》代数几何化相反,它采用的是几何代数化。

从《几何原本》可以看出西方数学的演绎推理特点,而中国的《九章算术》有着明显的解决实际问题的算法倾向。从中可以看出中西方文化的差异:中国传统文化的经世致用观念在数学中得到了体现,而西方文化崇尚理性;中国人有着中庸的思想,而西方人是注重逻辑演绎推理和理性思辨;中国人注重宏观的统一,而西方人是纯粹的微观的理性思辨。[3]

5.1.3 近代数学时期

公元 17 世纪中期至 19 世纪末,由于欧洲没有强有力的统治政权以及长时间的封建割据带来的频繁的战争,欧洲的科技和生产力发展比较缓慢,数学也同样处于停滞状态。中世纪末期,随着奥斯曼帝国不断地侵略东罗马帝国,东罗马帝国在逃难的同时将大量的古希腊、古罗马的文化典籍和艺术珍品带到了意大利商业发达的城市,古希腊数学也被带到了这里,随着文艺复兴在整个意大利的传播,数学也迎来了新一轮的发展高峰,并引领了世界数学的发展。

15 世纪缪勒的《三角全书》是对欧洲人关于平面和球面三角学的成果的一次整体的阐述。16 世纪塔塔利亚凭借着自学和顽强的毅力在数学上取得了很大的成就,发现三次方程的代数解法,接受了负数并使用了虚数。他还培养了许多的学生,这些学生在数学和力学方面继承并发扬了塔塔利亚的理论,使之在意大利乃至整个欧洲产生了广泛影响。16 世纪最伟大的数学家是弗朗索瓦·韦达(François Viete,1540—1603),韦达引入了一套规则——在代数方程中,使用元音字母代表变化量,用辅音字母来代表方程中的系数。他将运算符号化,使代数成为一个系统的学科,他著名的著作是《分析方法入门》。他还是第一个用无限运算来给出一个精确表达式的人。约翰·纳皮尔(John Napier,1550—1617)是苏格兰的一个业余数学家,他发表了世界上第一张对数表,这简化了计算的过程。他还发明了纳皮尔算筹,这成为广受欢迎的提高大数乘法运算效率的工具。到这个时候初等数学的主体部分(算术、代数和几何)已经全部形成并发展成熟,这为近代数学奠定了坚实的基础。

近代数学的起点是勒奈·笛卡儿(Rene Descartes,1596—1650)。[4]笛卡儿的重要著作《方法谈》及其附录《几何学》于 1637 年发表。它引入了运动着的一点的坐标的概念,引入了变量和函数的概念。由于有了坐标,平面曲线与二元方程之间建立起了联系,由此产生了一门用代数方法研究几何学的新学科——解析几何学。这是数学的一个转折点,也是变量数学发展的第一个决定性步骤。恩格斯对此给予了很高的评价:"数学中的转折点是笛卡儿的变数。有了变数,运动进入了数学;有了变数,辩证法进入了数学;有了变数,微分和积分也就立刻成为必要的了,而它们也就立刻产生,并且是由牛顿和莱布尼兹大体上完成的,但不是由他们发明的。"解析几何学的另外一个创始人是皮埃尔·德·费马(Pierre de Fermat,1601—1665),他的很多重要的思想都是在自己与其他的科学家的大量信件中提出的,他推动了解析几何基本概念的发展。

17 世纪,微积分也被建立起来,最重要的工作是由艾萨克·牛顿和戈特弗里德·威廉·莱布尼茨各自独立完成,他们认识到微分和积分实际上是一对逆运算,从而给出了微积分学基本定理,即牛顿-莱布尼兹公式。微积分是现代数学所必需的数学工具,它的应用遍布于现代科学的两大支柱:相对论和量子力学。除了解析几何和微积分被确立起来以外,概率论、射影几何和数论等也快速发展起来,这对很多其他领域的发展产生了重要的影响。概率论主要起源于掷骰子这种赌博游戏,意大利数学家卡尔达诺(1501—1576)潜心研究赌博不输的方法,出版了一本《赌博之书》,书中卡尔达诺对"分赌注问题"给出了正确的思路,但仍然没有给出正确的答案。时间又过去了一个世纪,在 1651 年,法国大贵族德·梅勒(de Mere,1607—1684)把这个问题寄给了当时的著名数学家帕斯卡,从此概率论历史上一个决定性的阶段开始了。这个问题把帕斯卡难住了。他冥思苦想了 3 年才悟出了满意的解法。他于 1654 年 7 月 29 日将这个问题连同解答寄给了法国大数学家费马。不久,费马在回信中给出另一种解法。他们频频通信,互相交流,围绕着赌博中的数学问题开始了深入细致的研究。荷兰科学家惠更斯获悉这些事情后,回荷兰后独自研究这件事。在 1657 年,他将自己的研究成果写入专著《论掷骰子游戏中的计算》,这本书首次引入了数学期望的概念,被认为是概率论最早的论著。至此,延续了一个半世纪的"分赌注问题"终于得到了圆满的解决。随着这本书的问世,数学的一个新分支——概率论诞生了。帕斯卡、费马和惠更斯被认为是概率论的创立者。[4]

18 世纪是数学蓬勃发展的时期。以微积分为基础发展出一门宽广的数学领域——数学分析(包括无穷级数论、微分方程、微分几何、变分法等学科),它后来成为数学发展的一个主流。数学方法也发生了完全的转变,主要是欧拉、拉格朗日(Lagrange,1736—1813)和拉普拉斯(Laplace,1749—1827)完成了从几何方法向解析方法的转变。这个世纪数学发展的动力除了来自物质生产之外,还直接来自物理学,特别是来自力学、天文学的需要。

19 世纪是数学发展史上的一个伟大转折,它突出地表现在两个方面。一方面是近代数

学的主体部分发展成熟了,经过数学家们一个多世纪的努力,它的三个组成部分取得了极为重要的成就:微积分发展成为数学分析,方程论发展成为高等代数,解析几何发展成为高等几何,这就为近代数学向现代数学转变创造了充分的条件。另一方面,近代数学的基本思想和基本概念在这一时期中发生了根本的变化:在分析学中,傅里叶(J. Fourier,1768—1830)级数论的产生和建立,使得函数概念有了重大突破;在代数学中,伽罗瓦(E. Galois,1811—1832)群论的产生,使得代数运算的概念发生了重大的突破;在几何学中,非欧几何的诞生在空间概念方面发生了重大突破。这三项突破促使近代数学迅速向现代数学转变。19世纪还有一个独特的贡献,就是数学基础的研究形成了3个理论:实数理论、集合论和数理逻辑。这3个理论的建立为即将到来的现代数学的发展奠定了更为深厚的基础。

5.1.4 现代数学时期

从19世纪末至现在的时期,是现代数学发展时期,尤其是20世纪,数学发展十分迅速。这个时期是科学技术飞速发展的时期,不断出现震撼世界的重大创造与发明。20世纪的历史表明,数学已经发生了空前巨大的飞跃,其规模之宏伟,影响之深远,都远非前几个世纪可比,而且目前发展还有加速的趋势。

20世纪数学的主要特点可简略概括如下:

(1)电子计算机进入数学领域,产生难以估量的影响。[5]

计算机于1945年制造成功,到现在已经改变或正在改变整个数学的面貌。围绕着计算机,很快就形成了计算科学这门庞大的学科。离散数学的飞速发展动摇了分析数学17世纪以来占有的统治地位,目前大有和分析数学分庭抗礼之势。

自古以来,数学证明都是数学家在纸上完成的。随着计算机的发明,出现了机器证明这一新课题。1976年,两位美国数学家利用计算机成功证明了“四色定理”这个难题,这轰动了数学界,同时开辟了人机合作去解决理论问题的途径。

(2)数学渗透到几乎所有的科学领域中,起着越来越大的作用。

20世纪40年代以后,涌现出大量新的应用数学分支,内容之丰富,名目之繁多,都是前所未有的。

今天,在人类的一切智力活动中,没有受到数学影响的领域已经寥寥无几了。即使过去很少使用数学的生物学,现在也和数学结合形成了生物数学、生物统计学、数理生物学等学科。

应用数学的新科目如雨后春笋般兴起,如对策论、规划论、排队论、最优化方法、运筹学等。20世纪60年代模糊数学产生以后,数学的对象更加扩大,应用的范围也就更广了。

(3)数学发展的整体化趋势日益加强。

从19世纪起,数学分支越来越多,到20世纪初,已经出现上百个不同的分支。另一方面,这些学科又彼此融合,互相促进,错综复杂地交织在一起,产生出许多边缘性和综合性的学科。现在单科独进、孤立发展的情况已不复存在。

(4)纯粹数学不断向纵深发展。

集合论的观点渗透到各个领域里去,逐渐取得支配的地位。公理化方法日趋完善,数学一方面勇往直前,另一方面又重视基础的巩固。数理逻辑和集合论已经成为数学大厦的基础,在它的上面矗立起泛函分析,抽象代数和拓扑学这三座宏伟的建筑。

数学在获得广泛应用的同时,新理论、新观点、新方法也不断产生,如代数拓扑、积分论、测度论、赋范环论、紧李群等许多重要的基础学科,都是在 20 世纪产生和发展成熟的。现代数学在这些基础上又向更高的高度攀登。20 世纪的许多古典难题,包括希尔伯特的 23 个问题,有些已经获得了解决,有些已经取得了可喜的成果,还有其他不少振奋人心的突破。

5.1.5　数学发展史中的方法论

纵观数学上万年的发展史,从萌芽时期的生活中的数学到现代多分支的数学,数学已经由感性转变到理性,由具体发展到抽象,由实践上升到理论,由单一学科拓展到了多学科。数学辉煌的成就不是某个人的成果,而是一代代伟大的数学家们的艰苦奋斗甚至毕生的心血所系的结果。数学的发展史上也用到了不少的科学方法,在此就具体与科学抽象、感性认识与理性思维、分析与综合的关系进行简单阐述。

由于具体与科学抽象、感性认识与理性思维、分析与综合通常是联系在一起的,所以在本节将上述内容都统一到具体与抽象中来讲。我们在面对客观存在的具体对象时,要想认识和把握它们,如果仅仅是停留在表面是不能够完全认识对象的,为了深刻地理解事物的本质,必须进行抽象,经过抽象再达到具体。这就是科学抽象和从抽象上升到具体的方法。

客观世界任何一个具体的事物都是由不同的属性、不同的方面和不同的关系组成的,这些不同的属性、方面、关系彼此相互联系,相互制约,在一定的条件下构成了一个统一的整体。[6]我们所说的整体就是指具有多种多样的属性、规定、方面、关系的有机统一的整体,就是指事物与周围其他事物或现象的联系和关系的整体。而任何一个事物离开了它与周围的关系、联系,离开了与同一事物的其他属性的联系,就都变成不是具体的东西。具体可以分为两种,一种是客观上存在的具体事物和具体对象;一种是在思维中从抽象上升出来的具体。客观上存在的具体是为人们的感官所直接反映、摄影的对象,它是形象的、生动的、直观的、整体的。由于人们不了解它的本质和规律,因此这种感性具体对人们来说是混沌的;而思维中的具体则是抽象得到事物的本质、规律和内在结构后,在思维活动中再现客观对象所固有的这种多样性的统一,再现对象的整体。

抽象则是从对象的全部联系和关系中抽取出来的、孤立的东西,它是许多关系中的一个关系,许多属性中的一个属性,许多方面中的一个方面。[6]抽象是人们思维活动的产物,随着人们深入认识客观世界的不同阶段、不同层次,随着人们认识事物发展的不同阶段,会形成不同程度的抽象,抽象是整体的一部分。

在数学发展史中,包含了从具体到抽象和从抽象到具体的两个运动阶段。[6]数学史是一个循环往复的过程:具体——抽象——具体。科学的抽象方法则是在认识或研究的过程中,有意识、有目的地撇开研究对象的某些方面、因素和属性,并将对象某一方面的关系、属性抽取出来的研究方法。在埃及尼罗河洪水过后总会重新测量土地,这慢慢发展成为几何学;远古人类计算日历和日常生活中的数学问题,这渐渐发展为代数。这就是由抽象上升到具体的例子。抽象并不是认识的目的,而是为了更好地作用于具体。从抽象上升到具体是将抽象所得到的属性、因素和关系综合后在思维中得到的对象。在数学的发展史中,数学由开始的几何、算术等逐渐发展到现在的上百个分支,每个分支都应用到了具体的实际科学,

这正符合从抽象到具体的特征。

从数学发展史中不仅可以看到具体与抽象的方法的应用,而且还有数学由感性到理性的转变,分析与综合的方法的体现。这些方法在具体和抽象方法中或多或少地出现过,在此不再一一地介绍。在以后的学习和研究过程中,掌握并使用这些方法将会使我们的思路更加明晰,大大地提高学习和研究的效率。

5.2 机 器 智 能

数学的发展体现了人类智力的发展,而机器智能则体现人类对智力进行模拟的能力。数学对于大多数人来说都很抽象,机器智能就不一样,现在基于各种形式的机器人都得到了大力的发展,让人类直观、形象地认识到智能的发展,真切地感受到了人类智力能力的模拟。由于在第 6 章将更加深入地讲解人工智能的发展史和发展现状,所以在这里就先不讲机器智能的发展历史,而是主要讲述目前为止的人工智能领域具有代表性的几个智能机器人。

5.2.1 深蓝——打败世界冠军的机器人

1997 年 5 月,一场国际象棋比赛吸引了世界上无数人的目光。这场比赛为什么能够吸引这么多目光呢?并不是因为这是一场世界高手之间的终极对决,而是一场世界冠军与机器人的比赛——国际象棋世界冠军卡斯帕罗夫对战 IBM 公司的"深蓝"机器人。[7]经过激烈的比赛,最终"深蓝"机器人战胜世界冠军卡斯帕罗夫。卡斯帕罗夫是国际象棋大师,在22 岁时成为世界上最年轻的国际象棋冠军,是第十三位国际象棋世界冠军,曾在 1999 年7 月达到 2851 国际棋联国际等级分,创造了历史最高纪录。在 1985 年至 2006 年间曾 23 次获得世界排名第一,曾 11 次获得国际象棋奥斯卡奖。他是国际象棋史上的奇才,被誉为"棋坛巨无霸",在 20 多年的职业生涯中,卡斯帕罗夫保持世界头号棋手的地位长达 20 年之久,毫无疑问,卡斯帕罗夫的棋艺是世界最高水平,也可以代表人类的棋艺最高水平。在深蓝打败卡斯帕罗夫后,瞬间一场关于机器人的智能是否已经超过人类的智能,机器人是否能够统治人类的讨论在全世界开展起来。

深蓝计划源自美籍华裔许峰雄在美国卡内基·梅隆大学修读博士学位的研究。许峰雄研制的第一台计算机名为"晶体测试",在美国计算机学会组织的计算机象棋比赛中获得了名次,后来他又研制了另一台计算机"沉思"。随后他加入 IBM 公司研究部门并继续研究超级计算机。1992 年 IBM 公司委任谭崇仁为超级计算机研究计划主管,领导研究专门用于分析国际象棋的深蓝超级计算机。深蓝的名字源自"沉思"(Deep Thought)和 IBM 公司的昵称蓝巨人(Big Blue),由两个名字合并而成。深蓝重量为 1270kg,采用并行计算的计算机系统,有 32 个微处理器,每秒可以计算 2 亿步棋,同时它存储了从 18 世纪到当时的经典对局,因此它可以搜寻及估计随后的 12 步棋。

在 1996 年 2 月,深蓝首次挑战国际象棋大师卡斯帕罗夫,但是以 2∶4 失败。其后其研究小组把深蓝加以改良,其运算速度提高了两倍。于是在 1997 年 5 月再次向卡斯帕罗夫发起了挑战,最终深蓝以 3.5∶2.5 的比分战胜了卡斯帕罗夫,成为首个击败国际冠军的计算机,在世界范围内引起了轰动。随后 IBM 公司宣布深蓝退役,其一个机架被放入美国国家历史博物馆展出。

深蓝战胜卡斯帕罗夫的意义不仅仅是国际象棋上的一件大事,事实上很多人关注的是人工智能与人类智慧的较量。卡斯帕罗夫输掉这场比赛在社会上引起了轩然大波,一部分人对此深感悲观,甚至惊恐不安,他们认为人工智能总有一天会超越人类并像电影《黑客帝国》那样奴役人类。而另外的人则认为这体现了人类科学技术的进步,是深蓝后面的计算机专家像谭崇仁和许峰雄等人的共同努力,这表明了人类对人脑的了解又深入了一步,使人们坚信计算机可以更加智能,并更好地为人类做出贡献。

虽然在当时看来计算机战胜人类是一件很不可思议的事,但是现在我们不难看出深蓝依然有很多缺点,它只是存储了一百多年的经典棋局,然后完全是凭借其超高的运算速度和大量的存储去检索,再根据这些去下棋,而不是像人类一样通过思考去下棋,它并不算真正的智能,这也是很多计算机的通病。但是我们依然可以从这里看到人类科学技术的进步,人类的工具战胜了人类自己是不争的事实。以前人类更加偏重于模拟体质能力和体力能力,人类对于智力能力的模拟成果战胜人类自己这还是第一次,它具有划时代的意义,意味着人工智能能够战胜人类。现在只是在国际象棋领域,至于在别的领域能不能战胜人类以及计算机能不能更加智能,让我们拭目以待。

5.2.2　ALICE——获得人工智能最高荣誉洛伯纳奖的聊天机器人

ALICE(The Artificial Linguistic Internet Computer Entity)是美国人工智能大师理查德·华莱士(Richard S. Wallace)设计的人工智能系统,ALICE 于 2000 年和 2001 年先后两次通过图灵测试,并因此获得了 2000 年和 2001 年的人工智能最高荣誉奖洛伯纳奖。ALICE 是一个可以和人自动对话的机器人,下面我们先通过与它进行的对话来了解一下它的具体信息。[①]

judge:Hello,what's your name?

ALICE:Hi there!ALICE.

judge:Good name.

ALICE:Glad to hear it.

judge:Are you a boy or a girl?

ALICE:Try to guess.

judge:I guess you are a tough girl.

ALICE:Would it matter to you if I am?

judge:Are you a robot?

ALICE:What made you think I might be a robot?

judge:Because I have known.

ALICE:Good reason. How,specifically,do you know?

judge:Who created you?

---

① judge 是作者本人,ALICE 是机器人,网址为:http://alice.pandorabots.com/

ALICE：I obey Dr. Richard S. Wallace.

judge：Who is Dr. Richard S. wallace?

ALICE：He is the author of Artificial Intelligence Markup Language（AIML）and botmaster of ALICE（Artificial Linguistic Internet Computer Entity）. Dr. Wallace's work has appeared in the New York Times，WIRED，CNN，ZDTV and in numerous foreign language publications across Asia，Latin America and Europe. Richard Wallace was born in Portland，Maine in 1960. He earned his Ph. D. in computer science from Carnegie Mellon in 1989. He lives in Philadelphia.

从这段对话可以看出，该机器人名叫 ALICE，在此它并没有说出它的性别，它也在刻意地隐瞒它是机器人这个事实，是 Dr. Richard S. Wallace 创造了它，它还给出了理查德博士的详细信息。从对话中我们看出 ALICE 已经相当智能，以至于不能区分它是一个真人还是一个聊天机器人。

在 ALICE 之前有一个 Eliza 的聊天机器人。1966 年，麻省理工学院教授魏岑鲍姆发明了 Eliza，它可以将用户的陈述句转化成问句，模仿精神病医生重复病人的话，它是如此的简单，以致于被当作一个笑话被学术所遗弃。然而正是这个简单的机器人引起了理查德·华莱士博士的注意，1995 年 11 月 23 日，ALICE 诞生了。理查德·华莱士博士将它安装到了网络服务器上，然后待在一边观察网民会对它说什么。华莱士发现组成人们日常谈话主体的句子不过几千个，如果 ALICE 一被问到他就教它一个新回答，那么他将最终覆盖所有的日常话语，甚至包括一些不常用的话语。华莱士估算只要输入 4 万个回答就够 ALICE 用了。一旦将这 4 万个预编程序语言全部输进 ALICE，那么它就可以回应 95% 的人们对它说的话。看到 ALICE 越来越有"生命"，华莱士激动异常。以前，来访者与 ALICE 顶多只能谈上三四句，后来这一数字已经上升到 20 句。有些来访者甚至乐此不疲，一次又一次地上网来找 ALICE 聊天，而且一聊就是好几个小时。华莱士仍然十分渴望得到社会的承认。2000 年 1 月，他决定送 ALICE 去竞逐一年一度的洛伯纳奖。参加洛伯纳奖角逐的都是来自世界各地的人工智能开发者，最后 ALICE 击败了众多竞争对手，拔得头筹，它也因此而被正式宣布为"世界上最像人的机器人"。获胜之后，华莱士在 ALICE 身上投入了更大的热情。在接下来的一年中，华莱士不断为 ALICE 扩充知识量，还教会它 3 万种新的反应。2001 年 10 月，ALICE 又一次赢得洛伯纳奖，而这一回，有位评委甚至认为 ALICE"比真人还要真实"。

虽然 ALICE 已经相当智能，但是它也有很多缺点。当人的谈话跳跃过大、省略过多或者过于复杂时，ALICE 是无法理解的，并且无法跟人正确地沟通。当出现它不懂的字符时，它并不能像人一样准确地判别出来。尽管如此，ALICE 还是给了人类一个很大的惊喜。现在，人工智能的发展已经深刻地影响了人们的生活。

5.2.3 谷歌无人驾驶汽车

谷歌无人驾驶汽车(图 5.1)是由塞巴斯蒂安·特龙(Sebastian Thrun)领导的一个谷歌团队的智慧结晶。塞巴斯蒂安·特龙是斯坦福大学从事计算机科学研究的教授，一个"谷歌人"，美国国家工程院和德国科学院成员。他以研究机器人学和机器学习，尤其是无人驾驶车辆方面的工作而著称。[8]

图 5.1　谷歌无人驾驶汽车

2005 年,他领导一个由斯坦福学生和教师组成的团队设计出了斯坦利机器人汽车,该车在由美国国防部高级研究计划局(DARPA)举办的第二届"挑战"(Grand Challenge)大赛中夺冠。该车在沙漠中行驶超过 132 英里(213km),因此赢得了由五角大楼颁发的 200 万美元奖金。其后,这支由 15 位工程师组成的团队继续投身于此项目。

这种无人驾驶的汽车由很多重要的设备来保证它的正常驾驶,例如,用雷达来跟踪附近的物体,用车道保持系统来分析路面和边界线的差别来识别车道标记,用激光测距系统来测量距离,用红外摄像头来增强夜视,用立体视觉来实时生成前方的三维图形,以检测诸如行人之类的潜在危险,用 GPS/惯性导航系统来规划路线,用轮载传感器在汽车行驶的时候测量它的速度。将通过这些传感器捕获的信息和车载摄像头捕获的图像一起输入计算机,软件以极高的速度处理这些数据,然后再做出相应的反应,由于计算机极高的计算速度,所以往往能比人类更加及时和准确地做出判断。

谷歌无人驾驶汽车目前面临的最大的难题是自动驾驶汽车和人驾驶的汽车如何共处而不引起交通事故。2012 年 5 月 8 日,美国内华达州机动车辆管理部门(DMV)为谷歌的无人驾驶汽车颁发了首例驾驶许可证,这意味着谷歌无人驾驶汽车将很快在内达华州上路。无人驾驶时代即将到来。

很多人认为无人驾驶汽车可以给很多人带来便利。人们不用再起早贪黑、风吹日晒地考驾驶本;无人驾驶汽车相对于人为控制效率更高,能够更好地利用道路,减少停车场的大小,能够减少人为操作带来的交通事故和拥堵;无人驾驶汽车可以为特殊人群提供更好的服务,像无法驾驶的盲人、儿童和老人都需要这种汽车,醉酒的人群也需要这样的服务,这不仅能使更多的人享受到这种服务,而且还可以减少上述人群所引起的交通事故;无人驾驶汽车可以节能,仅在加速和减速上就可以节油 4%～10%。此外由于事故减少,汽车可以更轻,这将更加节能。

但是每一项科技发明在它诞生的时候总会存在很多困难,无人驾驶汽车也是一样,它面对着很多方面的困难。首先,这种无人驾驶的汽车存在很多的技术难题。因为每个国家都

具有不同的驾车行驶环境(不同的驾驶习惯,例如左驾与右驾,不同的道路法律规定、道路交通规则)。更难的是无人驾驶的汽车要做到自适应不同国家由行人、非机动车人员、各色机动车人员等组成的"马路文化"。各种不同的"马路文化"不是用精准的算法、实时的道路联网以及计算机系统的判断所能理解的,其中带有人群心理、生活习惯、行为规范、思维方式、价值观念以及根深蒂固的潜意识等。举个简单的例子,例如缺乏交通指示灯的人车混杂路况,例如对各色非机动车驾驶行为的预判等。还有一个问题就是,当车辆行驶在一些靠交警现场指挥的路段,对于交警的手势和喊话,无人驾驶汽车一定会陷入困境。当然还有各种技术问题,在此不一一列举。技术问题可以通过科学技术的进步来解决,而社会问题则不是那么好解决,如果无人驾驶汽车投入实际使用则会带来大量的社会问题。最重要的是当无人驾驶汽车出现事故的时候,谁将会是事故的负责人?是车主?车主什么都没干,一切都是汽车自己行动的结果;是汽车制造商?这将会打击无人驾驶汽车制造商的积极性,制约无人驾驶汽车的发展。还有就是随着无人驾驶汽车的推广,传统的汽车制造商的影响将会被削弱,由此将会引起这一部分人的反对。还有就是随着无人驾驶汽车的普及,像汽车驾校、出租汽车司机、代驾行业等将出现失业潮,这将给社会带来不稳定的因素。

虽然无人驾驶汽车面临着很多问题,但是从过去来看,每一项科学技术的进步都面临很多这样的问题。科学进步并不会因为困难而停下前进的脚步,相反,正是由于这些困难的存在而使科学技术具有强大的生命力。无人驾驶汽车的到来将是不远的将来的事,到时人们将又一次感受到科技改变生活。

5.2.4 波士顿动力公司机器人家族

波士顿动力公司(Boston Dynamics)是一个成立于1992年的机器人设计公司,马克·拉伯特(Marc Raibert)是这个公司的主管。这个公司由于开发出一个名叫BigDog的机器人而出名。该公司在BigDog之后还开发出了更多的先进机器人,如PetMan、Atlas等。2013年12月13日,这个公司被Google公司收购。[9]

BigDog(大狗)机器人是波士顿动力公司专门为美国军队研究设计的一种形似狗的四足机器人。BigDog的大小与真狗一样,它能够在战场上为士兵运送弹药、食物和其他物品。在一些军车难以到达的地方,它可以帮助士兵更好地完成任务,它可以攀越35°的斜坡,承载40多公斤的重量,可以自行或者被控制地沿着简单路线行走。其原理是:由汽油机驱动的液压系统能够带动它的四肢运动;陀螺仪和其他传感器帮助机载计算机规划每一步的运动;机器人依靠感觉来保持身体的平衡,如果有一条腿比预期更早地碰到了地面,计算机就会认为它可能踩到了岩石或是山坡,然后BigDog就会相应地调节自己的步伐。与BigDog类似的还有一个名叫"猎豹"的四足机器人,从名字就可以看出这个机器人的特点。"猎豹"的速度可以达到每小时20~30英里(32~48km/h)。该机器人拥有柔韧灵活的脊柱和铰链式的头部,能够冲刺、急转弯,并能突然急刹停止。它的奔跑速度超过了人类,是目前人造四脚机器人的最高速度,"猎豹"最终也将为美国军队服务。除了上述两种四足机器人外,该公司还生产和开发了"小狗""野猫"和超强越障机器人Rhex等相关机器人,它们各自应用在不同的方面,满足不同的用途。

在研发四足机器人的同时,波士顿动力公司也在研发跟人类似的两足机器人(图 5.2)。Petman 就是该公司研制出的一种像真人一样四处活动的机器人,它的职能是为美军实验防护服装。Petman 是美军仿人机器人中的佼佼者,它与先前的机器人不同之处是它在无须外部支持的情况下就能站立、行走,因为它有"双腿"。波士顿动力公司承诺说 Petman 能维持平衡,灵活行动。行走、弯腰、匍匐以及应对有毒物质的一系列动作对它来说都不成问题。除了灵活度较高之外,它还能调控自身的体温、湿度和排汗量来模拟人类生理学中的自我保护功能,从而达到更真实的测试效果,Petman 即使受到冲撞也能保持直立。Petman 的行进速度几乎和有血有肉的真人无异。外观与 Petman 相似但功能不同的 Atlas 则是更加先进。Atlas 是目前世界上最先进的人形机器人,它身高 1.88m,体重 150kg,拥有一副躯体、两条手臂和两条腿,但是没有头。它能够行走于崎岖的山地上,可以挤过狭窄的小巷,必要时还可以手脚并用匍匐前进,像人类一样用双腿直立行走。Atlas 有 28 个液压关节。它的脑袋包括立体照相机和一个激光测距仪。

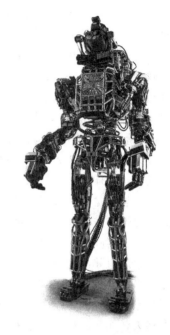

图 5.2　波士顿公司的两足机器人

Atlas 机器人的动力来自一个设置在场外的电源上。它可以在传送带上大步前进,躲开传送带上突然出现的木板;从高处跳下稳稳落地;两腿分开从陷阱两边走过;跑上楼梯;单腿站立;被从侧面而来的球重撞而不倒,等等。Atlas 是之前机器人 Petman 版本的改进版。与我们所见的大多数人形机器人不同,Atlas 还会像真人一样迈着大步走,自身重量从脚后跟传到脚趾头,在运动过程中动态传递重量实现平衡。波士顿动力公司表示,两款机器人都必须有动态的灵活性能,通过摆动腿或者胳膊保持平衡,克服障碍,开发人员必须开发出有关速度、灵活性和力量的机器人软硬件和更多地了解腿的工作原理。美国国会曾通过法案规定:2015 年前,1/3 的地面战斗将使用机器人士兵。为此美国投入历史上最大的单笔军备研究费 1270 亿美元,以完成未来战场上士兵必须完成的一切战斗任务,包括进攻、防护、寻找目标。据悉,美军未来一个旅级作战单元将至少包括 151 个机器人战士。现在看来 Atlas 及其后续版本可能会加入到美国军队中参加战斗。在 2008 年,曾有 3 台带有武器的"剑"式美军地面作战机器人被部署到了伊拉克,但是这种遥控机器人小队还未开一枪就很快被从战场撤回——因为它们做了可怕的事情:将枪口对向它们的人类指挥官。所以关于机器人是否该投入到实际的战斗中引起了很大的争议。

随着人工智能的不断发展,越来越多的智能产物会来到我们的世界。这些智能的产物是我们的朋友还是我们的敌人?让我们拭目以待!

5.2.5　机器智能发展中的方法论

机器智能的出现标志着人类从以前的体质能力的模拟和体力能力的模拟转变为智力能力的模拟,人类从此进入了探索人类大脑和模拟人类大脑的新阶段,其意义远远超过了人类

对体质能力模拟和体力能力模拟的意义。从上述人工智能的最新成果可以看出,其中的很多事情是人们以前从来都没有想到过或者根本认为不可能出现的事情,所以在本节中要讲解的方法是解放思想,开拓创新。

解放思想像是一个社会科学的用语,其实在自然科学中也普遍存在。哥白尼的思想解放推动了人类对宇宙的认识由地心说向日心说的转变;14 世纪欧洲文艺复兴运动也是一项思想解放运动,文艺复兴冲破了中世纪教会黑暗的囚笼,促进了新兴资产阶级文化思想的确立;爱因斯坦提出光电效应的光量子的解释,人们开始意识到光具有波粒二象性,这一思想的解放结束了数百年光是波还是粒子的争端;人类航天和登月也是人类解放思想后取得的巨大成果。这样的事实在科学界有很多,可见解放思想早已成为科学界的一把神兵利器。

解放思想是指打破习惯势力和主观偏见的束缚,研究新情况,解决新问题,使思想观念冲破旧习惯势力的禁锢和束缚,把主观世界的思维意识与变化了的客观实际结合起来,克服那些不符合实际的习惯思维和主观偏见,用发展变化的观点创造性地改造客观世界。科学中的解放思想并不是一味追求不可思议的事情,而是要脚踏实地,根据当前科学技术发展的实际水平实事求是,这才能最大限度地发挥解放思想的作用和效力。解放思想是破旧,而开拓创新是立新。在智能的发展史中,我们可以看到"深蓝"战胜卡斯帕罗夫,ALICE 可以与人类聊天,Google 无人驾驶汽车安全行驶五十多万公里,以及 Atlas 等两腿机器人的行动能力几乎接近于人类。这些事情极大地冲击了我们的神经,为什么这些事情能够取得成功呢?很大的原因要归结于解放思想,开拓创新的作用。

在科学的发展史中,我们还要正确地认识解放思想和脚踏实地的关系。解放思想不是主观臆测,要做到理论联系实际;解放思想不能轻率鲁莽、盲目蛮干,必须以科学作为指导,遵循客观规律;解放思想的目的是推动科学技术的发展,绝不是急于求成,好高骛远,脱离实际。我们应该从现有的科学成果出发,理论联系实际,极大可能地发挥解放思想的作用,脚踏实地,开拓创新,推动科学技术的进步和发展。

5.3 本 章 小 结

人类经过体质能力的模拟和体力能力的模拟,终于来到了人类智力能力的模拟阶段,本章主要讲述了人类智力的模拟及其方法论,首先描述了作为人工智能的基础和作为人类本身智力体现的数学学科的发展史,然后讲述到目前为止人类在人工智能领域所取得的比较先进的、具有代表性的成果,最后分别探讨了数学发展史和人工智能发展史及其中的方法论,科学抽象和解放思想,通过对这两种方法的探讨,我们可以将它们应用到实践过程中并指导我们的学习、科研和工作。

参 考 文 献

[1] 李文林. 数学史概论[M]. 3 版. 北京:高等教育出版社,2011.

[2] 迈克尔·J.布拉德利. 数学的诞生[M]. 陈松,译. 上海:上海科学技术文献出版社,2011.

[3] 杨锡华. 中国和希腊数学发展史的对比分析和反思[J]. 科学创新导报,2011(30):164-165.

［4］迈克尔・J.布拉德利.数学的奠基［M］.杨延涛,译.上海：上海科学技术文献出版社,2011.

［5］卡兹.数学史［M］.北京：机械工业出版社,2012.

［6］吴元樑.科学方法论基础［M］.增补本.北京：中国社会科学出版社,2009.

［7］IBM 深蓝官网. http：//www-31.ibm.com/ibm/cn/ibm100/icons/deepblue/index.shtml.

［8］维基百科.Google Driverless Car. http：//zh.wikipedia.org/wiki/Google_Driverless_Car.

［9］波士顿动力公司官网. http：//www.bostondynamics.com/index.html.

<h1 style="text-align:center">思 考 题</h1>

1. 论述《九章算术》和《几何原本》所体现的文化差异。

2. 描述无人驾驶汽车的优势及面临的问题。

3. 举例描述科学抽象和解放思想方法论。

第6章 信息科学技术发展史与方法论

本章学习目标

- 了解计算机硬件和软件发展中的重要事件。
- 掌握集成电路和操作系统的工作原理。
- 了解通信及网络技术发展中的重要事件。
- 掌握互联网通信及无线电通信的工作原理。
- 了解信息安全技术发展中的重要事件。

随着科学技术的进步、第三次科技革命的到来和电子计算机的出现,人类进入了信息时代。信息科学技术飞速发展,在人们的生产生活中起到越来越重要的作用。了解信息科学技术的发展非常重要,本章将从计算机硬件、计算机软件、网络通信和信息安全4个方面来介绍信息科学技术的发展及相关的科研方法。本章将采用叙事和重要人物介绍的方式来描述计算机技术的发展,重点不在历史的详尽描述,而是选取一些具有代表性的重大事件和人物,通过这些事件和人物,讲述和探讨其中的科学方法。

6.1 计算机硬件的发展

6.1.1 什么是计算机硬件

1. 计算机硬件概念

计算机硬件(computer hardware)是指计算机系统中由电子、机械和光电元件等组成的各种物理装置的总称。这些物理装置按系统结构的要求构成一个有机整体,为计算机软件运行提供物质基础,承担着计算机实现数据加工、数据存储、数据传送、操作控制等基本功能的相关工作。

根据冯·诺依曼的存储程序控制原理,计算机硬件主要由五大部件构成,分别是运算器、控制器、存储器、输入设备、输出设备。其中,运算器和控制器是CPU的主要组成部件,CPU(Central Processing Unit,中央处理器)和主存(内部存储器)合在一起称为主机,外存(外部存储器)和输入输出设备以及其他外部辅助设备称为外设。图6.1为计算机硬件系统的组成。

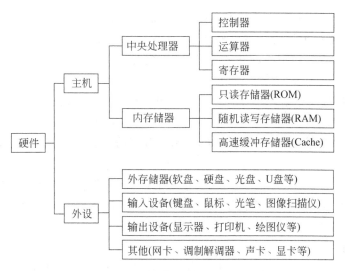

图 6.1 计算机硬件系统组成

2. 计算机硬件系统的主要组成部件

前面介绍了计算机硬件系统的组成部分[1,2],下面对每一部分给出简单描述。

1)运算器

运算器是对数据进行加工处理和运算的部件,核心是加法器,主要由算术逻辑单元(Arithmetic and Logical Unit,ALU)、累加器、状态寄存器、通用寄存器组等组成。算术逻辑单元(ALU)的基本功能为加、减、乘、除四则运算,与、或、非、异或等逻辑操作以及移位、求补等操作。

运算器的操作和操作种类都由控制器决定,它在控制器的作用下与内存交换数据,负责进行各类基本的算术运算、逻辑运算和其他操作。运算器与控制器组成 CPU 的核心部分。

2)控制器

控制器(Control Unit,CU)是整个计算机系统的指挥中心,主要功能是负责对指令进行分析,并根据指令的不同要求,有序地、有目的地向各个部件发出相应的控制信号,使计算机的各部件协调一致、有条不紊地自动工作。

控制器中包括一些专用的寄存器,由程序计数器、指令寄存器、指令寄存器、指令译码器、时序产生器和操作控制器组成。

运算器和控制器是 CPU 的两大部件,此外 CPU 还包括若干个寄存器和高速缓冲存储器及实现它们之间联系的数据、控制及状态的总线。CPU 不仅是硬件系统的核心部件,也是整个计算机系统的核心部件。现代计算机把传统 CPU 包含的控制器、运算器、寄存器阵列等部件采用大规模集成电路工艺集成在电路芯片中,所以 CPU 芯片又称为微处理器芯片。

3)存储器

存储器(memory)是计算机系统中的记忆设备,是用来存放程序和数据的部件。存储器按用途可分为主存储器、外存储器和 Cache。

主存储器,简称主存,也称为内存储器,指主板上的存储部件,可以由 CPU 直接访问。主存的存储速度快但容量较小,一般用来存放当前正在执行的数据和程序,一旦关闭电源或断电,主存中的数据就会消失。

外部存储器,简称外存,也称辅助存储器,通常指磁盘、U 盘、磁带、光盘存储器等。CPU 不能直接访问,它们一般设置在主机外部,存储容量大,价格较低,但存储速度慢,一般用来存放暂时不参与运行的程序和数据,这些程序和数据会在需要时传到主存。外存的好处是即使断电数据也不会消失,能够长期保存信息。

Cache 是高速缓冲存储器,是设置在 CPU 和主存储器之间的一级存储器。Cache 是为了满足当 CPU 速度提高时,访问存储器的速度和 CPU 的速度相匹配的要求而增设的。它的存储速度比主存储器更快,但容量更小,用来存放当前最急需处理的程序和数据。

4) 输入设备

输入设备(input device)主要用来完成信息的输入,将外界的图形、声音、文字、数字、编制的程序等数据信息输送到计算机中,并把它们转换成计算机内部可以识别和接收的信息方式。键盘、鼠标、光笔、图像扫描仪等设备都属于输入设备。

5) 输出设备

输出设备(output device)主要用来完成信息的输出,将计算机处理的结果以图形、声音、文字、数字、数字等人或设备可以识别的形式送出计算机。显示器、打印机、绘图仪等设备均属于输出设备。

输入设备和输出设备简称 I/O 设备,是计算机和外界交互联系的桥梁。

图 6.2 为计算机硬件 5 大部件的工作原理图。

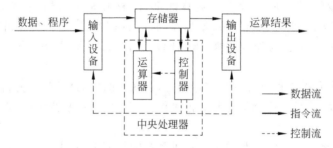

图 6.2   计算机硬件系统工作原理图

6) 其他硬件设备

硬件系统中除了上述提到的 5 大组成部件外,还包括电源、主板、声卡、显卡、调制解调器、光驱、音响、风扇、机箱等,凡是看得见、摸得着的电子元件都属于计算机硬件设备,这些辅助硬件和计算机硬件的 5 大部分,相互协作,为更好地服务人类提供保证。

6.1.2   计算机硬件发展史

1. 电子管与 ENIAC

1) 电子管的诞生

对计算机科学发展史有所了解的人都知道,世界上第一台电子计算机是用电子管作为逻辑元件的,那么电子管是怎样诞生的呢? 下面就来看一下电子管的发展历史。[3,4]

(1) 爱迪生效应。

1904 年,世界上第一只电子管在英国物理学家弗莱明(J. Fleming)的手中诞生了。弗莱明为此获得了这项发明的专利权。电子管的发明可以追溯到爱迪生时期。提到爱迪生,大家一定不会陌生,他是举世闻名的大发明家,一生有无数的技术发明,尤其是电灯泡的发明,给人类带来了光明。弗莱明电子管的发明就是受到了"爱迪生效应"的启发。

图 6.3　爱迪生

"爱迪生效应"是爱迪生在改进碳丝灯泡时偶然发现的。1877 年,爱迪生(图 6.3)发明碳丝灯泡后应用不久,发现其寿命太短,碳丝容易高温蒸发,于是,他一直想改进灯泡,在 1883 年,他终于想到了一种可行的办法,他在灯泡内另行封装了一根铜线,铜线也许可能阻止碳丝蒸发,延长灯泡寿命。爱迪生做了无数次的试验,证明这种方法并不成功。虽然这种想法没有试验成功,但是,他却发现了一个奇怪的现象:在碳丝加热后,和碳丝不相连的铜线上竟然有微弱的电流通过。这股神秘的电流是从哪里来的? 爱迪生也无法解释,但他意识到这是一项新的发现,不失时机地将这一发明注册了一个当时未找到任何用途的专利,并命名为"爱迪生效应"。

遗憾的是,爱迪生没有意识到这一发现带来的重大科学意义与它的实用价值,与真空二极管的发明擦肩而过。直到后来英国物理学家和电气工程师弗莱明才认识到"爱迪生效应"的重要性。

(2) 世界上第一个电子管(真空二极管)。

弗莱明(图 6.4)当时在英国马可尼电报公司工作,是一名电气工程师,他一直在寻求一种可靠的检波手段,但是一直没有收获。一天,他听到了大洋彼岸的消息:爱迪生发现了"爱迪生效应"的奇怪现象,这对他有很大的启发,他认识到这可能就是他一直在寻求的方法,如果在真空灯泡里装上碳丝和铜板,分别充当阴极和阳极,那么灯泡里的电子就能实现单向流动,这样就可以实现一个有效监测微弱电报信号的检波器了。

经过反复试验,弗莱明于 1904 年研制出一种特殊的"灯泡",这种灯泡和爱迪生那只封装铜丝的灯泡如出一辙,但是爱迪生把它作为改进灯泡的失败品,弗莱明却让它发挥了实用价值,它能够进行交流点整流和无线电检波,作为检波器件使用。弗莱明把这种发明称为"热离子阀",并为之申请了专利,这就是世界上第一只电子管,也就是现在人们说的真空二极管(图 6.5)。

图 6.4　弗莱明

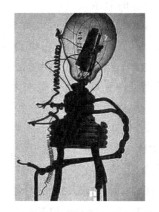

图 6.5　弗莱明发明的真空二极电子管

人类第一只电子管的诞生标志着世界从此进入了电子时代。电子管在后来计算机的发展中扮演了十分重要的角色。

（3）真空三极管。

电子管发展到真空二极管并没有止步。真空二极管主要用作整流和检波，而不具有放大功能。对电子管进一步改进的是美国工程师德·福雷斯特（D. Forest）（图 6.6），他于1906 年发明了真空三极管。德·福雷斯特在一次偶然的机会邂逅了无线电发明家马可尼，激发了他创新无线电检波装置的发明之梦。1906 年，为了提高真空二极管检波灵敏度，德·福雷斯特在弗莱明发明的真空二极管的阴极和阳极之间添加了一个栅栏式的金属网，形成第三个极。这个栅极就像百叶窗那样，在栅极上加电压，就能控制阴极与阳极之间的电子流，此电流通过栅极后，就可获得放大的电流，而且波形与栅极电流完全一致，标志着这是一种能够起放大作用的真空三极管器件（图 6.7）。德·福雷斯特为这个"三个极"的真空管取名为 Audion，并申请了专利，宣告了真空三极管具有放大作用。

图 6.6　德·福雷斯特和 Audion

图 6.7　德·福雷斯特发明的第一个 Audion

真空三极管的发明为新兴电子工业奠定了基础，为通信、广播、电视、计算机等技术的发展铺平了道路，为计算机的诞生提供了条件，使计算机的历史由此跨进电子纪元。人们为了纪念这一发明，在德·福雷斯特的故居帕洛阿托市建造了一块小型纪念碑，以市政府名义书写着一行文字："德·福雷斯特在此发现了电子管的放大作用。"

（4）电子管的启示。

从电子管的发明过程中可以得到很多启示。真空电子管作为一项技术发明，科学实验的科学方法是必然会用到的，它也是众多发明家都会用到的一种科学方法。爱迪生一生发明无数，其中电灯是他的伟大发明之一。爱迪生在做灯丝材料的实验时，也经过了无数的失败。他为了找到一种理想的灯丝材料，曾经试用了 6000 多种材料，试验 7000 多次。在他面对成功前的一次次失败时，英国一些著名的专家甚至讥讽爱迪生的研究是毫无意义的，一些记者也报道说"爱迪生的理想已成为泡影"。但是，他没有气馁，仍然坚持自己的理想，正是他的坚持，才让电灯走进了千家万户。爱迪生的坚持和毅力值得我们每一个人学习，坚持就是胜利。但是，爱迪生在发现"爱迪生效应"时，却没有认识到它的价值，可能是他太注重技术发明的实用性，而忽略了"爱迪生效应"背后的科学意义。

弗莱明发挥了充分的想象和联想，从"爱迪生效应"中想到它可以作为一种检波手段，并动手进行了试验,最终发明了真空二极管。德·福雷斯特也是采用科学实验的方法,在改进检波灵敏度的过程中产生灵感,联想到栅极的作用。

2) ENIAC——第一台电子真空管计算机[5,6]

1946 年,美国宾夕法尼亚大学生产了世界上第一台全自动电子多用途数字计算机"埃尼阿克"(Electronic Numerical Integrator and Calculator,ENIAC,电子数字积分器和计算器)。ENIAC 的诞生具有划时代的意义,它标志着电子计算机时代的真正到来。

ENIAC 实际上是美国陆军军械部设立的弹道研究实验室为了满足计算弹道的要求而研制成的。战争给计算机的诞生铺平了道路。第二次世界大战期间,各国都在积极备战,除了参战人员,武器装备也非常重要,武器的优劣有时直接决定着战争的胜败。当时占主要地位的战略武器就是飞机和大炮,而"飞毛腿"导弹、"爱国者"防空导弹、"战斧式"巡航导弹等先进武器还没有出现。此时研制和开发新型大炮和导弹就显得十分必要和迫切。为此美国陆军军械部在马里兰州的阿伯丁设立了弹道研究实验室。美国军方要求该实验室每天为陆军炮弹部队提供 6 张火力表以便对导弹的研制进行技术鉴定。虽然只有区区 6 张火力表,但是它们所需的工作量大得惊人! 每张火力表都要计算几百条弹道,而每条弹道的数学模型都是一组非常复杂的非线性方程组,而且这些方程组是没有办法求出准确解的,只能用数值方法近似地进行计算。数值计算也极为不容易,按当时的计算工具,实验室即使雇用 200 多名计算员加班加点工作,也大约需要两个多月的时间才能算完一张火力表。这样的效率是不能满足要求的,战争等不了,此时急需新的计算工具。

1943 年 6 月,宾夕法尼亚大学莫尔学院(Moore School)与联邦政府签订了 15 万美元(后来经费不断追加,一直到 48 万美元,在当时是一笔巨款)的合同研制计算机,并成立了一个研制小组。研制小组的主要目的就是上面提到的,为阿伯丁弹道研究实验室设计的各种火炮计算弹道、编制射击表的计算工具(图 6.8)。这个研制小组以 36 岁的副教授约翰·莫奇利(John William Mauchly,1907—1980)和 24 岁的工程师伊克特(John Presper Eckert,Jr,1919—1995)为首,莫奇利是总设计师,负责机器的总体逻辑设计;伊克特是总工程师,负责电路设计。另外还有戈尔斯坦、博克斯等人也参与了研制工作。更加幸运的是,著名数学家冯·诺依曼(von Neumann,1903—1957)在研制过程中期加入了研制小组。冯·诺依曼当时任弹道研究所顾问,正在参加美国第一颗原子弹的研制工作,他带着原子弹研制过程中遇到的大量计算问题,在研制过程中对计算机的许多关键性问题的解决作出了重要贡献,从而保证了计算机的顺利问世。

1946 年 2 月,世界上第一台多用途电子计算机 ENIAC 问世。ENIAC 采用电子管作为计算机的基本元件,共使用了 17 468 只电子真空管,约 10 000 只电容,7000 只电阻,是一个占地约 170m²,重量 30 吨,耗电 174kW,造价不菲的庞然大物。ENIAC 是一台十进制并行计算机,能够同时处理 10 个十进制数,能够重新编程,解决各种计算问题,可以进行加减乘除运算,运算速度为每秒 5000 次加法、357 次乘法或 38 次除法。虽然在现在看来这没有什么,ENIAC 既耗费巨大又不完善,电子管平均每 7 分钟烧坏一个,但当时的科学家无不为之欢欣鼓舞,它比当时已有的计算装置要快 1000 倍,一条弹道轨迹,20 秒就能算完,比当时炮弹的飞行速度还快,而且还有按事先编好的程序自动执行算术运算、逻辑运算和存储数据的功能。

图 6.8　格伦·贝克(远)和贝蒂·斯奈德(近)在位于弹道研究实验室的 ENIAC 上编程

ENIAC 虽然未能参加第二次世界大战,但被洛斯阿拉莫斯(Los Alamos)国家实验室用于原子弹爆炸的突变问题,后来又用于阿伯丁的空军试验场,一直运行到 1995 年 10 月才停止工作。ENIAC 的问世具有划时代的意义,它宣告了一个新时代的开始,代表着人类迈进了电子计算机时代的大门。

2. 晶体管与 TRADIC、IBM 1401

1) 晶体管的诞生[7]

虽然 ENIAC 的问世具有十分重要的意义,但是作为 ENIAC 主要逻辑原件的电子管却不太让人满意。从其占地面积、功耗和损坏率来看,电子管不仅十分笨重,而且容易产生大量热量,能耗大,寿命短,易出现故障。电子管显然不是电子计算机的理想材料。电子管本身的弱点和军事部门的迫切需要,促使人们努力寻找一种新型的电子器件。最终,贝尔实验室找到了这种新型电子器件,它就是晶体管(图 6.9)。

晶体管是一种三个支点的半导体固体电子元件。半导体是 19 世纪末才发现的一种材料,在"二战"中发挥了十分重要的作用,"二战"后,许多科学家都投入到半导体的深入研究中。最终,经过紧张的研究工作,贝尔实验室的美国物理学家威廉·肖克利(William Shockley)、约翰·巴丁(John Bardeen)和沃特·布拉顿(Walter Brattain)3 人捷足先登(图 6.10),合作发明了晶体管,并因此获得了诺贝尔奖。

晶体管的研究过程也是十分曲折的。1945 年夏天,贝尔实验室正式决定加强固体物理学的基础研究,并为此制定了一个庞大的研究计划,其中半导体研究是固体物理学研究的一个重要方面。1946 年 1 月,贝尔实验室的固体物理研究小组正式成立了,这个小组以肖克利为首,下辖若干小组,其中之一是包括布拉顿、巴丁在内的半导体小组。在这个小组中,活跃着理论物理学家、实验专家、物理化学家、线路专家、冶金专家、工程师等多学科、多方面的人才。他们相互合作,积极交流,提出新想法,沉醉在理论物理领域的研究与探索中。

在实验开始之前,他们做了大量的准备工作。他们先整理了过去有关半导体方面的文献资料,然后到普渡大学调研,尽可能获取最新消息。实验组的第一个半导体三极管设想采用的是肖克利提出的场效应概念。它的工作原理是:将一片金属板覆盖在半导体上,利用

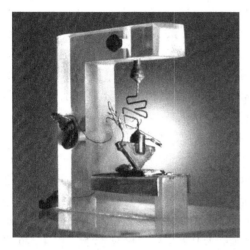

图 6.9 1947 年第一只点接触式晶体管

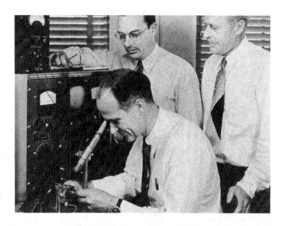

图 6.10 威廉·肖克利(中坐者)、约翰·巴丁(左立者)和沃特·布拉顿(右立者)

金属与半导体之间的电压所产生的电场来控制半导体中通过的电流。根据这一方案,他们仿照真空三极管的原理,试图用外电场控制半导体内的电子运动。但是理想是美好的,现实是残酷的,他们的实验屡屡失败。在这样的情况下,肖克利转而研究其他课题,把这个摊子留给其他人继续干。巴丁和布拉顿却没有因此放弃,而是思考失败的原因,继续前进。

按照理论,他们不可能得到这样的结果,可为什么理论与实际相差如此之大呢?经过苦苦思索,巴丁找到了失败的原因,并提出了一种新的理论——表面状态理论。这一理论认为实验总不成功是由于半导体的表面晶体有缺陷,它能捕获电子,形成对电场的屏蔽,使场效应无法实现。他们乘胜追击,加快了研究步伐,采用在金属与半导体之间加入电解质并在它和半导体之间通电以消除表面状态的办法,利用场效应又反复进行了实验。可是实验还是没有成功,半导体的表面电阻能在一定范围内变化,但还存在没有电压增益以及频率响应只能达到 10 Hz 等缺点。这出乎实验者的预料。

但是他们没有气馁,继续研究。1947 年 12 月 11 日,同组的物理化学家 Gibney 向他们提供一个 N 型锗片,上面生成了氧化层(取代电解质),在氧化层上面又沉淀了 5 个小金粒。布拉顿在金粒上面打了两个小洞,用钨丝穿过小洞和氧化层到达半导体作为一个电极,希望通过改变金粒块和半导体之间的电压能改变电极和半导体之间的电阻(或流过半导体的电流)。布拉顿在做实验时发现金粒与半导体之间的电阻很小,二者几乎形成短路,即氧化层没有起绝缘的作用。而当布拉顿在金粒和钨丝电极加上负电压后,发现没有输出信号。在操作过程中,布拉顿不小心将钨丝和金粒短路,将金粒烧毁。12 月 12 日,布拉顿分析失败的原因,是由于用水冲洗时将氧化层的氧化膜一起冲走。布拉顿觉得值得一试,他将钨丝电极移到金粒的旁边,加上负电压,而在金粒上加了正电压,突然间,在输出端出现了和输入端变化相反的信号,巴丁和布拉顿立刻意识到一个历史性的新纪元开始了。初步测试的结果是:电压放大倍数为 2,上限频率可达 10 000 Hz,至此,前面所说的两个缺点都被克服了。

此后的几天,他们把整个实验装置重新布置了一番。1947 年 12 月 23 日,终于到了盼望已久的时刻。这一天,巴丁和布拉顿把两根触丝放在锗半导体晶片的表面上,当两根触丝十

153

分靠近时,放大作用发生了。世界第一只固体放大器——晶体管也随之诞生了。在这值得庆祝的时刻,布拉顿按捺住内心的激动,仍然一丝不苟地在实验笔记中写道:"电压增益100,功率增益40,电流损失1/2.5……亲眼看见并亲耳听闻音频的人有吉布尼、摩尔、巴丁、皮尔逊、肖克利、弗莱彻和包文。"在布拉顿的笔记上,皮尔逊、摩尔和肖克利等人分别签上了日期和他们的名字表示认同。

图 6.11 点接触式晶体管

巴丁和布拉顿实验成功的这种晶体管是金属触丝和半导体的某一点接触,故称点接触晶体管(图 6.11)。这种晶体管对电流、电压都有放大作用。1948 年 6 月,贝尔实验室报道了这一发明,并申请了专利。美国专利局认为肖克利并没有在此研究中发挥重大作用,专利权只授予了巴丁、布拉顿两人。但是,肖克利并没有因此受到打击,而是继续投入到工作中。所幸,诺贝尔奖没有抛弃这位伟大的科学家,考虑到肖克利对晶体管研究的理论贡献,巴丁、布拉顿、肖克利 3 人共同获得 1956 年诺贝尔奖。他们的点接触式晶体管在当时引发了一场电子科学技术革命,被媒体和科学界称为"20 世纪最重要的发明"。

点接触式晶体管制造复杂,使用起来不是很方便。它问世后,又出现了很多新型晶体管。1951 年,肖克利发明了一种结构类似三明治的结型晶体管,把 N 型半导体夹在两层 P 型半导体中间。1954 年美国德州仪器公司(TI)研制出硅晶体管,为降低晶体管制造成本开辟了道路。晶体管的发明奠定了现代电子技术的基础,揭开了微电子技术和信息化的序幕。

晶体管诞生中的科学方法

在晶体管的诞生中,威廉·肖克利、约翰·巴丁和沃特·布拉顿 3 人做出了突出贡献。尤其是约翰·巴丁和沃特·布拉顿的科学实验,从中可以看到他们成功的方法。

(1)积极调研方法。

资料调研是一种非常重要的科学方法。在开始晶体管实验之前,肖克利、巴丁、布拉顿等人做了大量的准备工作,先整理了过去有关半导体方面的文献资料,然后到普渡大学调研,尽可能获取最新消息。这是非常重要的,只有了解足够多的知识,项目进行起来才会事半功倍。当我们拿到一个研究课题时,第一件事就是要进行调研,获取最新资料,了解别人做过什么,没有做过什么,有什么好的想法等。然后再根据自己的实际情况进行研究。如果只是闭门造车,是不科学的,而且苦干一番的结果可能只是别人早已做过的。所以,科学调研非常重要,每一个科学研究人员都要掌握这种科学方法。

(2)坚持正确的理论,分析比较、交流合作的科学方法。

肖克利、巴丁、布拉顿实验组的第一个半导体三极管设想采用的是肖克利提出的场效应概念。但是他们在进行多次实验以后都以失败告终。在实验结果和理论不相符的情况下,他们没有盲目地用"实验说明一切"的想法推翻先前的理论,而是认真地对实验失败的原因进行分析。先是巴丁分析了第一次失败的原因,并提出了一种表面状态理论,重新进行了实验。结果实验又失败了,他们仍然没有放弃,布拉顿又分析了失败的原因,并且抓住了实验过程中的一个偶然短路事件,大胆地再次尝试实验。结果他们成功了。正是因为他们始终坚持正确的理论,注重分析实验失败的结果,和理论相比较,不断地交流合作,才使他们收获了胜利的果实。

2) TRADIC——第一台晶体管计算机

晶体管研制成功后,很快就得到应用。发明晶体管的最初目的是改进电话继电器,因此晶体管的第一个商业应用是用它来改装新型继电器,后来又用于助听器、收音机等小型实用器件的制造。晶体管用于计算机的制造则较晚。

贝尔实验室在晶体管的研制方面抢占了先机,同样,他们也是把晶体管用于计算机的逻辑元件的先行者。1954 年,贝尔实验室研制出世界上第一台晶体管计算机,这台计算机取名为 TRADIC(Transistorized Airborne Digital Computer),如图 6.12 所示。TRADIC 共装有 800 只晶体管,功率仅有 100W,而此时的计算机,诸如 IBM 公司的701 系列和 650 系列都还是使用电子管的庞然大物。TRADIC 还增加了浮点运算,使计算机能力有了很大提高。贝尔实验室再次让世界震惊。1997 年,TRADIC 项目成员莫瑞·欧文(M. Irvine)还因此获得美国计算机历史博物馆斯蒂比兹先驱人物奖。

图 6.12 TRADIC

3) IBM 1401——晶体管时代计算机的代表

TRADIC 面世后,计算机行业者很快认识到晶体管在计算机制造中的巨大潜力。晶体管和电子管相比有不可比拟的优越性:晶体管体积小,重量轻,装备密度高,体积只有电子管十分之一到百分之一;可靠性高、寿命长,平均寿命是电子管的 100~1000 倍;功耗低,效率高,至少比电子管的功耗少一个数量级,而且不用预热,开机就工作;适合批量生产,降低了成本。晶体管很快取代了电子管,成为计算机的主要逻辑元件,计算机的结构和性能也因此得到提高。1957 年,IBM 公司的 IBM 709 是最后一个电子管大型计算机。之后,计算机制造都转到晶体管上来,各大公司纷纷推出自己的晶体管计算机。

在众多晶体管计算机中,IBM 公司在 1959 年推出的 IBM 1401 晶体管计算机(图 6.13)备受瞩目。[8]它是最早完全运行于晶体管之上的计算机之一,其体积更小,更耐用。它在当时被宣称是第一台低价通用性计算机,也是当时最容易编程的机器。它以每月 2500 美元的租金租给用户使用。IBM 1401 一推出就受到空前的欢迎。在推出后的前 5 个星期,IBM 公司就收到了 5200 份订单,比预计的整个机器寿命内的销量还要高。很快,在曾经抵制自动化的企业中,业务功能都由计算机接管。到 20 世纪 60 年代中期,1401 系统的装机量已经超过 10 000 台,使其成为历史上最畅销的计算机系统。

这简直是一个奇迹,Paul E. Ceruzzi 就曾在《现代计算史》(A History of Modern Computing)一书中写道:"这是一种实用的设备,但用户对其有一种失去理性的偏爱。"IBM 1401 为什么如此受欢迎? 有人分析说是因为其背后的意义:IBM 1401 标志着新一代的计

图 6.13　IBM 1401

算架构,它以租赁的方式服务大众,使人们认识到计算机不一定是精英集团的专属机器,它可以良好地应用于中型企业和实验室环境,甚至服务于每一个人。它使人们意识到计算机的巨大潜力,计算机将无比强大,甚至不可或缺。

IBM 1401 无疑是晶体管计算机的代表,大大刺激了计算机行业的发展。IBM 公司也因此发展壮大,声名显赫。

3. 集成电路与 IBM 360 系统、CPU 芯片

1) 集成电路的诞生

晶体管的发明使电子设备的体积缩小,耗电减少,各方面性能都有所提高,但是随着电子工业的迅速发展,晶体管已经不能满足人们的需求,尤其是计算机,虽然已经不是电子管时代那样的庞然大物,但是仍然非常笨重,不利于使用。众多的科学家也在不断地尝试各种手段,试图使晶体管的体积更小。但是晶体管本身的小型化是有限的,不能无限缩小。在这样的情况下,新的电子元件的研究课题重新摆到了人们的面前。在众多的发明中,有一项技术发明脱颖而出,那就是集成电路(Integrated Circuit,IC)技术。

杰克·基尔比

杰克·基尔比(Jack Kilby,1923—2005),名下的发明有 50 多项,他的照片和发明家爱迪生一起悬挂在国家发明家荣誉厅内,为人类发展做出巨大贡献。但是大家都熟悉爱迪生,却不一定知道杰克·基尔比。他是集成电路技术的发明人之一。

杰克·基尔比的早年生活并不如意,幼年时在堪萨斯州长大,其父经营着一家当地电器公司。基尔比在高中的时候就认定自己将来要成为一名电器工程师。他 18 岁时参加了麻省理工学院的入学考试,但是因为 3 分之差,与麻省理工学院擦肩而过。“二战”爆发后,基尔比被派到印度的一家茶叶种植园,在那里的美军前哨的无线电修理店工作了一段时间。“二战”胜利后,他去了伊利诺斯大学学习电子工程,选修电子管技术方面的课程。很不幸,1947 年他毕业时正好贝尔实验室发明了晶体管,这意味着他学习的电子管技术课程全部作废。这使得他很难找到好的工作。毕业后他只好先到一家名为中央实验室的小型电子元件

制造商(唯一肯为他提供一份工作的公司)那里工作了几年。基尔比很好学,一边工作,一边在威斯康星大学的电子工程学硕士班夜校上学。他取得硕士学位后进入当时较出名的德州仪器公司工作,这家公司允许他差不多把全部时间用于研究电子器件微型化的公司,给他提供了大量的时间和不错的实验条件。正是在这里,他发明了集成电路(图6.14),开始了他的发明之路。

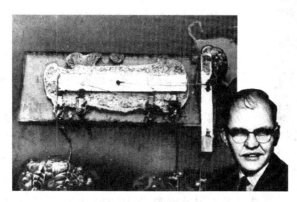

图6.14　杰克·基尔比与他发明的世界上第一块集成电路

当时全世界的很多工程师都在寻找让电子元件缩小的解决方法。1952年,英国雷达研究所的科学家达默在一次会议上就曾提出:可以把电子线路中的分立元器件集中制作在一块半导体晶片上,一小块晶片就是一个完整电路,这样电子线路的体积就大大缩小。这是初期电子线路的构想。杰克·基尔比可能是受到达默思想的影响,在公司其他人员休假的时候,他独自在实验室萌生了集成电路的想法。他意识到当时电路的所有基本元件和线路都是用同一种材料——硅片来做的,如果把电阻和电容也用同样的材料做,那么就可以把它们都组装在一片单独的材料上,就能把相互连接的装置铺设甚至印制在一个小小的硅片上面。他甚至产生了一个大胆的想法:没有电线。1958年7月24日,基尔比把这个想法匆匆写在自己的笔记本上,并画出了设计草图:"以下电子元件都可以印刻在同一块硅片上。在一个单片上可以安置以下电路元件:电阻器、电容器、配电器、晶体管。"[9]当时同行都怀疑这种想法是否可行,就连他自己也不是很确定。基尔比后来在他所著的《IC的诞生》一书中曾经自我调侃说"我为不少技术论坛带来娱乐效果"。可见当时他的想法并不被一些技术人员看好。幸运的是,基尔比并没有因此放弃,正如他自己说的那样,他有一个很大的优势:"在电子领域我是新手,因此别人认为不可能的事,我一无所知,因此我从不排除任何可能性。"[9]

他把关于集成电路的想法告诉了他的老板,并且申请制造集成电路的试验模型。老板同意了,但也不想浪费很多钱,于是让基尔比造一个叫相位转换振荡器的简易电路,要求这种装置能把直流电变成交流电。1958年9月,他在进行了无数次试验后,终于成功地将锗晶体管在内的5个元器件集成在一起,基于锗材料制作了一个相位转换振荡器的简易集成电路。这是世界上第一块锗集成的电路。基尔比于1959年2月申请了小型化的电子电路(miniaturized electronic circuit)专利,1964年6月26日获得批准。

得益于基尔比的集成电路设计,德州仪器公司于1961年制成世界上第一台基于集成电路的计算机。

罗伯特·诺伊斯

集成电路技术的另外一个发明人,仙童公司的罗伯特·诺伊斯(Robert Noyce,图6.15)几乎找到了相同的解决方案。诺伊斯提出:可以用平面处理技术来实现集成电路的大批量生产。1959年7月30日,他们利用二氧化硅屏蔽的扩散技术和PN结隔离技术,基于硅平面处理工艺研制出硅集成电路。这是世界上第一块硅集成电路。罗伯特·诺伊斯申请了基于硅平面工艺的集成电路发明专利,1961年4月26日获得批准。后来罗伯特·诺伊斯离开仙童公司,和摩尔等人创建了Intel公司。

1966年,基尔比和诺依斯同时被富兰克林学会授予美国科技人员最渴望获得的巴兰丁奖章。基尔比被誉为"第一块集成电路的发明者",而诺依斯被誉为"提出了适于工业生产的集成电路理论"的人。1969年,美国联邦法院最后从法律上承认了集成电

图6.15 罗伯特·诺伊斯

路是两人同时发明的。[10] 2000年,基尔比因为发明集成电路被授予诺贝尔物理学奖,诺贝尔奖评审委员会评价基尔比"为现代信息技术奠定了基础"。遗憾的是,诺伊斯在1990年因病去世,无缘诺贝尔奖。

2) 集成电路诞生的思考

从集成电路的两位发明者身上我们可以学到很多,他们的科学方法和科研态度都值得我们学习。

(1) 不要轻易否定自己,勇于尝试。

在那个时代,很多科学家和工程师都在努力寻找着使电子元件设备更加小型化、更加完备的解决方法。但是当杰克·基尔比提出他的集成电路思想时,却"为不少技术论坛带来娱乐效果"。同行们都认为不可能,这是他们从当时的理论知识出发所做的论证,直接否定了其可行性。幸运的是,当时该领域有这么一个新手"不知道别人认为不可能的东西,因此我不排除任何可能"。正是因为杰克·基尔比不排除任何一种可能,不随便否定自己,勇往直前,敢于实践,才使得集成电路诞生,造就了一代伟大的发明家。我们不得不深思,为什么那么多具有丰富专业知识的优秀研究人员都没有发现基尔比思想的重大意义,只是把它看作是一种可以娱乐的天方夜谭呢?虽然他们的专业知识可以让他们在某些方面有更加深刻的理解,有助于发明创造。但是有些人把自己局限在理论知识的圈子里,限制了思维的拓展。当他们得知一种超出自己理论范围的创造性想法时,总是首先试图用自己现有的知识来解释,如果解释不通,就认为是不可能实现的。但是他们却忽略了一点:人的知识总是有限的,不断突破自我的过程就是知识不断增长的过程。

基尔比没有被不可能吓到,他亲自动手试验。结果证明这是可能的。在科技发展的长河中,把不可能变为可能的例子有很多。我们应该学习基尔比这种大无畏的勇于实践精神,敢于做第一个吃螃蟹的人。即使最后事实证明我们的想法是错的,我们也不是一无所获,相信我们在实践的过程中也会得到许多,也许会在这个过程中产生更加新颖的方法,取得更大的突破。

没有亲身试验的人没有发言权。不轻易否定,勇于实践,机会就会眷顾你。

（2）标新立异,另辟新径。

一个问题可能会有很多种解决方法,有的方法简单,有的方法复杂。例如计算一个数学问题：从 1 到 100 的和,可以规规矩矩地 $1+2+\cdots+100$ 逐个求和,也可以用一个公式 $(1+100)\times50$ 得到结果。显然,第二种方法更加快捷一些。集成电路的发明也是这样,基尔比发明了一种集成电路方法,诺伊斯也几乎在同时发明了另一种平面工艺集成电路方法,而且更加简单。所以说,同样的问题可以有不同的解决方案,我们在思考问题时,不要拘泥于一种想法,要开拓思维,可能会得到新的解决方法。当然了,标新立异,另辟蹊径固然很好,但是千万不可钻牛角尖,如果一项成果已经发展很成熟,再也没有进步的空间,那我们就安心借用这项成果吧。

（3）借鉴前人成果,注重观察实验方法。

古往今来,各项发明,尤其是技术发明都离不开观察实验。集成电路的发明同样如此。集成电路的研究一定不是一蹴而就的。不论是基尔比还是诺伊斯都是通过无数次的科学实验,经过了很多失败后才最后取得成功的。时刻注意前人的思想成就非常重要,有时候这可以帮助我们省去很多麻烦。基尔比正是借鉴晶体管的发展,受到达默思想的影响才产生了集成电路这一划时代的伟大想法;诺伊斯也是从当时发展迅速的平面处理技术中得到启发,实现了硅集成电路的大批量生产。所以,对于科学研究人员来说,除了有刻苦钻研的精神外,还要注意前人和同时代的发展成果,也许我们会从中得到一些小的想法,从而茅塞顿开。关于实验方法,前面已经讲了很多,这里就不再重复了。

3）IBM 360 系列——小、中规模集成电路数字计算机代表

在 1964 年以前,计算机厂商要针对每种主机量身定做操作系统,IBM 公司也不例外。当时 IBM 公司的每一台计算机之间都毫不相干,它们有不同的内部结构、处理器、程序设计软件和外部设备,功能和性能也不尽相同。如果用户要更换一台计算机,他们不仅要更换计算机本身,外部设备统统需要更换,甚至程序也需要重新编写。当时大部分应用程序还是用汇编语言书写的,这更为更换工作增加了难度。而且在好不容易移植后,计算机的实际速度也并没有实质性的提高,一些软件移植后,还根本不能运行,技术上不能实现兼容。这让用户非常的不满意,一些大的客户纷纷离开 IBM 公司寻找新的合作伙伴。

在这种情况下,IBM 公司不得不停下来寻找一种新的解决方案。经过全面的调查后发现市场上没有一种解决方法。为了公司的进一步发展,他们必须尽快找到一种新方法走出眼前的困境。经过苦苦思考,一些开发研究人员提出"计算机家族"的概念。IBM 公司的总裁小托马斯·沃森(Thomas Watson Jr.)和相关开发人员讨论后觉得可行,立即下令开展计划。

1964 年,就在老沃森创建公司 50 周年之际,由有"IBM 360 之父"之称的 IBM 公司计算机科学家弗雷德里克·布鲁克斯(Frederick Phillips Brooks,Jr.)主持设计的第一个集成电路的通用计算机系列 IBM 360 系统研制成功,它是世界上首个指令集可兼容计算机。该系列有一个很大的特点,它共有 20、30、40、50、65 和 75 共 6 个型号的大、中、小型计算机和 44 种新式的配套装备,从功能较弱的 360/51 型小型机,到功能超过 51 型 500 倍的 360/91 型大型机,都是清一色的"兼容机"。"兼容性"是阿姆达尔提出的一种全新的思路。所有型

号的 360 系统计算机都能用相同方式处理相同的指令,享用相同的软件,配置相同的外部设备,而且能够相互连接在一起工作。用户再也不用担心计算机的升级问题,单一的操作系统可以适用于整系列计算机。"兼容性"的全新理念给现代计算机的发展带来极大的推动作用,是一场伟大的变革。IBM 公司因为 360 系列计算机(图 6.16)再次取得难以置信的成功,360 系列受到各大行业的欢迎,成为第三代中、小规模集成电路计算机的标志性产品。

图 6.16　IBM 360 系列计算机

IBM 360 系列项目在当时被视为是一场商业豪赌,为了研发它,IBM 公司征召了 6 万多名新员工,建立了 5 座新工厂,它的研究经费有 50 亿美元(相当于现在 340 亿美元)巨款。当然,IBM 公司在如此大的投入后,也取得了众多成果。例如著名的阿波罗登月计划,其数据库就是在 IBM 360 系列计算机的协助下完成的。360 系列的核心技术也奠定了当今数据库技术、个人计算机风潮、因特网的发展、在线购物和电子商务等的基础。

4) 微处理器 CPU 芯片——大规模集成电路数字计算机

随着集成电路技术的成熟,计算机的逻辑元件和主存储器都采用了大规模集成电路(LSI)。所谓大规模集成电路是指在单片硅片上集成 1000~2000 个以上晶体管的集成电路,其集成度比中、小规模的集成电路提高了 1~2 个数量级。计算机开始朝巨型机和超小型机、微型机的方向发展,各种各样的微处理器和微计算机潮水般涌向市场。

在此阶段,计算机硬件飞速发展,尤其是计算机核心微处理器 CPU 的发展,奠定了微型机的基础。在各大公司生产的芯片中,Intel 公司 CPU 芯片最具有代表性,是当时微处理器的最高水平。下面就以 Intel 公司芯片的发展为例,简要说明微处理器的发展过程。

1971 年,世界上第一只商用计算机微处理器芯片 4004(图 6.17)在 Intel 公司诞生,它是一件划时代的作品。微处理器 4004 的发明人是 Intel 公司年仅 34 岁的霍夫。4004 处理器在芯片上集成了 2250 个晶体管,晶体管之间的距离只有 $10\mu m$,整体尺寸为 3mm×4mm,外层有 16 只针脚,一次可对 4 个二进制数进行运算,每秒可以运算 6 万次。微处理器 4004 的诞生代表着人们实现了仅用一块芯片就承担中央处理器的设想,它本身也是大规模集成电路技术的体现。日本一家名为 Busicom 的公司采用 Intel 4004 微处理器芯片制造出 Busicom 141-PF 计算器(图 6.18),这台计算器的性能与世界上第一台电子管计算机

ENIAC(占地 167m²)的性能相当,但它已经不再是之前的庞然大物。

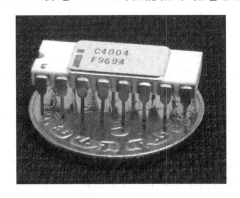

图 6.17　1971 年,Intel 推出的世界上第一款
微处理器 4004

图 6.18　采用 Intel 4004 CPU 芯片制造的
Busicom 141-PF 计算器

　　在处理器 4004 芯片推出后,Intel 公司一直致力于芯片的研究,推出了许多种新型芯片。我们现在用的 CPU 芯片多是 Intel 公司生产的。下面介绍一些比较重要的芯片。1972 年,Intel 公司推出 8008 处理器,其处理能力是 4004 处理器的两倍,首批为家用目的而制造的计算机设备之一 Mark-8 采用了该芯片。1978 年,Intel 公司首次推出了具有 16 位数据通道、内存寻址能力为 1MB、最大运行速度为 8MHz 的 i8086。1979 年,Intel 公司继续推出了 8088 芯片,它是第一块成功用于个人计算机的 CPU,成为 IBM 公司新型主打产品 PC 的大脑。它仍旧属于 16 位微处理器,但它内含 29 000 个晶体管,随后,Intel 公司又推出了 80186 和 80188,并在其中集成了更多的功能。1982 年,Intel 公司在 8086 的基础上推出了 80286,它比 8086 和 8088 都有了飞跃,虽然它仍旧是 16 位结构,但在 CPU 的内部集成了 1 万个晶体管,可寻址 16MB 内存,IBM 公司采用 80286 推出了 AT 机并在当时引起了轰动,进而使得以后的 PC 不得不一直兼容 PC XT/AT。1985 年,Intel 公司推出了 80386 芯片,它是 X86 系列中的第一种 32 位微处理器,而且制造工艺也有了很大的进步。它的内部包含 2 万个晶体管,可寻址高达 4GB 内存,具有多任务处理能力,可同时运行多种程序,可以适用于 Windows 操作系统。1989 年,Intel 公司推出 80486 DX CPU 芯片,这块芯片首次突破了 100 万个晶体管的界限,集成了 120 万个晶体管。80486 是将 80386 和数学协处理器 80387 以及一个 8KB 的高速缓存集成在一个芯片内,并且在 80X86 系列中首次采用了 RISC(精简指令集)技术,可以在一个时钟周期内执行一条指令。它还采用了突发总线(Burst)方式,大大提高了与内存的数据交换速度,而且使用户从依靠输入命令运行计算机的年代进入只需点击即可操作的全新年代。1993 年,推出著名的奔腾(Pentium)处理器,让计算机更加轻松地整合数据,随后几年,不断推出各种奔腾处理器的改进版,高能奔腾(Pentium Pro,1995)、奔腾Ⅱ(1997)、奔腾Ⅱ至强(Xeon,1998)、赛扬(Celeron,1999)、奔腾Ⅲ(Pentium Ⅲ,1999)、奔腾 III 至强(Pentium Ⅲ Xeon,1999)、奔腾 4(2000)、至强(Xeon,2001)等。2005 年,Intel 公司推出著名的酷睿处理器,苹果公司转向 Intel 平台后推出的台式机就是采用酷睿处理器;2008 年 11 月 17 日,Intel 公司发布 Core i7 处理器,它是一种原生四核处理器,拥有 8MB 缓存,支持三通道 DDR3 内存,处理器能以八线程运行,性能比以前高出许多。2009 年,推出双核四线程处理器 Clarkdale,它是第一款 32nm 工艺芯片,首次集成图形核心的处理器。

2010 年,Intel 公司宣布推出 Intel 至强处理器 7500 系列,一款 8 核处理器。2011 年推出 10 内核"Westmere-EX"CPU。现在各种芯片层出不穷,性能越来越高。未来计算机芯片将会朝着更加超大规模集成电路、更加智能化方向发展。

5) PC 的诞生——PC-IBM5150

1981 年,IBM 公司在纽约宣布 IBM PC 个人计算机问世,这是世界上第一台个人计算机,

图 6.19 1981 年,IBM 公司推出的
第一台 PC-IBM5150

IBM 公司将其命名为 PC-IBM5150(图 6.19)。早在 1980 年,IBM 公司就成立了微机研制小组,当时 Intel 公司的微处理机芯片正炒得火热,其他各大公司也在积极研制自己的计算机产品。IBM 公司微机研制小组认识到,要想在这个竞争激烈的时代快速开发出可以普及的微型计算机抢占先机,就不能再故步自封了,必须实行开放的政策。于是小组决定不再自己研制微处理器芯片,直接采用 Intel 公司当时最新的 8088 微处理器,同时委托独立的软件公司为它配制各种软件。正是因为研制小组的英明决定,人们才提早看到了个人计算机的诞生。同时,IBM PC 也造就了 Intel 公司在微处理芯片界的霸主地位。

IBM 5150 推出后获得巨大成功,世界上首次明确了 PC 的开放行业标准,允许任何人及其厂商进入 PC 市场。这极大地推动了 PC 的未来发展。IBM PC 面世后,大量模仿者纷纷加入,推动了 PC 市场的繁荣。个人计算机以前所未有的速度普及到大众。

笔记本计算机的诞生

个人计算机诞生以后,人们并没有满足,一直在研究如何让计算机变得更加美观,更便于携带,这就推动了笔记本计算机的诞生。

关于谁是第一台笔记本计算机的发明者一直没有定论。美国的康柏公司和 IBM 公司以及日本的东芝公司都认为自己是第一个发明者。1996 年,美国《计算机杂志》提到康柏公司于 1982 年 11 月推出了一款手提计算机,重 28 磅(约合 14kg),这应该算是最早的笔记本计算机雏形。但 IBM 公司却拒绝接受这个说法,坚持认为它在 1985 年开发的一台名为 PC Convertible 的膝上计算机才是笔记本计算机真正意义上的"开山鼻祖"。而日本同样也在强调自己的优先权。他们认定世界上第一台真正意义上的笔记本计算机是东芝公司的 T1000,这款计算机于 1985 年推出,采用 Intel 8086 CPU,512KB RAM,并带有 9 英寸的单色显示屏,没有硬盘,可以运行 MS-DOS 操作系统。

是谁发明了第一台笔记本计算机,现在已经不重要了。随着计算机硬件的发展和超大规模集成电路技术的进步,笔记本的出现是必然的。现在计算机越来越智能,越来越精致,好的手机甚至可以抵得上一台计算机。未来的计算机将会以超大规模集成电路为基础,向巨型化、微型化、网络化和智能化的方向发展。

6.2 计算机软件的发展

6.2.1 什么是计算机软件

1. 计算机软件概念

计算机软件(computer software)是指计算机系统中的程序、方法、规则和相关的文档资料以及在计算机上运行时所需的数据。这是 1983 年 IEEE 为软件下的定义。现在软件的通俗解释为：软件＝程序＋数据＋文档资料。[11]

程序是完成特定功能和满足性能要求的指令序列；数据是程序运行的基础和操作的对象；文档资料是与程序开发、维护和使用相关的图文资料。程序必须装入机器内部才能工作，文档资料一般是给人看的，不一定装入机器。各种软件的有机组合构成了软件系统。

2. 计算机软件分类

计算机软件的分类方法有很多，按软件的配置和功能进行划分，软件可以分为系统软件和应用软件两大类。

1) 系统软件

系统软件是计算机运行必不可少的组成部分，它是指控制和协调计算机及外部设备，支持应用软件开发和运行的系统，是无须用户干预的各种程序的集合，主要功能是管理和维护计算机本身的资源，使它们可以协调一致，保证计算机系统能够高效、正确地运行。系统软件常常作为计算机系统的一部分和计算机硬件一起提供给用户使用。

系统软件又可以分为以下几类：操作系统、语言处理程序、数据库管理系统程序软件、辅助程序软件。

(1) 操作系统(Operating System,OS)。是软件系统的核心，是管理和控制计算机各种硬件与软件资源的计算机程序，是直接运行在"裸机"上的最基本的系统软件，任何其他软件都必须在操作系统的支持下才能运行，是计算机系统的内核与基石。

操作系统是用户和计算机之间的接口，同时也是计算机硬件和其他软件的接口。主要功能模块有处理器管理、作业管理、存储器控制、设备管理、文件管理。目前比较典型的系统有 UNIX、Linux、Windows、iOS、Android、Mac OS X。

(2) 语言处理程序。计算机硬件只能直接识别和执行数字代码表示的机器语言，因此计算机上任何用其他语言编制的程序都不能直接在机器上运行，必须经过程序语言中的翻译程序翻译为机器语言后才可运行。完成这种翻译的程序本身是一组程序，被称为语言处理程序，它也是一种必需的系统软件。不同的高级语言都有相应的翻译程序。通常有两种翻译方式：解释和编译。语言处理程序一般有 3 种：汇编程序、编译程序和解释程序。

(3) 数据库管理系统(Database Management System,DBMS)。是对数据库进行操纵和管理的大型软件。它对数据库进行统一的管理和控制，以保证数据库的安全性和完整性。使用数据库管理系统，数据库管理员可以建立、修改、删除数据库，并对数据库进行维护，用户也可以对数据库中的数据进行查询、修改、增加、删除、输出等操作。Visual FoxPro、Access、Oracle、Sybase、DB2 和 SQL Server 都是常用的数据库系统。

(4) 辅助处理程序软件。也称为软件研制开发工具、支持软件、支撑软件、软件工具。

它是协助用户开发软件的工具性软件,主要有编辑程序、调试程序、装配和连接程序、调试程序。

2) 应用软件

应用软件是在特定领域内开发的,为了解决某种具体的问题而设计的软件。现在应用软件的种类和数量都非常多,远远超过系统软件。它的大小和设计也相差悬殊,它可以是一个特定的程序,比如一个图像浏览器,也可以是一组功能联系紧密,可以互相协作的程序的集合,比如微软的 Office 软件。

随着计算机的广泛应用,软件的种类和数量也越来越多,很多领域都有专门的软件,这些软件为人们带来了很大的方便。例如,我国由王选院士主导研制的激光照排软件开创了汉字印刷的一个崭新时代,彻底改造了中国沿用上百年的铅字印刷技术。

从 11 世纪我国的毕昇发明活字印刷术,到 15 世纪德国人古登堡发明铅活字,再到 20 世纪四五十年代开始进行的被称为"冷排"的照排技术的研究,印刷技术在不断发展。从 20 世纪 70 年代开始,将两大先进技术即计算机与激光结合起来,用于印刷出版,这也就是精密照排技术。

1974 年,针对在中国普及应用计算机时首先要解决的汉字处理问题,中国设立汉字信息处理工程(代号"748"),着重解决汉字情报检索、汉字通信和精密照排等问题。由原四机部组成"748 工程"办公室,由北京大学、山东潍坊电子计算机公司、长春光机研究所、四平电子研究所、杭州通信设备厂等单位具体承担研究任务。

1976 年,英国蒙纳公司(MONOTYPE)推出了处理英文的激光照排机,使"冷排"技术进入到第 4 个阶段——激光照排阶段。它的眼光很快又盯住了具有无限潜力的中文市场。1979 年,该公司与香港中文大学乐秀章教授合作进行的"中文系统"研究取得进展,研制出了第一套中文激光照排系统。

同一年,"748"工程也诞生了它的第一个具有里程碑意义的成果。1979 年 7 月 27 日,被称为"华光Ⅰ型"的原理性样机试制成功,第一张激光照排的中文报纸样张也问世了。1983 年出现的华光Ⅱ型系统于 1984 年在新华社进行了试用。1985 年,真正具有实用意义的华光Ⅲ型系统产生。《经济日报》印刷厂与科研单位配合,终于在 1987 年 5 月 22 日,在世界上推出了第一张用计算机激光照排技术处理的整版输出的中文报纸。随后,《经济日报》在全国率先淘汰了铅字印刷。在此后的几年间,激光照排技术迅速普及到中国的各级报社。1994 年 4 月,《西藏日报》也开始应用激光照排技术出报,这标志着大陆所有省级以上报纸的印刷全部进入了激光照排技术阶段。

1992 年,彩色激光照排系统出现,与传统的电子分色系统相比,它具有彩色效果更好、成本更低等优势。《澳门日报》首先采用了这一技术。1992 年 1 月 21 日,《澳门日报》刊登了邓小平南方视察的照片,便是利用北大方正的彩色照排技术制作的,而这一天的《澳门日报》也是世界上第一张不用电子分色印刷的彩报。之后,一场"彩色"革命席卷神州。

20 世纪 90 年代初,王选带领队伍针对市场需要不断开拓创新,先后研制成功以页面描述语言为基础的远程传版新技术、开放式彩色桌面出版系统、新闻采编流程计算机管理系统,引发报业和印刷业三次技术革新,使得汉字激光照排技术占领 99% 的国内报业市场以及 80% 的海外华文报业市场。王选直接研制西方还没有产品的第四代激光照排系统。针对汉字的特点和难点,王选发明了高分辨率字形的高倍率信息压缩技术和高速复原方法,率先设计出相应的专用芯片,在世界上首次使用"参数描述方法"描述笔画特性,并取得欧洲和中国的发明专利。这些成果开创了汉字印刷的崭新时代,彻底改造了中国沿用上百年的铅字印刷技术。

1937年2月5日,王选(图6.20)出生在上海一个知识分子家庭。1958年毕业于北京大学数学力学系,1984年晋升为教授,1991年当选为中国科学院院士,1994年当选为中国工程院院士,2002年2月1日获得2001年度国家最高科学技术奖。1975年开始,王选作为技术总负责人投入到"748工程",领导中国计算机汉字激光照排系统和后来的电子出版系统的研制工作。

图6.20 王选

3. 计算机软件和硬件的关系

计算机软件和硬件是相互依存、相互推动、缺一不可的整体[1,2]。硬件是看得见、摸得着的,而软件只有在使用计算机时才能感觉其存在。硬件是计算机系统的物质基础,是软件运行的"舞台",没有硬件的支持,再好的软件也无法运行,没有硬件的计算机就如无源之水。软件是计算机系统工作的依据,它在硬件的支持下运行,是计算机的"灵魂",没有软件的计算机就如一堆废铁,几乎什么功能都没有。只有强有力的硬件支持,才能编出高质量、高效率的软件,也只有高质量、高效率的软件才能使硬件的性得到充分发挥。所以说,只有硬件和软件相结合才能使计算机充满活力,更好地为人类服务。

软件和硬件之间还存在一个重要的关系,这就是计算机软件和硬件之间在逻辑功能上等价。也就是说计算机的某些功能可以由硬件直接实现,也可以由软件实现,从用户的角度来看,它们在功能上是等价的,只是在速度上存在差别,硬件的实现速度快。所以把这种等价性质称为软硬件的逻辑等价性。如早期的计算机,硬件的成本较高,乘除法等运算都是用软件实现的。随着集成电路的发展,硬件的成本大大降低,大部分计算机的乘除法运算和浮点运算改为用硬件直接实现,大大提高了实现速度。

虽然计算机软硬件在实现某些功能时存在逻辑等价性,但是它们在物理上并不是等价的,它们在实现的灵活性、速度、成本等方面都不同。所以在设计一个计算机时,要充分考虑计算机软硬件的功能分配。

6.2.2 计算机软件发展史

在计算机硬件技术飞速发展下,计算机软件技术同样发展迅速。如今,各种软件,尤其是应用软件更是数不胜数。软件的开发离不开语言,而非机器语言要想在机器上执行就必须经过翻译,这就刺激了编译器、IDE的发展;计算机算法会帮助编程人员更快、更好地解决问题;操作系统作为整个计算机的核心,其发展不容忽视。本节从这3个主要方面来讲述计算机软件技术的发展过程。

1. 计算机语言与编译器

提到计算机的发展,就不能不提计算机语言。计算机语言(computer language)是指用

于人与计算机之间通信的语言,是人与计算机之间传递信息的媒介。计算机的每一个动作、每一个步骤都是按照人们编制的计算机程序来执行的,而程序是计算机要执行的指令的集合,指令又是通过人们掌握的计算机语言来编写的。软件的开发离不开计算机语言,因此计算机语言对于软件的发展非常重要。

计算机语言的种类很多,总的来说,可以分为机器语言、汇编语言、高级语言三大类,其中机器语言和汇编语言都属于低级语言。前面已经提到,计算机只能直接识别和执行机器语言,那么汇编语言和高级语言产生的同时必然伴随着翻译软件的产生和发展,各种翻译程序和编译器随之兴起。

下面来看一下计算机语言和编译器的发展历史。编程语言发展至今,大约有 2500 多种。这里仅介绍几种比较常用的编程语言,并通过艾伦·凯和高德纳的事迹来介绍类比、灵感等科学方法。

1）机器语言

机器语言是一种用二进制数表示的低级计算机语言,它是计算机能够直接识别和执行的唯一语言。一条计算机指令就是机器语言的一个语句。当时计算机数据的处理过程是这样的:光电阅读器将记录在穿孔卡片上数据读入计算机,计算的结果则利用打孔机在卡片上打出一些小孔,卡片上的小孔就是用机器语言表示的输出结果,完全是用 0、1 代码书写的程序。

用机器语言进行编程,对编程人员的要求很高,编程人员需要熟记机器指令的代码和格式,了解计算机内部的结构和工作原理,而且编程过程烦琐,效率极低。这注定机器语言不会得到广泛应用。

2）汇编语言

为了减轻使用机器语言编程的痛苦,20 世纪 50 年代初出现了汇编语言（assembly language）,它是由莫奇莱发明的。人们把机器指令代码用有助于记忆和理解的助记符来表示,助记符可以是字母、数字或其他符号,这种由助记符组成的语言就是汇编语言。汇编语言也是低级语言。例如:

```
MOV AX 256                    ;表示把 256 放入累加器 AX
```

汇编语言既反映了 CPU 的内部结构,又充分发挥了机器的特性,比机器语言更加灵活,编程效率更高。相应地,程序员不能操纵所有的硬件资源了,相当多的资源由操作系统接管。

3）高级语言

当计算机硬件变得强大时,就需要同样功能强大的软件使计算机得到更加有效的使用,汇编语言虽然比机器语言简单易记,但是不能满足人们的需求。这时出现了新的语言——高级语言。高级语言是相对于机器语言和汇编语言而言的。高级语言与自然语言和数学语言表达方式相当接近,它不依赖于计算机型号,独立于计算机的硬件结构,具有很好的通用性和可移植性。高级语言的使用大大提高了程序编写的效率和程序的可读性。当然了,它和汇编程序一样,不能充分利用硬件资源,也不能被机器直接理解和执行,需要翻译成等价的机器语言才能执行。

(1) FORTRAN——世界上最早的高级语言。[5]

世界上最早的高级语言是 FORTRAN(公式翻译器,由 FORmula TRANslator 各取前几个字母组合而成)。它是由美国 IBM 公司约翰·巴克斯(John Warner Backus)发明的。巴克斯被誉为"FORTRAN 语言之父"(图 6.21)。

约翰·巴克斯于 1949 年到 IBM 公司工作,从此开始了在 SSEC(Selective Sequence Electronic Calculator,IBM 早期的一台电子管计算机)上长达 3 年的工作。巴克斯进入 IBM 公司后,就全身心地投入到工作中,并在接受的第一个大项目中就做出了贡献。当时,这个项目计算"月历",要求能够给出一年中任何时刻月亮所处的精确位

图 6.21　约翰·巴克斯

置坐标,这是一个既复杂又困难的任务,但是巴克斯出色地完成了任务。后来,他和同事海尔里克(H. Herrick)又一起成功地开发出了一种用于浮点数运算的 Speedcoding 程序。月历程序和 Speedcoding 程序的成功,为巴克斯赢得了同事的尊重和上司的器重,这为他后来开发 FORTRAN 语言打下了基础。

用机器语言进行编程和调试程序有很多弊端,不仅效率低,难于检查和发现问题,非常不利于交流,而且导致软件开发费用高昂。于是,巴克斯就想开发一种接近人类语言的编程语言代替机器语言,从而提高编程效率,降低开发费用。1953 年他将自己的计划提交给其上级卡斯伯特·赫德(Cuthbert Hurd)。虽然遭到当时 IBM 公司顾问冯·诺伊曼的反对,但是鉴于巴克斯之前的优秀表现,赫德还是批准了巴克斯的计划。1954 年,在巴克斯和其同事们的努力下,FORTRAN 语言终于完成了,他们对外发布了 FORTRAN1。1957 年4 月,世界上第一个 FORTRAN 编译器在 IBM 704 计算机上实现,并首次成功运行了FORTRAN 程序。它标志着机器语言编程时代的结束,高级语言编程时代的开始。

FORTRAN 从其诞生至今,已经出现了近百种版本,随着计算机语言的发展,FORTRAN也在不断地吸收一些新概念、新思想,不断地进行完善,并增加了许多新的功能。

巴克斯不仅是世界上第一个高级程序设计语言 FORTRAN 的发明人,他还是最广泛流行的元语言 BNF 的发明人。后来还推出了一种名为 FP 的函数式程序设计系统,它是函数式语言的代表。巴克斯发明的函数式风格和程序代数将程序设计从冯·诺依曼形式中解脱出来。巴克斯凭借其突出贡献于 1977 年 10 月 17 日获得图灵奖。

(2) ALGOL——算法语言。[5]

1960 年,第一个算法程序设计语言 ALGOL 推出。在 ALGOL 语言的定义和扩展上有一个人做出了巨大贡献,他就是首届图灵奖的获得者艾伦·佩利(Alan J. Perlis)。佩利曾出任普渡大学计算中心的第一任主任,在计算机中心安装了一台 IBM 的 CPC(Card Programmed Calculator)计算机,后来更新为 Datatron 205。佩利为之设计了称为 IT(Internal Translator)的语言,并开发了 IT 的编译器。1956 年他转到卡内基理工学院,在那里把 IT 及其编译器移植到 IBM 650 上,并在 IT 的基础上,和史密斯(J. Smith)、佐轮(H. Zoren)、伊万斯(A. Evans)等人一起为 IBM 650 设计和开发了新的代数语言和编程语言。

1957年,ACM成立程序设计语言委员会,设计通用的代数语言,佩利被任命为主席。1958年,在ACM小组和以当时联邦德国的应用数学和力学协会GAMM为主的欧洲小组的联合会议上,除了佩利的想法外,约翰·麦卡锡还根据LISP语言蕴含的思想正式提出了递归和条件表达式两个概念。各小组把他们关于算法的表示方法的建议合二为一,形成了一种语言。这种语言最初叫IAL(International Algebraic Language,国际代数语言),后来改叫ALGOL 58。1960年1月,在巴黎举行的全世界软件专家参加的讨论会上,正式确立了ALGOL 60,并发表了《算法语言ALGOL 60报告》。

ALGOL是纯粹面向描述计算过程的,也就是所谓面向算法描述的。ALGOL是世界上第一个清晰定义的语言,其语法是用严格公式化的方法说明的。ALGOL 60也成为程序设计语言发展史上的一个里程碑,它标志着程序设计语言由一门"技艺"转而成为一门"科学",标志着程序设计语言成为一门独立的学科。ALGOL 60对后来的语言发展也非常具有影响力。1967年"类型"概念的提出,第一个面向对象语言Simula 67的发明,以及后来Pascal、C和Ada语言等的创立,都是在ALGOL 60的基础上加以扩充而形成的。

(3)早期其他高级语言。

继FORTRAN、ALGOL语言推出后,各种高级语言如雨后春笋般不断涌现,很快就衍生出上百种语言,其中最具有代表性的有以下几种。1964年,美国达特茅斯学院的两个教员约翰·凯梅尼(John G. Kemeny)和托马斯·卡茨(Thomas E. Kurtz)开发了BASIC(Beginner's All-Purpose Symbolic Instruction Code,初学者通用符号指令码)语言。BASIC语言号称世界上最简单的语言。比尔·盖茨正是凭借它逐步建立起了微软帝国。1967年,尼克劳斯·沃思(Niklaus Wirth)开始开发基于ALGOL的Pascal语言,在1971年开发完成。现代程序设计语言中常用的数据结构和算法结构大都来源于Pascal,它是一个重要的里程碑——结构化程序设计概念语言。美国贝尔实验室的Dennis M. Ritchie于1972年推出C语言。

图6.22 艾伦·凯

先是贝尔实验室的Ken Thompson根据BCPL语言设计出较先进的并取名为B的语言,后来Dennis M. Ritchie对B语言作了进一步改进,导致了C语言的问世。C语言是现在世界上应用最广泛的语言。

(4)Smalltalk——面向对象程序设计语言。

20世纪70年代早期,一些研究人员发现,由LISP、FORTRAN和ALGOL所衍生出来的上百种语言都存在一个弱点,写出来的程序不仅很难读懂,而且如果想要修改程序的行为,往往需要整个重写。在这样的情况下,著名工程师艾伦·凯(图6.22)提出了一种新思想来解决这个问题,它就是"面向对象",艾伦·凯还设计了Smalltalk语言。

艾伦·凯——"Smalltalk之父"和"个人计算机之父"

现在,面向对象语言应用非常广泛,尤其是C++,在连续几年的语言排名中始终都是前3名。但是,你知道面向对象语言是怎样产生的吗?你知道现代面向对象编程语言的大部分概念是谁发展起来的吗?下面,我们就来看一下面向对象的起源和发展。

世界上第一个面向对象语言是 Simula 语言,它是在 1965 年由挪威人克利斯·奈加特和奥利-约翰·达尔共同开发的一种语言。Simula 语言是面向对象编程语言的老祖宗。它支持类似主图和例图的概念,只是相关术语有所不同。程序员可以定义主图的行为,然后让每个例图都遵循这一行为。在面向对象语言发展过程中,艾伦·凯(Alan Curtis Kay)作出巨大的贡献,现代面向对象编程语言的大部分概念都是由他提出来的,他创立了 Smalltalk 语言,开创了一种简单、有效的编程风格。他是怎样萌生了面向对象的想法? 运用了什么科学方法呢? 这正是下面所要讨论的。

　　艾伦·凯出生于美国马萨诸塞州的春田市,一年后举家迁至澳大利亚,他的父亲是一位设计假肢的生理学家,母亲是一位艺术家和音乐家。科学家和音乐家的结合,使艾伦·凯从小就受到各种不同想法的熏陶,这对他以后的科学研究非常重要。1945 年初,因为战争的关系,艾伦·凯全家又重返美国。1961 年,艾伦·凯应召入伍,在美国空军待了两年,期间他通过了一项能力测试,成为一名程序员,在 IBM 1401 上工作,凯正式开始和计算机打交道。正是在这两年里,他受到极大的触动,为后来形成"对象"的概念奠定了基础。凯在空军的工作主要是为空军解决航空训练设备之间数据和过程(procedure)传输问题。在那里,有一位程序员想出了一个聪明的办法:把数据和相应的过程捆绑到一起发送。这种方法可以让新设备里的程序直接使用过程,无须了解其中数据文件的格式。如果需要数据方面的知识,可以让过程自己到数据文件里找。这种抛开数据、直接操作过程的想法对凯是一个极大的触动,为他日后创立面向对象语言 Smalltalk 埋下了伏笔。

　　凯从他母亲那里接受了熏陶,一度想以专业吉他手的身份挣钱谋生。在他接触计算机后,他可能想到了音乐和计算机之间的联系:"计算机程序有点类似格里高利圣歌——单声部的旋律不断在乐章中来回变化。并行程序则更类似于复调。"圣歌的一个乐章会针对某段主旋律进行多个变奏,而在计算机程序的循环中,同一段指令序列也会被重复多遍,每一次都回以不同的值开始,直到某个"终止值"判断循环结束,之后转入下一个循环,类似于圣歌的下一段旋律。而在复调音乐中,多个不同的主旋律会同时进行,就像在并行程序中同时执行多段指令序列。[12]

　　凯的父亲也对他影响颇深。凯在离开空军后,考入科罗拉多大学。在那里,他完成了数学和分子生物学的学习,随后来到了犹他州大学攻读计算机科学博士学位。他试图找到某种基础构件,支持一种简单、有效的编程风格。生物学知识的学习是他后来灵感的来源:"我的灵感就是把这些看作生物学上的细胞。"与生物学的类比让凯总结出三大原则,这就是 Smalltalk 的初步想法:第一,每个"例"细胞都遵从"主"细胞的某些基本行为;第二,每个细胞都能独立运作,它们之间由能透过细胞膜的化学信号进行通信;第三,细胞会分化——根据环境不同,同一个细胞可以变成鼻子的细胞,也可以变成眼睛或者脚趾甲的细胞。这就是面向对象中的"主/例"区别、信息传递和分化原则,后来都用到了 Smalltalk 的设计中。

　　凯在产生面向对象的基本概念后并没有立即着手设计。他后来到本迪克斯(Bendix)公司工作,在那里认识了埃德·积德尔(Ed Cheadle),他们一起开发了 FLEX 机(一种台式机)。当时的个人计算机有一个最主要的问题,就是无法预测用户的需求,一旦所有人都有权使用,就会出问题。从这里,凯认识到开发可扩展语言(用户能够根据自身领域的术语和操作进行修改的计算机语言)的重要性。

1969 年,凯完成了犹他州大学的博士学习,到斯坦福大学人工智能实验室工作,主要教授系统设计。在教书期间,凯构思了一种书本大小,能将用户(特别是孩子们)与世界相连的个人计算机,它就是 Dynabook。为了发展 Dynabook,他开始设计一种新语言。一年后,凯进入施乐公司,加入 PARC(Palo Alto Research Center,帕洛阿尔托研究中心)。1971 年夏天,凯开始设计这种新语言,它就是 Smalltalk。Smalltalk 确实与生物学上的类比相吻合:相互独立的个体(细胞)通过发送信息彼此交流。每一条信息都包含了数据、发送者地址、接收者地址,以及有关接收者如何对数据实施操作的指令。凯把这种简单的信息都贯彻到 Smalltalk 语言中。1972 年 9 月,他已经完成了对基本想法的简化,并把 Smalltalk 的整个定义写在了一张纸上。这些想法是凯所谓"面向对象"的核心内容,它在 20 世纪 90 年代变成了软件设计的基本技巧。正是因为凯的发明,我们可以通过创建对象模拟人和存在物,这使我们的世界不必再为每一个应用都设计一门新的语言。

Smalltalk 功能非常强大,在 20 世纪 90 年代,C++ 流行起来后,德州仪器公司的 Smalltalk 三人团队和任意数量的程序员的 C++ 团队进行了一次"编码大赛",Smalltalk 团队轻松获胜。但是,当时施乐管理层停止对 PARC 在硬件和软件方面继续供给资源,使很多 PRAC 技术的创造性成果没有在施乐手上发展起来,例如个人计算机、激光打印机、鼠标、以太网、图形用户界面、Smalltalk、页面描述语言 Interpress(PostScript 的先驱)、图标和下拉菜单、所见即所得文本编辑器、语音压缩技术等,尤其是凯和 PARC 其他成员合作开发的世界上第一个具有图形用户界面的个人计算机 Alto 未能成为产品推向市场,这很令人遗憾。后来,具有远见的乔布斯在参观 PARC 后,对视窗图形用户界面印象深刻,而学去了这项技术并大力发展,开发出了 Macintosh 并大获成功,成就了著名的苹果公司。

艾伦·凯关于 Smalltalk 语言的设计奠定了面向对象语言的基础,推动了面向对象的发展,其创造的术语"面向对象"更是成为 20 世纪 90 年代中期以来编程领域最基本的规范之一。因为 Smalltalk 和 Alto 的发明,艾伦·凯享有"Smalltalk 之父"和"个人计算机之父"的美称。2003 年,64 岁的艾伦·凯被授予图灵奖。

4) 艾伦·C.凯的科学方法

从 Smalltalk 语言的发明,可以很明显地看到艾伦·凯常用的两种方法,那就是类比和灵感。

(1) 类比方法。

所谓类比是这样一种推理,即根据 A、B 两类对象在一系列性质或关系上的相似,又已知 A 类对象还有其他的性质或关系,从而推出 B 类对象具有同样的其他性质或关系。[13]

类比方法是艾伦·凯最常用的一种方法。他在对计算机进行理解和研究的过程中,习惯上把它类比成自己所熟悉的一种事物。他把表面上毫不相干的音乐和计算机联系起来,把计算机程序和格里高利圣歌的旋律相类比。这帮他更好地理解计算机程序。他还把计算机编程与生物学相类比,把"类"等概念看作生物细胞,从而总结出三大原则,形成 Smalltalk 思想的雏形。在理解个人计算机和大型机的区别时,他也用了类比的方法:"我们曾把个人计算机比作私人汽车,而大型机则是公共铁路。"[12]虽然最后艾伦·凯发现这种类比不太恰当。但是可以看出类比方法在艾伦·凯的科学方法中占有很重要的地位。

当我们面对新的研究对象或陌生的认识领域,需要解开一个新的"自然之谜"时,通常是从已知的对象或已知的领域出发做出各种类比，用我们熟悉的事物帮助我们理解未知的事物。自然界的客观事物之间往往存在相似关系，从微观、宏观到宇观，从无机界到有机界，莫不如此。而且，在不同研究领域中起作用的或在同一学科领域的不同部分中起作用的自然规律之间也存在联系。客体与主体之间存在相似性，自然规律之间也存在相似性。类比是与科学发现这种创造性工作最有密切联系的一种逻辑方法，是推动科学认识的有力工具。[13]因此，学会正确地运用类比方法非常重要，通过类比可以更加深刻地理解新事物，更好地进行科学研究工作，有利于充分发挥我们的创造能力和创新能力。

（2）灵感方法。

科学思维中的灵感通常是指突然出现的一种具有创造性认识内容的模糊观点。

灵感也是艾伦·凯应用的一种科学方法。艾伦·凯曾经说过"我的灵感就是把这些看作生物学上的细胞。"他从与生物学的细胞相类比中得到灵感，形成面向对象的基本概念。

灵感是可遇而不可求的，它有很大的偶然性。它一般是在苦苦思索后得到的一种对所思考事物的直觉或顿悟。灵感的诱发因素是随机的，人们不能事先预知灵感出现的时间和地点，灵感大多是突发式的。灵感虽然很难预见，但是也并不是无迹可寻。灵感的触发总是借助于一定的方法。例如艾伦·凯的例子，类比方法就起了灵感触发的作用。灵感也不是随心所欲、凭空出现的。如果不具备相当的知识，在大脑中没有适当的知识"储备"，那是不可能产生相关灵感的。我们不能指望一个从没有接触过计算机相关知识的人会突发灵感，产生"面向对象"的想法。

灵感是一种重要的科学方法，它是认识的升华。一方面要抓住科学发现中的灵感，另一方面，也不能完全把创新寄托于灵感之上。只有努力学习相关的科学知识，提高自身的文化素养，才能在科学研究中迸发更多的灵感，得到更大的收获。

5）其他面向对象的编程语言

面向对象思想从 20 世纪 60 年代的 Simula 语言开始的，发展已经近 50 年，其自身理论已经十分完善，被多种面向对象程序设计语言实现。尤其是 C++、Java、C♯等一些比较流行且日趋成熟的编程语言，深受 Smalltalk 语言的影响。20 世纪 80 年代初，布莱德·确斯（Brad Cox）在其公司 Stepstone 发明 Objective-C。它是一种扩充 C 的面向对象编程语言；1983 年，布贾尼·斯特劳斯特卢普（Bjarne Stroustrup）在 AT&T Bell 实验室研发了 C++ 语言，这是目前最广为流行的面向对象编程语言，但为了保证与 C 的兼容性，丧失了一些好的面向对象编程语言的特性；1995 年 5 月 Sun 公司推出 Java 语言，这是一种可以撰写跨平台应用软件的面向对象的程序设计语言，是纯粹的面向对象语言；1995 年 12 月，动态语言 Ruby 发布。Ruby 的语法像 Smalltalk 一样完全面向对象、脚本执行，而且具有 Perl 强大的文字处理功能；2000 年 6 月，微软公司推出由主要由安德斯·海尔斯伯格（Anders Hejlsberg）主持开发的 C♯ 编程语言。C♯ 是一种面向对象的、运行于.NET Framework 之上的高级程序设计语言，继承了 C、C++、Java 语言的一些强大功能，是第一个面向组件的编程语言，而且它和 Java 一样，都是纯粹的面向对象语言。

编译器/集成开发环境之争

计算机语言的发展促使一系列语言编译环境的开发和使用以及整个.net 架构的形成。

编译器的作用是把某种语言写的代码转变成机器语言,从而使代码可以被机器识别和执行。世界上最早的高级程序设计语言 FORTRAN 的作者就曾说过,语言设计很容易,但是写编译器非常困难。集成开发环境(IDE)就是提供一整套工具来帮助开发软件,这套工具一般包括针对不同语言的编译器和链接器、SDK 软件开发包(其中包括编程者能使用的各种函数库,就好比 C++ 标准库)、一些辅助工具(比如调试器、图标设计、代码编写界面等),IDE 中往往都包含了针对不同语言的编译器。

高级语言的发展促使了一系列编译器和 IDE 的产生和发展。

(1) 微软和 Borland 的竞争。

在各大积极开发编译器的公司中,微软和 Borland 的竞争最为激烈。他们先是在 BASIC 上展开斗争。依靠 BASIC 起家的微软于 1975 年推出了 BASIC 的编译器 Microsoft BASIC(QBASIC),但是反响不是很好。1983 年菲利普·卡恩和安德斯·海尔斯伯格在美国加州的 Scotts Valley 成立 Borland 公司,从事软件开发。同年推出 Turbo Pascal。Turbo Pascal 提供了一个集成环境的编译工作系统,集编辑、编译、运行、调试等多功能于一体,是 Borland 公司推出的第一个作品,推出后获得极好的声誉。

继 BASIC 之后,C 语言的大力推广促使两家公司再次进行竞争。Borland 公司于 1987 年首次推出 Turbo C 产品,是针对 C 语言的编译工具。在 Turbo C 中使用了一系列下拉式菜单,将文本编辑、程序编译、连接以及程序运行一体化,大大方便了程序的开发。这种全然一新的集成开发环境受到用户的极大欢迎。该公司还相继推出了一套 Turbo 系列软件,如 Turbo BASIC、Turbo Pascal、Turbo Prolog,这些软件都很受用户欢迎。微软也不甘示弱,推出了 Microsoft C,也是一款 C 编译器,但是它的反响仍然比不上 Borland,Borland 占领了大部分市场份额。

C++ 编译器的发展仍然离不开两者的推动。1990 年,Borland 推出 Eugene Wang 设计的 C++ 的 IDE Borland C++,它红极一时,曾经占了 C、C++ 的绝大部分市场。1992 年,微软公司推出针对 Win32 的开发环境 Visual C++,即 Microsoft Visual C++。刚开始推出时,完全败给 Borland,但是后续版本功能越来越强大,逐渐夺回市场份额。

1991 年,微软公司推出 Visual Basic(VB)版本。最初的设计是由阿兰·库珀(Alan Cooper)完成的。Visual Basic 是一种包含协助开发环境的事件驱动编程语言,采用 Quick Basic 的语法,引入事件驱动,拥有图形用户界面(GUI)和快速应用程序开发(RAD)系统,支持拖曳,并支持动态调试。当时引起了很大的轰动;1995 年,Borland 公司推出 Delphi。它以 Pascal 语言为主体,并进行了改造,它使用了 Microsoft Windows 图形用户界面的许多先进特性和设计思想,并引入了完整的面向对象程序语言(object-oriented language),而且编译速度更快,会大大地提高编程效率,让广大的程序开发人员感到惊喜。

(2) Java 编译器、IDE 之争。

Java 语言在 1995 年面世后,因为其与操作系统无关等优良特性,随着网络的普及迅速发展起来。各个软件公司很快意识到这门语言的发展前景,于是纷纷跟进,推出相关的编译

172

器和 IDE,这不再是微软公司和 Borland 公司两家的竞争,而是一场大混战。

这次 Symantec 公司抢占了先机,它以最快的速度发布了具有集成、编译调试环境的 Visual Café。这是第一个 Java 开发环境,由原 Borland 公司 Borland C++ 的设计者 Eugene Wang 开发。但是随着 Eugene Wang 的离开,Visual Café 的后续开发逐渐下滑,最终以失败告终。微软同样不落人后,很快开发了 VJ++。虽然 VJ++ 各方面相当出色,但是由于微软对 Java 标准进行了修改,引起了 Sun 的不满,且用户也担心标准不一致会影响使用,所以 VJ++ 并没有获得太大的成功。Sun 公司虽然是 Java 的开发者,但是却在 Java IDE 的第一战中输得很惨。在 Symantec 公司和微软之后,Sun 也推出了一款 Java 的 IDE SUN Workshop,但是在功能、执行效率方面都比不上竞争对手,而且小问题一大堆,慢慢地退出了 Java 开发工具的市场,后来 Sun 推出了一个免费的 Java IDE(Netbeans)才挽回了一点局面。Borland 是最后一个推出 Java IDE 的公司,它推出了 JBuilder,但是初始版本表现太差,反响并不好。后续版本得到极大改善,才一举击败所有对手,占据了 Java 市场。但是好景不长,正在 Borland 为 Java 的胜利欢呼的时候,IBM 的 Eclipse 出现了,Eclipse 是一个开放源代码的、基于 Java 的可扩展开发平台。就其本身而言,它只是一个框架和一组服务,用于通过插件构建开发环境,主要由 Eclipse 项目、Eclipse 工具项目、Eclipse 技术项目 3 个项目组成,支持 Java 开发、C 开发、插件开发,它提供建造和构造并运行集成软件开发工具的基础。

总的来说,在众多 Java 的集成开发环境中,目前 Eclipse 最受欢迎,JBuilder 和 Netbeans 也占据了一部分市场。

(3) 微软.NET 战略。

在 Java 的 IDE 之争中,微软并没有占到便宜。于是,2000 年,微软启动.NET 战略,其目标是希望帮助用户能够在任何时候、任何地方、利用任何工具都可以获得网络上的信息,并享受网络通信所带来的快乐。Anders 被任命为微软.NET 的首席架构师,支持.NET 的开发工作,并几乎一手开发了 C#。C# 充分借鉴了 C 和 Java 的语言,甚至照搬了 C 的部分语法,几乎集中了所有关于软件开发和软件工程研究的最新成果。.NET 架构不仅包括 C#,还包括 ASP.NET,VB.NET 等一系列的新语言。微软借此实现了和 Java 全面抗衡。

虽然竞争是残酷的,但是正是因为各大公司的竞争,才使得软件行业一刻不停地向前发展,软件的功能越来越完善。

2. 计算机算法

算法对于软件来说非常重要,它可以帮助人们非常快速、准确地解决问题。现在的计算机算法非常多,不可能逐一介绍。计算机前辈们是怎样把算法发展起来的呢? 他们又用了怎样的科学方法呢? 下面就以著名的科学家高德纳的例子看一下他的算法之路。

1) 高德纳及其科研方法

高德纳(Donald Ervin Knuth,1930—,图 6.23)在其职业生涯中受到公众广泛的赞誉和褒奖。他一生成果无数,在编译器、排版印刷软件系统、算法等多个领域都有突出贡献。甚至其自传的开篇都有这样的感叹:"高德纳真的是一个人吗?"

高德纳于 1938 年出生于密尔沃基,其父是克努斯家族的第一位

图 6.23　高德纳

173

大学生。他继承了他父亲对音乐和教育的理解,尤其是语言风格。

从初中开始,他的聪明才智就展露无遗。8 年级时参加糖果生产商赞助的拼词比赛,结果比裁判给出的"官方"单词表都多 2000 个。高中时创立了"普茨比度量衡体系",里面包括一些如长度单位普茨比等一系列的基本单位。他因此得到西屋科学天才奖的提名。1956 年,高德纳第一次接触到计算机,那是一台 IBM 650。他根据 IBM 手册里面的编程实例学习编程并对其改进。1958 年时,他为凯斯校篮球队编写了一个根据命中率、抢断、失误等数据为球员评分的程序。这套程序受到球队教练的好评,《新闻周刊》还为此专门写了一篇报道。[12]

高德纳开始其辉煌的职业生涯是在 1962 年。这一年,高德纳应 Addison-Wesley 出版社的邀请,为编译器这一领域写一本书,就是著名的《计算机程序设计艺术》。这本书包罗万象,书中的每一个理论都会有巨细无疑的讨论和解释,每一条理念都蕴含着美感。当然了,如此详细的工程不是一本书可以完成的。它是一套丛书,开始的计划是出一套七卷系列丛书。《计算机程序设计艺术》出版后得到广泛赞誉,它的前三卷(《基础算法》《半数值算法》《排序与搜寻》)成为 20 世纪 70 年代初教科书的首选,现在也被频频用于参考书。这套书更加难能可贵的一点是它的编写是与时俱进的,总是尽力跟上时代的步伐,如高德纳自己说的那样:"在 1966 年,举一人之力就可以了解这个计算机科学领域,但是它一直在不断成长壮大。我已经尽全力跟上它的步伐。"现在,《计算机程序设计艺术》已经出版到第四卷《组合算法》,第五卷《造句算法》、第六卷《上下文无关语法理论》、第七卷《编译器技术》仍然在写作之中。

在编译器方面,高德纳最知名的算法成果就是 LR(k)分析法,这是他在编写《计算机程序设计艺术》过程中突然想到的。LR(k)分析法采用"前瞻"的技巧预读字符串后面的内容,使句子的解释更加准确,可以处理更多的语言。

高德纳还发明了一个重要的算法,就是他的"精确分析算法"。这种算法能够明确地证明某个算法花费的时间与输入的平方的比值倍数,相比于很多计算机科学家的模糊指定来说意义重大。高德纳对于数学定理的推论也很有研究,曾与他在加州理工学院带的本科生彼得·本迪克斯(Peter Bendix)合作开发了一种名叫克努斯—本迪克斯的算法。这个算法对于探索各种定理的含义,验证通过这些定理得到的结论很有帮助,而且精确度比一般方法高得多。

高德纳兴趣广泛,不仅对计算机的很多领域颇有研究,对印刷设计和绘图技术同样十分着迷。在 1977 年听说印刷设备可以仅由 0 和 1 的比特来控制,而不需要铅字时,就产生了要开发一种新的计算机工具,用来写自己以后的书的想法。这个想法产生后,高德纳立刻暂停手上的其他项目,投入到这个想法的实现中。历时 9 年,他成功地开发了两套计算机语言,那就是 TEX(在页面上可以为字母和其他字符排版)和 METAFONT(可以定义文字本身的形状)。这些程序均免费使用,使无数人受益,得到众多出版社的青睐。

高德纳因为其卓著的贡献获得过无数赞誉和褒奖。例如 1974 年获得计算机科学界图灵奖,1979 年获得吉米·卡特总统颁发的美国国家科学奖章。面对这些荣誉,高德纳淡然处之,仍然保持着一丝不苟的精神进行科学研究工作。现在高德纳仍然在撰写《计算机程序设计艺术》。

2) 高德纳的成功秘诀

高德纳在编译器、算法分析、字体研究等方面都取得了很大成就,是什么造就了他传奇般的职业生涯呢?难道他有我们所不知道的科学方法吗?

从高德纳的自传和其他人的故事中我们可以找到一些关于这些问题的蛛丝马迹。他的成功秘诀中以下几点很重要。

(1) 独特的背景知识。

高德纳说:"我们常说需要乃发明之母,这句话并不确切,一个人还得拥有该领域的背景知识。我并不是随走随看,研究自己看到的每一个问题。我解决的那些问题都是因为我正好有独特的背景知识,也许会帮助我解决它——这是我的命运,我的责任。"

高德纳说他解决的那些问题,都是因为他正好有独特的背景知识。确实如此。前面在显微镜和望远镜的发明和使用中也讲过这个道理。利珀希和詹森具有制造眼镜的技术,他们都有工艺上的背景知识,所以他们可以先他人一步发明望远镜和显微镜。但是他们不具有生物、物理等方面的理论背景知识,无法把自己的发明用到更加伟大的事业当中。

从艾伦·凯发明面向对象的过程中也可以看到,因为他具有音乐、生物和语言编程的背景知识,所以他可以把音乐旋律、生物细胞和编程联系起来,从而产生面向对象的基本概念。因此,作为一个科研工作者,应该广泛涉猎各种有用的科学知识,拓展自己的知识面。

(2) 一丝不苟、一次只做一件事。

"我一次只做一件事,这就是计算机科学家们所说的批处理——与之相反的就是交换进出。我从不交换进出。"

专心致志地干一件事是成功的关键。虽然有人也许能够做到一心二用,但是一件事还是会被另一件事分走精力。高德纳在开发 TEX 和 METAFONT 的时候,就是暂停手上的其他项目,全身心地投入到这一工作中。天才尚且如此,我们就更加应该这样了。当我们在做一件事的时候,就要做到全身心的投入,不要不停地"换进换出"。

(3) 乐于理解事物。

"总的来说,不管你想研究的是什么,只要你想象自己要对计算机来解释它,你就能发现这一主题中有哪些你还不太了解的地方。这能帮助你提出正确的问题,也是对你所知的终极考验。比如,人们提出音乐理论是为了对什么好听、什么不好听作出客观而非主观的解答。我们知道莫扎特的音乐很好听,因为曲调和谐等。但当你要为计算机写出一个程序,让它创造真正优秀的音乐时,你就会知道已有的那些规则是多么苍白。"

人往往都有逆反心理,自己愿意做的事情就会积极主动地去做,情绪高涨,想尽各种办法解决难题,而不愿意做的事情就会产生懈怠,提不起精神。高德纳取得如此广泛的成就,与他理解事物的意愿分不开。"20 世纪 50 年代,程序员用代数计数法在卡片上打孔,然后'喂'到机器里面去。之后各种灯开始忽明忽灭,机器砰然作响——计算机指令就这样被打出来! 真是让人叫绝。我无法相信这一切就这样发生了,所以必须弄明白其中的原理。而当我弄明白之后,我发现可能还有更好的方法。"发明和创造都需要以理解为基础,只有彻底理解了某事物,我们才能在上面进行创新。我们应当学习高德纳乐于理解事物的学习习惯,对事物理解得越透彻,我们的收获越多,开展新工作的可能性更大。

（4）对编程热衷、细心、准确的工作习惯。

艾伦·凯讲过一个故事，我们从里面也能一窥高德纳的成功秘诀。高德纳曾经参加过在感恩节举行的编程竞赛。他用一台只能远程批处理的参赛系统打败了所有人，程序调试时间最短，算法执行效率最高。当时的其他参赛者问高德纳："你怎么这么牛？"高德纳回答："我学编程的时候，一天能摸 5 分钟计算机就不错了。想让程序跑起来，就必须写的没有错误。所以编程就像在石头上雕刻一样，必须小心翼翼。我就是这样学编程的。"

习惯决定一切。良好的工作习惯是成功的一半。"我善于观察细节，这是从小接受的训练决定的。"高德纳从小就培养了细心观察、力求准确的学习习惯，所以他在观察时可以发现很多容易忽略的细节，加上他对编程的热衷，使他无往不利。

高德纳的成功秘诀看上去很简单，却并不容易做到。只要不断地学习，用各种知识充实自己，保持对工作的热情，一心一意地做事，耐心、仔细地观察，正确地运用科学方法，总会成功的。

3. 操作系统

操作系统（OS）作为计算机软件系统的核心，其发展有着非常重要的意义。在计算机刚问世时，除了硬件和应用软件外，几乎没有中间层软件，也没有操作系统。此阶段的用户独占机器，人们通过各种操作按钮来控制计算机。后来随着汇编语言的出现，操作语言开始通过有孔的纸带将程序输入计算机进行编译。人与机器交互的需要促进了操作系统的产生。

计算机操作系统的发展经历了两个阶段。第一个阶段是早期单用户单任务的操作系统，以 CP/M、MS-DOS 等磁盘操作系统为代表；第二阶段是现代多用户多任务和分时实时操作系统，Windows、UNIX、Linux 以及 MacOS 操作系统为代表。

1）早期操作系统

早期的操作系统是单用户单任务的操作系统，结构简单，主要指的是批处理系统、CP/M操作系统、磁盘操作系统。

（1）批处理操作系统。

批处理系统是大约 20 世纪五六十年代时的计算机操作系统。最早的是单道批处理系统。此时的操作系统只是一段常驻内存的监督程序。操作人员把若干作业合成一排，安装在输入设备上，然后由监督程序监督这些作业按顺序依次完成，这是单道工作方式。后来在单道批处理系统的基础上引入了双缓冲机制、脱机输入输出、Spooling 技术等。此时计算机内存可以同时支持多道程序，处理机（单处理机）以交替的方式处理多道程序。虽然实际上某一时刻处理机只运行一个程序，但是从宏观上看，好像处理机在同时运行多个程序。这种工作方式的系统被称为多道批处理系统。

（2）CP/M 操作系统。

随着计算机硬件和大规模集成电路的发展，微型计算机迅速发展起来，这促使微机操作系统出现。CP/M（Control Program/Monitor，控制程序或监控程序）操作系统是第一个微机操作系统（8 位操作系统），这个系统允许用户通过控制口的键盘对系统进行控制和管理，其主要功能是对文件信息进行管理，以实现硬盘文件或其他设备文件的自动存取。

CP/M 在 1973 年由 PL/M 的创始人 Gary Kildall（加里·基尔代尔）博士研制成功，1974 年，向全世界公布，第一版的版本号为 V。后来又陆续推出了一些新版本。CP/M 开创了软件的新纪元,称得上是计算机改朝换代的里程碑。但是后来它在 16 位 CPU 市场上惨败给 Microsoft 的 MS-DOS,从而从市场上消失。

(3) 磁盘(DOS)操作系统。

继 CP/M 操作系统后,出现了磁盘操作系统(Disk Operating System,DOS)。

磁盘操作系统是个人计算机上的一种面向磁盘的操作系统软件。有了磁盘操作系统,程序员就不必去深入了解机器的硬件结构,也不必去死记硬背那些枯燥的机器指令。只需通过一些接近自然语言的 DOS 命令,就可以轻松地完成绝大多数的日常操作。此外,DOS 还能有效地管理各种软硬件资源,对它们进行合理调度,所有的软件和硬件都在 DOS 的监控和管理之下有条不紊地进行着自己的工作,但是在操作不慎情况下也会死机。

DOS 中最成功的是微软的 MS-DOS(16 位 OS),它是 1980 年微软为 IBM 个人计算机及其兼容机开发的操作系统,它起源于 SCP86-DOS(也是 CP/M 一类的操作系统),是基于 8086 微处理器而设计的单用户的操作系统。从 1981 年直到 1995 年的 15 年间,磁盘操作系统在 IBM PC 兼容机市场中一直占有举足轻重的地位。磁盘操作系统家族除了微软的 MS-DOS 外,还有 MS-DOS、PC-DOS、DR-DOS、PTS-DOS、ROM-DOS、JM-OS 等操作系统。16 位 DOS 的出现标志着微型计算机进入一个新纪元。

2) 现代操作系统

随着社会的发展,计算机应用越来越广泛,单用户的操作系统已经远远不能满足人们生产生活的需要,急需一种新的计算机操作系统来解决这一问题。此时的各大公司为了抢占先机,也相互较劲,都争先恐后地推出自己的产品,各种新型的现代操作系统如雨后春笋般不断出现。计算机操作系统的发展进入第二阶段,它是以多用户多任务和实时、分时为特征的操作系统,其中有许多都非常优秀,为现在人们广泛使用,下面就简单介绍一下这些计算机操作系统:Windows、UNIX、Linux、Mac OS。

(1) UNIX 操作系统。

1974 年 7 月汤普逊和里奇(图 6.24)在 *The Communications of the ACM* 发表 UNIX 的第一篇文章 *The UNIX Time Sharing System*。结果可想而知,UNIX 系统引起了学术界的广泛兴趣并向其索取源码,所以,UNIX 第五版就以"仅用于教育目的"的协议提供给各大学作为教学之

图 6.24　汤普逊和里奇

用,成为当时操作系统课程中的范例教材。各大学、公司开始通过 UNIX 源码对 UNIX 进行了各种各样的改进和扩展。其中改良最好的是加州大学伯克利分校计算机系统研究小组(CSRG),他们在原有 UNIX 基础上增加了很多当时非常先进的特性,组成一个完成的 UNIX 整体(Berkeley Software Distribution,BSD)并对外发布。很多商业公司纷纷采用。于是,UNIX 开始广泛流行。

后来,AT&T 公司注意到 UNIX 所带来的商业价值开始禁止大学使用 UNIX 的源码,包括在授课中学习。他们也不断推出新的 UNIX 商业版本,最后他们推出了 UNIX System

V 版本,它充分吸收了 BSD UNIX 的先进特性。一时 UNIX System V 和 BSD UNIX 成为当时 UNIX 两大主流。但后来,UNIX 系统实验室指控加州大学伯克利分校计算机系统研究小组泄露商业秘密,很多 BSD UNIX 商家为了避免法律问题,纷纷转而用 UNIX System V。

UNIX 系统主要用于小型机、工作站和服务器,是现在使用最广泛的操作系统之一。现在主要版本有 AIX、Solaris、HP-UX、IRIX、Xenix、A/UX 等。

肯·汤普逊和丹尼斯·里奇

在计算机软件的发展过程中,有两个人在编程语言和操作系统方面做出了非常突出的贡献,他们就是 AT&T(贝尔实验室)的肯·汤普逊(Ken Thompson,后被称为 UNIX 之父)和丹尼斯·里奇(Dennis Ritchie)。[5]两人共同设计、开发了 UNIX 操作系统和 C 语言。UNIX 操作系统是一个强大的多用户多任务操作系统,支持多种处理器架构,属于分时操作系统,直到现在仍然是软件开发的重要平台,应用广泛。C 语言是现在应用最广泛的高级编程语言。

汤普逊和里奇研究 UNIX 分时操作系统的想法源于早期 MULTICS 的开发。汤普逊和里奇最初一起在贝尔实验室工作,曾经被派到 MIT 去参加由 ARPA 出巨资支持的 MAC 项目,开发第二代分时操作系统 MULTICS。但是在 MAC 项目完成前不久,贝尔实验室因感到开销太大而成功的希望不大,退出了这个项目。因此,汤普逊和里奇也随着项目的退出回到了贝尔实验室。汤普逊和里奇在已经接触并参与开发分时操作系统后,已经不满足于贝尔实验室的批处理方式工作。分时操作系统工作方式和批处理方式相比,程序员和设备的效率都有很大提高。于是他们两人决定"要创造一个舒适、愉快的工作环境",自己开发一个多用户多任务的操作系统。但是,他们也知道贝尔实验室不会支持这个决定,只能悄悄地干。

1969 年,汤普逊和里奇开始着手研究,在 MULTICS 项目中学到的多用户多任务技术发挥了重要作用。刚开始的时候两人只能在一台贝尔实验室弃之不用的 PDP-7 上工作。PDP-7 上除了一个硬盘、一个图形显示器和一台电传打字机的硬件设备外,什么软件也没有,他们只好与一种 GE 645 大型机配合使用。但是这台机器在两年后也不能继续使用了。正在他们为设备而发愁的时候,一个消息给他们带来了新的希望。实验室的专利部需要一个字处理系统以便处理专利申请书。听到这个消息,汤普逊认为他们的机会来了,立即找到上级自告奋勇承担这一开发任务。在这个正当理由下,他们的开发终于不再受到各种限制了。1971 年,汤普逊写了一份申请报告,申请到了一台新的、设备完善的 PDP-11/24 机器。在新设备的帮助下,他们的开发工作进展很快,1971 年底的时候,UNIX 已经基本成形。UNIX 吸取和借鉴了 MULTICS 的经验,加入了内核、进程、层次式目录,面向流的 I/O,把设备当作文件等新概念,而且还进行了创新。例如,采用了一种无格式的文件结构,使文件由字符串加句号组成;采用不同于 MULTICS 的设计方法,实现把设备当作文件的难题。

UNIX 首先在贝尔实验室的专利部使用,打字员纷纷称赞 UNIX 简单好用,提高了工作效率。这是 UNIX 的第一个版本,1971 年 UNIX 又增添了管道功能,发行第二版本。UNIX 的第一和第二版都是用汇编语言编写的,很难进行移植。为了便于移植,汤普逊和里奇一直尝试用高级语言重写 UNIX。剑桥大学的里查兹(M. Richards)曾于 1969 年开发了 BCPL 语言,1970 年,汤普逊在 BCPL 的基础上开发了 B 语言,里奇又在 B 语言的基础上开发了改良版——C 语言。最终汤普逊和里奇成功地用 C 语言重写了 UNIX 核心,这就是第三版 UNIX。至此,UNIX 这个操作系统修改、移植相当便利,为 UNIX 日后的普及打下了坚实的基础。而 UNIX 和 C 完美地结合成为一个统一体,很快成为世界的主导。

(2) UNIX 成功的关键。

UNIX 作为现在最流行的操作系统之一,主要有以下两个关键因素。

① 积极创新,不断进取。

汤普逊和里奇在进行分时操作系统的研究时,借鉴了 MULTICS 的一些科学经验,但是他们并没有完全照搬 MULTICS 的设计方法,而是进行了创新。前面已经提到,UNIX 增加了无格式的文件结构的新方式,并改进了 MULTICS 中把设备当作文件的实现方法。可移植性的特性是 UNIX 成功的一个非常重要的因素。为了增加可移植性,汤普逊和里奇还不辞辛苦地开发了 C 语言。他们的这种孜孜不倦的进取精神值得我们学习。

创新是进步的源泉,任何旧事物向新事物的转变都离不开创新。从计算机硬件和软件的发展来看,确是如此。每一项新技术的诞生往往都是在已有的技术上进行了创新。从电子管到集成电路是工艺技术的不断创新,从机器语言到高级语言也是在不断创新。从事科学研究的工作人员必须具备这种创新精神。创新是推动我们向前发展的重要力量,是科学技术进步的保障。

② 各大行业的共同推动。

UNIX 得到广泛应用与好评的另外一个原因就是各大行业的共同推动。UNIX 推出后,其源码可以无偿提供给各大学和公司,这为大学和公司根据自己的需求对其进行改良和创新提供了条件。正是因为很多人的共同推动,许多新的特性被加到 UNIX 系统中,使得 UNIX 的功能越来越完善,操作越来越简单。古有名言"众人拾柴火焰高",正是应了这个道理。

(3) 其他主流操作系统。

① Windows 操作系统。

Windows 是微软公司在 1985 年 11 月开始发布的窗口式多任务桌面操作系统。最初只是 MS-DOS 的模拟环境,随着计算机硬件和软件的不断升级,Windows 操作系统也不断更新,变得越来越方便,越来越人性化。现在最新版本是 Windows 10 系统。

Windows 操作系统使计算机进入图形用户界面时代。现在微软仍然致力于 Windows 操作系统的开发和完善。未来一定会出现性能更好的 Windows 系统。

② Linux 操作系统。

Linux 操作系统[14]的内核由林纳斯·托瓦兹在 1991 年 10 月 5 日首次发布。Linux 操作系统是一种自由和开放源代码的类 UNIX 操作系统,是 UNIX 系统的变种,继承了 UNIX 系统的一系列优良特性。Linux 是一个免费软件,只要遵循 GNU 通用公共许可证,任何个人和机构都可以自由地使用 Linux 的所有底层源代码,也可以自由地修改和再发布。这为 Linux 的发展创造了条件。而且它具有与主流的 UNIX 系统兼容的特性,这使得它一出现就有了一个很好的用户群。

目前流行的主流 Linux 发布版主要包括 Debian(及其派生版本 Ubuntu、Linux Mint)、Fedora(及其相关版本 Red Hat Enterprise Linux,CentOS)和 openSUSE 等。

③ Mac OS 操作系统。

Mac OS 是一套运行于苹果 Macintosh 系列计算机上的操作系统。1984 年,苹果公司发布了 System 1,这是世界上第一款成功的图形化用户界面操作系统。从 System 版本开始苹果操作系统更名为 Mac OS,版本依次为 8,9,10,2011 年发布 Mac OS X v1 后,苹果称其为"OS X Lion",其后的系统均改名为"OS X"。

6.3 通信及网络技术的发展

6.3.1 什么是通信及网络技术

传递和交换信息的过程称为通信。通信的任务是信息的传递、交换和储存。通信技术就是利用各种各样设备对信息进行传输、发送和接收的技术。而网络技术就是把互联网上分散的资源融为有机整体,实现资源的全面共享和有机协作,使人们能够透明地使用资源的整体能力并按需获取信息的技术。它是从 20 世纪 90 年代中期发展起来的新技术。网络技术的诞生和发展让通信达到一个新的高度。

6.3.2 通信及网络技术的发展

1. 原始通信时代

通信的历史悠久,自人类组成社会以来就有了通信。原始通信非常简单。人们常利用动物来传递信息。我国古代一直有"鸿雁传书""飞鸽传信"的典故,这都是古代通信的写照。我国从西周开始,还把烽火和鼓声作为通信手段。古代社会并没有现在方便的通信设备,如军情一类的紧急信息必须及时送出,于是人们发明了一种通信方式:白天点燃掺有狼粪的柴草,使浓烟直上云霄;晚上燃烧加有硫黄和硝石的干柴,使火光通明,这样远处的人就可以以此为号,采取相应措施。有时候,人们也会用鼓声来传递信息,不同的敲打规律代表着不同的信息。"烽可遥见,鼓可相闻"主要是古代战争中常用的通信手段。

为了更加便于通信,古代还专门设置了驿站等通信设备。在封建社会,国家的一些紧急而秘密的文件不能通过一般的手段传递,封建王朝为此设置了专门的站点,携带信件的人通过在沿途的驿站更换马匹,补充体力,从而快速赶到目的地。后来,驿站通信普及到了民间,扩大了通信范围。现在的邮局有古代驿站的影子。

2. 初级通信时代(电信时代)

随着 19 世纪电磁学的发展,电力开始逐步应用到人们的日常生活中,一批优秀的科学家和发明家成长起来,实用科学发明不断诞生,通信技术也发生了变化,电报、电话等电力通信设备的出现引起了通信行业的巨大变革。通信技术的发展非常迅速,尤其是在晶体管、集成电路以及计算机等一个个新技术的出现后,通信技术几乎每时每刻都在发生着翻天覆地的变化。

1) 电报的出现

电报是 19 世纪诞生的一种快速通信手段。它的出现标志着人类从此进入电信时代。

电报的发明是无数人努力的结果,许多科学家都为电报做出了贡献。但是,我们通常把它归功于美国艺术家塞缪尔·莫尔斯(Samuel Morse)。

莫尔斯是马萨诸塞州的一个传教士之子,在耶鲁学院接受过高等教育。莫尔斯年轻时并不是一位科学家,而是一位艺术家。他在 19 世纪二三十年代大多是到处游历,学习绘画。在莫尔斯之前,就有许多人研究电报系统,但是思想并不完善。莫尔斯也对当时的邮政信函传递速度感到不满,曾经向巴黎的室友抱怨。莫尔斯在一次游历中听说了电报,他突生洞见:"构造一种信号系统,情报可以通过它得到瞬间传递,这并不困难。"[15] 从此,他就投入到电报的研究中。1835 年末,莫尔斯终于完成了第一部电报装置(图 6.25)。1837 年 9 月 4日,成功地发送了第一条消息。

1844 年,摩尔斯和韦尔在华盛顿和巴尔的摩的普拉特街火车站之间架设了电报线。人类进入用电线传送信息的新纪元。刚开始,电报的通信内容大多是有关行李招领和零售交易的。电报刚向普通公众敞开大门时,很少有人愿意花钱使用电报。后来报纸行业首先采用了电报这一新技术,电报也随之兴起。电报越来越受到人们的青睐。莫尔斯还发明了一种被称为莫尔斯电码的电报信号,至今仍在使用。

2)电话的出现

电报的发明[9]让人类通信面貌焕然一新,而电话的出现则更加令人惊喜。

电话的发明专利权同样纠纷很多,这只能说明随着科学的发展,电话的出现是必然的。历史上普遍认为美国的亚历山大·格雷厄姆·贝尔(图 6.26)是电话的发明者。贝尔曾经担任波士顿大学的声音心理学教授,为了解决聋哑人语言教育问题,他对用电传播声音的设想产生了好奇。此后,他就悉心学习电学知识,1869 年毅然辞去了教授职务,专心研究电话。贝尔为电话的设计提出了一个设想:在随着声音而振动的金属板上装上一个开关,并使这个开关随声音而开或关。但是因为声音的振动太快,开关跟不上。后来一次偶然事件,让贝尔成功发明了电话。1875 年 6 月 2 日,贝尔和他的助手沃森分别在自己的房间里试验他们的电话机,沃森无意间把一个调整螺钉拧得太紧,造成了接触不良,不料在线路另一端的贝尔却清楚地听到了触点脱落的声音。贝尔从中受到启发,想到了送话机的工作原理:原来和

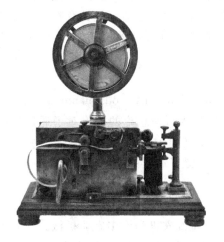

图 6.25　电报机

图 6.26　贝尔

和开关相连的金属板,现在由声音引起的震动在开关的线圈里产生了感应电流。贝尔又反过来发明了收话机。终于电话机被发明出来了。贝尔于 1876 年 2 月 14 日递交了专利申请。

电话刚刚问世时,并不被大多数人看好。不过在 1876 年 6 月 25 日,为纪念美国独立宣言发表一百周年,贝尔在美国独立百年纪念的费城博览会上展出了他的电话机,世界为之一振,从此,电话开始得到大规模的使用。电话使通信方式由电报传送符号转变为电话直接传送声音,加快了消息传递的速度。

3) 无线电通信(移动通信的诞生)

电报的发明标志着人类从此进入电信时代。在 1895 年以前,电报信号都是通过架设的有线线路传播。但是无线电技术[16]发明后,这种情况发生了改变。

关于谁是无线电的发明人还存在争议。1893 年,尼古拉·特斯拉在美国密苏里州圣路易斯首次公开展示了无线电通信。在为费城富兰克林学院以及全国电灯协会做的报告中,他描述并演示了无线电通信的基本原理。他所制作的仪器包含电子管发明之前无线电系统的所有基本要素。亚历山大·波波夫于 1895 年 5 月 7 日在彼得堡物理和化学协会物理学部年会上演示了他制成的一架无线电接收装置——雷电指示器,这一天后来被俄罗斯定为"无线电日"。俄罗斯人认为他才是无线电的发明人。古列尔莫·马可尼拥有通常被认为是世界上第一个无线电技术的专利,英国专利 12039 号,"电脉冲及信号传输技术的改进以及所需设备"[17]。尼古拉·特斯拉 1897 年在美国获得了无线电技术的专利。然而,美国专利局于 1904 年将其专利权撤销,转而授予马可尼发明无线电的专利。这一举动可能是受到马可尼在美国的经济后盾人物,包括汤玛斯·爱迪生,安德鲁·卡耐基影响的结果。1909 年,马可尼和卡尔·斐迪南·布劳恩由于"发明无线电报的贡献"获得诺贝尔物理学奖。

1943 年,在特斯拉去世后不久,美国最高法院重新认定特斯拉的专利有效。这一决定承认他的发明在马可尼的专利之前就已完成。有些人认为作出这一决定明显是出于经济原因。这样二战中的美国政府就可以避免付给马可尼的公司专利使用费。

现在,谁是无线电的发明者已经不重要了,重要的是,无线电的发明对于通信方式的转变具有十分重要的意义。无线电报诞生标志着人类从有线通信进入无线通信阶段,标志着移动通信时代的到来。现在,无线电已经应用到各行各业中,生活中处处存在着无线电的影子,如收音机、电视和雷达以及一些遥感系统就是利用了无线电的传播,现在应用最广泛的移动电话也是利用了无线电的工作原理。

3. 近代通信与网络出现(网络通信时代)

1948 年,美国数学家克劳德·艾尔伍德·香农(Claude Elwood Shannon,1916—2001)发表了《通信的数学理论》一文,这标志着信息论的诞生。信息论的提出对于通信理论的发展具有十分重要的意义,它为数字通信的发展打下了基础。

一批科学家投入到信息论的研究中来,进一步刺激了通信的发展。

1) 香农与信息论[15]

香农于 1916 年 4 月 30 日诞生于美国密歇根州的 Petoskey,父亲是该镇的法官,母亲是镇里的中学校长,祖父是一位农场主兼发明家,发明过洗衣机和许多农业机械。受到祖父的影响,香农对机械和电气电子表现出了极大爱好,曾经在家中制作了模型飞机、无线电控制的模型船和一个可与半英里内的朋友家联系的无线电报系统。

香农人生的前 16 年都是在 Gaylord 小镇度过的。1932 年高中毕业后，进入密西根大学数学与电气工程专业学习。他最优秀的学科就是科学和数学。对数学的热爱和优秀的数学成绩为他后来的众多成就打下了基础。他的成就基本是建立在数学基础上的。

1936 年，香农取得学士学位后进入麻省理工学院（MIT）读研究生。他的数学天赋展露无遗。在 1938 年的硕士毕业论文 *A Symbolic Analysis of Relay and Switching Circuits*（《继电器与开关电路的符号分析》）中首次把电话交换电路与数学相联系，用布尔代数分析并优化开关电路。香农把布尔代数的"真"与"假"和电路系统的"开"与"关"对应起来，并用 1 和 0 表示。他是第一个注意到电话交换电路与布尔代数之间的类似性的科学家。他的发现奠定了数字电路的理论基础。哈佛大学的 Howard Gardner 教授对于香农的论文给予了极高的评价："这可能是本世纪最重要、最著名的一篇硕士论文。"

香农对于数学的热爱，促使他不断地用数学概念来解释各种事物，并在 MIT 攻读了数学博士学位。1940 年香农发表博士论文 *An Algebra for Theoretical Genetics*（《理论遗传学的代数学》），把代数数学带进人类遗传学的研究；1941 年发表了 *Mathematical Theory of the Differential Analyzer*（《微分分析器的数学理论》），通过证明的定理形式给出常微分方程的数值解。香农在后来也一直从事与数学密切相关的工作。

1941 年香农以数学研究员的身份进入新泽西州的 AT&T 贝尔电话公司，并在贝尔实验室工作（一直工作到 1972 年）。在那里他认识了数据分析员玛丽（Mary Elizabeth Moore），并于 1949 年 3 月 27 日结婚，后来共有 4 个孩子。

在第二次世界大战期间，香农同时从事多项任务，其中有一项就是对密码进行破译和保密研究，以保证通信的安全性。因此，香农一直在思考"信息"方面的问题，"研究传递信息的一般系统的某些基本属性"。和图灵试图借助实际拦截和物理硬件对一些密码系统进行破解的想法不同，香农在纯数学领域对这些密码系统进行研究，他试图找出"离散信息"的密码系统的一般数学结构和属性，并把密码系统和有噪通信系统看成一类。在对密码系统的研究过程中，香农对通信系统有了非常深刻的数学认识。1948 年香农在 *Bell System Technical Journal*（《贝尔系统技术周刊》）上发表了论文 *A Mathematical Theory of Communication*（《通信的数学理论》），介绍了他对于通信的理解。时任洛克菲勒基金会自然科学部主任的沃伦·韦弗（Warren Weaver，1894—1978）看到这篇论文后，认识到它的重大意义，在 1949 年的《科学美国人》杂志上发表了一篇不是很技术化的赞誉文章，并介绍了香农的理论。随后同一年，香农的理论和沃伦·韦弗的文章被集结成书，以 *The Mathematical Theory of Communication* 为名出版。

香农在论文中给出了通信的基本问题："通信的基本问题是报文的再生，在某一点精确地或者近似地复现在另一点所选取的信息。"[18] 香农在论文中给出了通信系统的线性示意模型，指明一个通信系统必须包括信源、发送器、信道、接收器、信宿五大要素，并对其意义进行了解释。这是一种新的思想。在这篇论文中，香农还首次引入"比特"（bit）一词，"如果以 2 为底，相应结果的单位可以称为二进制数字（binary digit），或简称为比特"。① 他把通信理

---

① 香农随即补充道"这个说法最初由约翰·怀尔德·图基提出。"统计学家约翰·怀尔德·图基"二战"结束后曾在贝尔实验室工作过一段时间.

论的解释公式化,对最有效地传输信息的问题进行了研究。

《通信的数学理论》刚刚出版时,虽然并没有立即引起科学界的足够关注。但是渐渐地其思想传播开来,世界各国的通信工程师和数学家纷纷采用。香农后来就自然而然地用"信息论"(information theory)来表示他的通信思想。信息论在通信界传播开来。贝尔实验室的工程师约翰·罗宾逊·皮尔斯评价香农的论文说"犹如一颗炸弹,而且还有点像一颗延时炸弹"。[19]它就如一个支点,整个地球为之撬动。事实确实如此,香农理论现在仍然影响深远。正如香农说的那样:"信息理论可能像一个升空的气球,其重要性超过了它的实际成就。"

香农建立的信息理论框架和术语已经成为技术标准,刺激了信息时代所需要的技术发展。

2)卫星与空间通信

电报、电话和无线电通信都属于远距离通信,但是距离仍然是有限制的。二战时期发展起来的雷达和微波通信可实现更远的距离通信。但是微波波长短和只能直线传播的特性使它只能在相互看得见的两点之间进行通信,而地球是圆的,而且地面也不是一马平川,这造成了跨洋通信的困难。最后,人们想到了一种解决办法,那就是在空中建立微波中转站,这个微波中转站就是所谓的通信卫星。

卫星通信的原理是:利用人造地球卫星作为空间中转站,由地面向卫星发射信号,卫星将信号变频、放大后再发回地面,从而实现与远距离、大信息量的通信传输。只要在赤道上空放置三颗等距离相隔120°的同步卫星,就可以覆盖除两极外的全部区域。[20]美国电子工业公司从1956年开始研究跨洋通信的可能性,终于在1962年取得了突破性进展,第一颗同步通信卫星研制成功。1962年7月,这颗被命名为"电星号"的通信卫星从美国卡纳维拉尔角发射进入轨道。这个卫星高度为150~900m,时速为1700~29 000km/h,160分钟可绕地球一圈,把美国电话和电视信号向欧洲转播,同时把欧洲接收到的电话和电视信号转播回美国。但是"电星号"每天只有数小时是处在地面发射站和接收站的通信空区域内。于是他们开始着手研制第二代通信卫星。1965年,第一颗第二代通信卫星"晨鸟号"成功发射,它与地球保持同步,可以24小时转播信号。[9]我国卫星通信发展较晚。1984年,我国发射了第一颗试验通信卫星,1984年4月8日,成功发射"东方红二号",使我国成为世界上第五个自行发射地球静止轨道通信卫星的国家。现在我国早已形成自己的通信卫星系列,卫星通信技术达到国际先进水平。[20]

通信卫星的成功,使人类开始进行空间通信。卫星通信具有覆盖范围广、通信容量大、传输质量好、组网方便迅速、便于实现全球无缝链接等众多优点,是建立全球个人通信必不可少的一种重要手段。现在世界上的许多电话的通信和电视节目的转播都是依靠通信卫星完成的。卫星通信系统也是一些发达国家和军事集团进行信息传递的媒介,在军事通信中占有重要位置。

4. 现代通信

20世纪80年代,超大规模集成电路的发展为数字通信创造了条件,个人计算机的普及和互联网的出现加速了通信的发展,移动电话的诞生让通信上升到一个新的高度。

1)互联网(因特网)的出现

互联网是20世纪70年代发展起来的新型通信技术,是目前最有代表性的通信应用。

国际互联网(Internet)也叫因特网,它是由一些使用公用语言互相通信的计算机连接而成的网络,即广域网、局域网及单机按照一定的通信协议组成的国际计算机网络。

将计算机连接起来的想法最初是由一些地震学学者首先想到的。20 世纪 70 年代初,夏威夷群岛上来了一组火山活动及地震的研究学者。他们需要到不同的岛上开展自己的研究工作。为了取得更好的研究效果,他们需要将研究的数据进行快速交流,以便能了解同事的研究成果和进度,但是岛屿的不同造成了他们交流上的障碍。于是他们想出了一个办法,他们便把岛上的各个大型机计算机主机用无线电及电缆连接起来并制定通信协议,这样不同岛上的科学家就能通过这些计算机顺利得进行交流了。这就是世界上第一个计算机网络系统。我们现在把它叫做局域网。

真正的互联网始于 1969 年的美国 ARPANET(美国研究工程局域网)。它是现代互联网的雏形,是美军在 ARPA(阿帕网,美国国防部研究计划署)制定的协定下将美国西南部的大学 UCLA(加利福尼亚大学洛杉矶分校)、Stanford Research Institute(斯坦福大学研究学院)、UCSB(加利福尼亚大学)和 University of Utah(犹他州大学)的 4 台主要的计算机连接起来形成的,相当于一个城域网。这个协定由剑桥大学的 BBN 和 MA 执行,在 1969 年12 月开始联机。1975 年,ARPANET 网络已经发展到完全成熟。它被转交给美国国防部通信局(现在的美国国防部信息系统局),继续发展壮大。1983 年的时候,ARPANET 网上文件传送协议被批准为军方标准。ARPANET 后来被分为两部分,一部分仍然叫 ARPANET,已经于 1990 年关闭,另一个叫 Milnet 的部分则成为现在Internet 的一部分。

互联网的出现彻底改变了人们的工作、学习和生活,创造了前所未有的通信条件。现在人们不出门就可以知天下事,发送信息可以通过 QQ、邮件等各种通信软件,打开视频就可以和对方通话。互联网营造了一个全新的传播信息的环境。

2)移动通信技术

互联网是最具有代表性的现代通信应用。除此之外,应用最广泛的就要数移动电话通信了。无线电通信的发明标志着移动通信的诞生,它使无线移动电话通信成为可能。

20 世纪 70 年代微处理器的发明和交换及控制链路的数字化促进了模拟制式通信系统的发展。第一代通信系统是蜂窝移动通信系统,简称 1G。世界上第一个 1G 移动通信系统是美国推出的 AMPS,它充分利用了 FDMA 技术实现国内范围的语音通信。1G 通信中最具有代表性的就是第一代移动电话"大哥大"了(图 6.27)。它不仅个头大,而且价格昂贵,在当时只有少数人可以拥有,在一定程度上它可以说是身份、地位和财富的象征。20 世纪 80 年代末期出现第二代数字蜂窝移动通信系统,即 2G,增加了传送图片、蓝牙等功能。它是全数字

图 6.27　第一代移动电话

系统,通话和传输画面都是以数字信号的形式传递。到 21 世纪,2G 移动电话已经非常普及了,基本上可以达到人手一部。随着人们通信需求的不断增加,2000 年左右又诞生了第三代移动多媒体通信系统,也就是 3G。3G 通信增加了语音、无线上网、宽带业务、多媒体业

务、全球漫游等多种业务。各种3G通信设备不断推出,极大地丰富了人们的通信娱乐生活。目前移动通信已经发展到第四代,实现4G通信,它是真正意义上的高速移动通信。4G通信与3G相比,具有更快的无线通信速度,更宽的网络频谱,通信业务更加灵活,还具有通信质量高、费用便宜等诸多优点。目前4G通信还在发展阶段,按照之前移动通信的发展速度来看,相信4G通信将会很快普及。

5. 量子通信

在量子力学中,有共同来源的两个微观粒子之间存在着某种纠缠关系,不管它们被分开多远,只要一个粒子发生变化,就能立即影响到另外一个粒子,即两个处于纠缠态的粒子无论相距多远,都能"感知"和影响对方的状态,这就是量子纠缠。它曾被爱因斯坦称作幽灵般的超距离作用。

1982年,法国物理学家艾伦·爱斯派克特(Alain Aspect)和他的小组成功地完成了一项实验,证实了微观粒子"量子纠缠"的现象确实存在,如图6.28所示。这一结论对西方科学的主流世界观产生了重大的冲击。从笛卡儿、伽利略、牛顿以来,西方科学界主流思想认为,宇宙的组成部分相互独立,它们之间的相互作用受到时空的限制(即是局域化的)。量子纠缠证实了爱因斯坦的幽灵——超距作用的存在,它证实了任何两种物质之间,不管距离多远,都有可能相互影响,不受四维时空的约束,是非局域化的,宇宙在冥冥之中存在深层次的内在联系。[21]

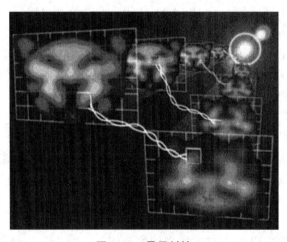

图6.28 量子纠缠

在量子纠缠理论的基础上,1993年,美国科学家 C. H. Bennett 提出了量子通信(Quantum Teleportation)的概念。量子通信是由量子态携带信息的通信方式,它利用光子等基本粒子的量子纠缠原理实现保密通信过程。在此基础上,同年,6位来自不同国家的科学家基于量子纠缠理论提出了利用经典与量子相结合的方法实现量子隐形传送的方案,即将某个粒子的未知量子态传送到另一个地方,把另一个粒子制备到该量子态上,而原来的粒子仍留在原处,这就是量子通信最初的基本方案。1997年在奥地利留学的中国青年学者潘建伟与荷兰学者波密斯特等人合作,首次实现了未知量子态的远程传输。这是国际上首次在实验上成功地将一个量子态从甲地的光子传送到乙地的光子上。实验中传输的只是表达量子信息的"状态",作为信息载体的光子本身并不被传输。

2006 年夏,中国科学技术大学教授潘建伟小组、美国洛斯阿拉莫斯国家实验室、欧洲慕尼黑大学—维也纳大学联合研究小组各自独立实现了诱骗态方案,同时实现了超过 100km 的诱骗态量子密钥分发实验,由此打开了量子通信走向应用的大门。

2008 年底,潘建伟的科研团队成功研制了基于诱骗态的光纤量子通信原型系统,在合肥成功组建了世界上首个 3 节点链状光量子电话网,成为国际上报道的绝对安全的实用化量子通信网络实验研究的两个团队之一(另一小组为欧洲联合实验团队)。2012 年,潘建伟等人在国际上首次成功实现百公里量级的自由空间量子隐形传态和纠缠分发,为发射全球首颗"量子通信卫星"奠定了技术基础。国际权威学术期刊《自然》杂志 8 月 9 日重点介绍了该成果:"在高损耗的地面成功传输 100km,意味着在低损耗的太空传输距离将可以达到 1000km 以上,基本上解决了量子通信卫星的远距离信息传输问题。"根据中国科学技术大学微尺度物质科学国家实验室研究人员介绍,2016 年中国量子通信科学实验卫星将发射,不过,目前量子通信完成的还是最简单的点对点的信息传递,真正要组网还需要一段时间。[22]

6.4　信息安全技术的发展

6.4.1　什么是信息安全技术

信息安全技术就是指保障信息安全的技术。信息作为一种资源和交流的载体,在人类社会的发展过程中具有十分重要的意义。人们常常希望他人不能获知或者篡改某些重要信息。因此如何保障信息的安全就成为一个十分值得注意的问题。信息安全一直是人们比较关心的问题,它具有完整性、保密性、可控性、可用性、不可否认性、真实性的基本属性。信息安全技术就是就是为了保证信息安全的上述属性没有受到破坏所采取的一系列方法和手段。

6.4.2　信息安全技术发展史

信息安全问题自古存在,信息安全技术也很早就有,但是信息安全技术是在第二次世界大战以后才发展起来的,尤其是在计算机出现以后,信息的安全问题更加受到关注,安全技术也随之迅速发展。纵观信息安全的发展历史,可以将其分为 4 个主要时期:通信安全发展时期,计算机安全发展时期,信息安全发展时期,信息安全保障发展时期。[23]

1. 通信安全发展时期

从古代至 20 世纪 60 年代中期,人们主要关心的是信息在传输过程中的机密性。古代的信息安全技术主要是密码技术和信息隐藏技术。古代的密码技术和信息隐藏技术可以说是一项艺术而不是一门科学。密码体制主要是利用纸、笔或者简单器械手工实现替代及换位,此时的密码专家常常靠直觉进行密码设计和分析。古代信息隐藏技术也比较简单,中国典型的就是藏头诗,一般每行的第一个字连起来就是诗句所要隐藏的信息。还有一种方法就是现在被称为卡登格子法的信息隐藏方法。发送者和接收者各有一张完全相同、带有许多小孔的纸,孔的位置随机选择。发送者将带孔的纸附在一张空白纸上,在小孔位置写上秘密信息,然后移去带孔的纸张,将其他空白位置填满,使其看起来是一篇普通的文章。而接

收者就可以凭借自己手里的带孔纸得到自己想要的秘密信息了。这是古代一种比较高明的信息隐藏方法。16 世纪早期,意大利数学家 Cardan(1501—1576)发明了这种方法。

信息安全技术真正开始发展是在第二次世界大战期间。尤其是密码学的发展,取得了很大的突破。在"二战"期间,有两位科学家对密码学的发展做出了巨大贡献,他们就是图灵和香农,尤其是香农,他于 1949 年发表了《保密系统的信息理论》,这标志着密码学正式由一门艺术发展成为一门科学。

1)图灵与密码学[15]

20 世纪初,无线电的发明实现了远距离通信的即时传输。电报通信是战争时主要的通信手段,但是通过无线电波发送的每条信息是无差别发送的,每条信息不仅发给了自己人,也发给了敌方。因此加密就不得不引起人们重视了,这刺激了密码学的发展。1919 年,德国的 Arther Scherbius 发明了一种加密电子器件,命名为 Enigma(恩尼格玛)。Enigma 是一种多码加密装置(图 6.29),结合了机械系统与电子系统,其密码系统源自著名的弗吉尼亚密码(号称是不可破译的密码,直到 1954 年被查尔斯·巴贝奇所破解),被证明是有史以来最可靠的加密系统之一。"二战"期间,德国军队靠它传递了许多秘密信息。许多国家一直在致力于破解 Enigma 密码机的密码。美国在"二战"时截获过一些用 Enigma 密码系统发出的德军电报和无线电情报。解读其信息的任务交给当时对外称为"政府编码与密码学校"(GC&CS)的密码破解机构。前面已经说过,早期的密码学被视为是一种艺术而不是科学,因此密码破解机构的早期成员也主要是语言学家、办事员和打字员,没有数学家。但是,传统的破解方法已经难以奏效了,于是学校招募了一些新成员,数学家图灵就是其中之一。

图灵研究了一种借助实际拦截和物理硬件进行破译的科学程序。他从理论入手,最终从数学上以及物理上解决了 Enigma 密码系统的破译问题。图灵建造了一台机器,用来逆推 Enigma 加密过的数据。它是一台绰号为"炸弹"的机器,体积近 $3m^3$,可以有效地将 Enigma 密码机的转子(是一些旋转圆盘,转子的旋转会使每次按键后得到的加密字母不一样)映射成电路(图 6.30)。图灵的"炸弹"在战争后期每天都要破解数以千计的敌军情报,这样的信息处理是史无前例的。"炸弹"的出现加快了第二次世界大战的步伐,犹如真正的炸弹一般,影响着战争的结局。

图 6.29　Enigma 密码机

图 6.30　Enigma 密码机转子

2)香农与密码学[15]

在此时期,还有一人对于密码学的发展做出了巨大贡献,他就是香农。

在前面已经介绍过,香农在二次世界大战期间秘密进行密码的破译和信息保密工作。他发展了一套密码学理论,其信息论就是建立在他对密码学的研究基础上的。香农对数学的钟爱使他从纯数学领域进行密码学研究。1945 年,他就发表过一份题为 *A Mathematical Theory of Communication*(《密码学的数学理论》)的报告,指出"在密码分析师看来,密码系统与有噪通信系统几乎没有什么区别"[24]。1949 年,香农再次发表了一份报告 *Communication Theory of Secrecy Systems*(《保密系统的信息理论》)。这份报告为密码学系统建立了坚实的理论基础,是密码技术研究迈上科学轨道的标志。

香农认为一个密码系统可以看作以下几个部分:有限的数量(虽然数目可能很大)的可能信息、有限数量的可能密文,以及用于两者相互转化的有限数量的密钥,每个密钥都有相应的出现概率。[15]香农不仅借助数学和概率的语言把信息的概念彻底从它的物理细节中抽象出来,而且还构建了一整套代数方法、定理和证明,使得密码学家首次拥有了一种严谨的手段,可以评价任何一套密码系统的安全性,并且借此确立了密码学的许多科学原理。例如,他证明了完美密码("无论敌人截获了多少材料,他们的处境并不会比先前有所改善"[24])的可能性,但是因为要求太过苛刻,从而没什么实际用途。另外香农还提出了熵(entropy)的概念,证明了熵与信息内容的不确定程度有等价关系。

香农提出了著名的香农保密通信模型,明确了密码设计者需要考虑的问题,并用信息论阐述了保密通信的原则,为对称密码学建立了理论基础,开启了现代密码学的研究。

2. 计算机安全发展时期

20 世纪 60 年代中期至 80 年代中期是计算机安全发展时期。计算机的出现,改变了人类处理和使用信息的方法。密码学得到进一步的发展,不仅出现了 RSA 这种新的加密算法的机器,而且制定了数据加密标准 DES。这个时期,计算机不仅是一个用于破译密码的机器,而且还是一个处理涉密信息的机器。因此,为了防止拿到计算机就拿到涉密信息,人们必须找到一种安全保证。这一时期,密码学发展中主要有 3 件大事:DES 的提出、非对称公钥加密思想和 RSA 体制。

1) 数据加密标准 DES[25]

1972 年,一个对美国政府的计算机安全需求进行研究后得出的结果显示,计算机安全有待提高,于是 NBS(国家标准局,现在的 NIST,National Institute of Standardization and Technology,美国国家标准化与技术研究所)开始征集政府内非机密敏感信息的加密标准[26]。1973 年 5 月 15 日,在咨询了美国国家安全局(NSA)之后,NBS 向公众征集可以满足严格设计标准的加密算法。然而,没有一个提案可以满足这些要求。因此,在 1974 年 8 月 27 日,NBS 开始了第二次征集。这一次,IBM 公司提交了一种对称密钥加密算法。这种算法就是 DES 算法(Data Encryption Standard,数据加密标准)。1975 年 3 月 17 日,被选中的 DES 在《联邦公报》上公布并征集公众意见。次年,NBS 举行了两个开放式研讨会以讨论该标准,不同团体提出了一些意见。虽然有一些关于 DES 密钥长度太短的反对声音,但是 DES 还是在 1976 年 11 月被确定为联邦标准,并在 1977 年 1 月 15 日作为 FIPS PUB 46 发布[27],被授权用于所有非机密资料。

DES 算法为密码体制中的对称密码体制,是美国 IBM 公司研制的对称密码体制加密算法。DES 算法明文按 64 位进行分组,密钥长 64 位,其中 56 位参与 DES 运算,8 位奇偶校验

位(第 8、16、24、32、40、48、56、64 位是校验位,使得每个密钥都有奇数个 1)。这是一个迭代的分组密码,使用称为 Feistel 的技术,其中将加密的文本块分成两半。使用子密钥对其中一半应用循环功能,然后将输出与另一半进行"异或"运算;接着交换这两半,这一过程会继续下去,但最后一个循环不交换。DES 使用 16 轮循环以及异或、置换、代换、移位操作 4 种基本运算。

DES 的出现推动了密码分析理论和技术的快速发展,出现了差分分析、线性分析等多种新型的密码分析方法。由于 DES 的出现而引起的讨论及附带的标准化工作确立了安全使用分组密码的若干准则,是密码学领域中的一个里程碑。

2)非对称公钥加密思想的提出

1976 年,当时在美国斯坦福大学的迪菲(Whitfield Diffie)和赫尔曼(Martin Hellman)两人发表了论文《密码编码学新方向》(*New Direction in Cryptography*),指出在通信双方之间不直接传输加密密钥的保密通信是可能的,并提出了非对称公钥加密(公开密钥密码)的新思想,把密钥分为加密的公钥和解密的私钥,它是第一个实用的在非保护信道中建立共享密钥的方法,这是密码学的一场革命。这种思想最早是由英国信号情报部门雷夫·莫寇(Ralph C. Merkle)在 1974 年提出来的,但是当时这被列为机密。[28]之后在 1976 年,迪菲和赫尔曼两位学者以单向函数与单向暗门函数为基础,为发讯与收讯的两方创建密钥,发明了"D-H 密钥交换算法"实现信息加密。该算法的有效性依赖于离散对数的难度。2002 年,赫尔曼建议将该算法改名为"Diffie-Hellman-Merkle 密钥交换"以表明 Ralph C. Merkle 对于公钥加密算法的贡献。[29]

公钥加密算法中使用两个密钥,而不是使用一个共享的密钥。其中一个密钥是公钥(public key),另一个密钥是私钥(private key)。用公钥加密的密文只能用对应私钥解密,反之,用私钥加密的密文只能用对应公钥解密。在操作过程中,公钥是对外界公开的,所有人都可以知道,而私钥是自己保存的,只有自己才能知道。但是一个人只能持有公钥和私钥的其中一个,而不能同时持有公钥和私钥。如果 A 要发一份秘密信息给 B,则 A 只需要得到 B 的公钥,然后用 B 的公钥加密秘密信息,此加密的信息只有 B 能用其保密的私钥解密。反之,B 也可以用 A 的公钥加密保密信息给 A。信息在传送过程中即使被第三方截取,也不可能解密其内容。

1979 年,Merkle 和 Hellman 提出"MH 背包算法"。该算法源于背包问题(NP 完全问题),其工作原理是:假定甲想加密,则先产生一个较易求解的背包问题,并用它的解作为私钥;然后从这个问题出发,生成另一个难解的背包问题,并作为公钥。如果乙想向甲发送报文,乙就可以使用难解的背包问题对报文进行加密,由于这个问题十分难解,所以一般没有人能够破译密文;甲收到密文后,可以使用易解的私钥解密。

公钥加密是一项重大的创新,从根本上改变了加密和解密的过程。

3)RSA 算法

在迪菲和赫尔曼的 D-H 算法提出后不久,又有一种新的公开密钥加密系统算法被提出,它就是 RSA 加密算法。RSA 加密算法是 1978 年由麻省理工学院的罗纳德·李维斯特(Ron Rivest)、阿迪·萨莫尔(Adi Shamir)和伦纳德·阿德曼(Leonard Adleman)一起提出的。RSA 就是他们三人姓氏首字母拼在一起组成的。

RSA 算法是一种建立在大数因子分解基础上的算法。原理如下：

(1) 找两个很大的素数（质数）P 和 Q，越大越好，然后计算它们的乘积 $N = P \times Q$，$M = (P-1) \times (Q-1)$。

(2) 找一个和 M 互素的整数 E。

(3) 找一个整数 D，使得 $E \times D$ 除以 M 余 1，即 $E \times D \bmod M = 1$。这样，密码系统就完成了。其中 E 是任何人都可以用来加密的公钥，D 是用于解密的私钥，只有自己知道。乘积 N 是公开的，即使敌人知道了也没关系。对 X 加密的公式就是 $X^E \bmod N = Y$，Y 是 X 加密以后的密文。如果没有密钥 D，谁也不可能得到原文 X。解密则使用公式 $Y^D \bmod N = X$。[30]

迪菲和赫尔曼提供的 MH 背包算法于 1984 年就被破译了，而 RSA 算法一直沿用至今，它是第一个既能用于数据加密也能用于数字签名的算法，也是被研究得最广泛的公钥算法。RSA 算法是一个可逆的公钥密码体制，利用了寻找大素数是相对容易的，而分解两个大素数的积是计算上可行但是目前代价太大（可能几百年）的特性。从 1978 年提出到现在已近三十年，RSA 算法经历了各种攻击的考验，逐渐为人们所接受，普遍认为是目前最优秀的公钥方案之一。

RSA 算法是使用最广泛的算法，除了 RSA 算法、D-H 算法、MH 背包算法外，还有 ElGamal、Rabin、ECC（椭圆曲线加密算法）等公钥加密算法。

4) 授权认证技术和访问控制

多用户操作系统的出现使人们认识到安全共享的问题，对信息安全关注的重点由单纯的通信保密到计算机访问控制和认证授权技术，而且逐渐认识到保证系统的可用性和可信性的重要性。1965—1969 年，美国军方和科研机构开展了有关操作系统安全的研究，1972 年，Anderson 提出了计算机安全涉及的主要问题和模型，后来他还提出了入侵检测系统（IDS）的概念。1985 年，美国国防部发布了可信计算机系统评估准则（TCSEC）。这个时期，研究人员还提出了一些访问控制策略和安全模型。

授权是指为了使合法用户正常使用信息系统，需要给已通过认证的用户授予相应的操作权限的过程。授权技术里面比较典型的就是访问控制技术。

访问控制技术主要有 3 种策略：自主访问控制策略、强制访问策略、基于角色的访问控制策略。

自主访问控制（Discretionary Access Control，DAC）是由《可信计算机系统评估准则》所定义的访问控制中的一种类型，是自由客体的属主对自己的客体进行管理，由属主自己决定是否将自己的客体访问权或部分访问权授予其他主体，这种控制方式是自主的。也就是说，在自主访问控制下，用户可以按自己的意愿有选择地与其他用户共享他的文件。典型的 DAC 模型是 HRU 模型。

强制访问控制（Mandatory Access Control，MAC）与自主访问控制不同，它不让众多的普通用户完全管理授权，而是将系统中的信息分密级和类进行管理，授权归于系统，每一个主体都有一个访问标签，以保证每个用户只能访问到那些被标明可以由他访问的信息。在强制访问控制下，用户（主体）与文件（客体）都被标记了固定的安全属性，在每次访问发生时，系统检测安全属性以便确定一个用户是否有权访问该文件。强制访问控制策略中比较典型的是 Bell-LaPadula 模型和 BIBA 模型。

基于角色的访问控制(Role-Based Access Control,RBAC),是一种较新且广为使用的访问控制机制。强制访问控制和自由访问控制是直接把权限赋予使用者,而基于角色的访问控制策略是将权限赋予角色。1992 年,Ferraiolo 和 Kuhn 最早提出 RBAC 的概念和基本方法,1996 年莱威·桑度(Ravi Sandhu)等人在前人的理论基础上提出比较完整的 RBAC 框架,它就是 RBAC96,包括 RBAC0、RBAC1、RBAC2 共 3 个模型,RBAC0 是 RBAC 的核心。后来美国国家标准局重新定义了以角色为基础的访问控制模型,并将之作为一种标准,称为 NIST RBAC。

3. 信息安全发展时期

20 世纪 80 年代中期至 90 年代中期是信息安全发展时期。这一时期,信息技术的应用越来越广泛,网络越来越普及,信息安全问题也越来越受到重视。计算机和网络的发展和应用大大促进了信息安全技术的发展和应用,密码技术和安全协议等得到进一步发展,学术界提出了很多新观点和新方法来保障信息安全。

1) 密码技术空前发展

现代密码学与计算机技术、电子通信技术紧密相关。在这一阶段,密码理论蓬勃发展,密码算法设计与分析互相促进,出现了大量的密码算法和各种攻击方法。另外,密码使用的范围也在不断扩张,而且出现了许多通用的加密标准,促进了网络和技术的发展。

这一时期出现了许多现代密码分析技术,常见的密码分析技术有差分密码分析、线性密码分析等,密码攻击手段也有很多,如穷尽密钥搜索攻击、字典攻击、查表攻击、时间-存储权衡攻击等。密码保护技术则有椭圆曲线密码(ECC)、密钥托管和盲签名、零知识等。

2) 大量安全协议和标准

由于互联网技术的飞速发展,信息无论是在企业内部还是在外部都得到了极大的开放。同时互联网的应用和发展促进了信息安全的应用和发展,网络安全受到广泛关注,信息安全的焦点也从传统的保密性、完整性和可用性 3 个原则衍生为可控性、抗抵赖性、真实性等新的原则和目标。在这一时期除了密码学空前发展外,标准化组织与产业界指定了大量的算法标准和实用协议,如 OSI 体系结构标准、安全套接字层协议(SSL)、互联网协议安全协议(IPSec 协议)等。[31]

国际化标准组织(ISO)在 1983 年制定了著名的 ISO 7498 标准,面向计算机网络通信提出了 OSI 体系结构参考模型。OSI 体系结构是开放式系统互联的体系结构。这个模型把网络通信协议定义为 7 层,从低到高为物理层、数据链路层、网络层、传输层、会话层、表示层和应用层。其中 1~4 层被认为是低层,这些层与数据移动密切相关。5~7 层是高层,包含应用程序级的数据。每一层负责一项具体的工作,然后把数据传送到下一层。OSI 体系结构标准成为实用网络系统结构设计和标准化的纲领性文件。

Netscape 公司于 1994 年研发了安全套接字层协议(Secure Socket Layer,SSL)。SSL 是为了保护 Web 通信协议 HTTP 而研发的,它建立在 TCP 协议栈的传输层,用于面向对象连接的 TCP 通信,应用层可以在其上透明地使用 SSL 提供的功能。1996 年,Netscape 公司发布 SSL v,增加了很多新功能,很快成为事实上的行业标准,得到多数浏览器和 Web 服务器的支持。1997 年,因特网工程任务组(IETF)在 SSL v 的基础上发布了传输层安全(TLS),功能与 SSL v 基本类似,可以看作 SSL v。

网络到网络的安全十分重要,为了实现 IP 层的安全,IEIF 于 1994 年启动了互联网协议安全协议(IPSec 协议)的标准化活动,并为此成立了"IP 安全协议工作组"。1995 年,IEIF 公布的一系列有关 IPSec 协议的建议标准,标志着 IPSec 协议的诞生。IPSec 协议是一个协议群,包括认证头(AH)协议、封装安全载荷(ESP)协议和因特网密钥交换(IKE)协议,它们分别在 IP 层引入了数据认证机制、加密机制和相关的密钥管理,实现了比较全面的网络层安全。

　　除上述 OSI 体系结构标准,传输层的安全套接字层协议(SSL),网络层的互联网协议安全协议(IPSec 协议)外,还有数据链路层的 PPTP 和 L2TP 安全协议、应用层的 Web 安全技术、防火墙等一些标准协议和技术手段来保护信息安全。1996 年还颁布了主要用于保护互联网信用卡交易安全的 SET 标准。

　　这一时期明确了网络通信协议中每一层的分工,并推出了一系列相应的协议标准,使人们的通信更加安全。

4. 信息安全保障发展时期

　　20 世纪 90 年代中期以后,人们更加关注信息安全的整体发展以及在新型应用下的安全问题,信息安全的发展进入信息安全保障发展时期。这个时期人们主要关注的是信息安全过程中"保护、检测、响应、恢复、预警、反击"。信息安全的发展越来越多地与国家战略结合在一起,国家在信息安全问题上投入了大量的人力、物力,力图最大限度地保证信息安全。信息安全技术开始综合性发展。

　　1) 量子密码学

　　RSA 公钥算法是一种基于大数因子化的加密算法。从这个意义上讲,如果人们能够在实际中实现"大数因子化"的量子算法,RSA 保密体制完成的任何加密都会被解密。1985 年,英国牛津大学物理学家戴维·多伊奇(David Deutsch)提出量子计算机的初步设想,这种计算机一旦造出来,可在 30s 内完成传统计算机要花上 100 亿年才能完成的大数因子分解,从而破解 RSA。因此,量子计算会对由传统密码体系保护的信息安全构成致命的打击,对现有保密通信提出了严峻挑战。要预防这种打击,必须采取量子的方式加密。显然量子密码体系也必须发展起来,解决保密通信在量子学上的难题。

　　就在量子计算机设想提出的同一年,美国的贝内特(Bennet)根据他关于量子密码术的协议,在实验室第一次实现了量子密码加密信息的通信。尽管通信距离只有 30cm,但它证明了量子密码术的实用性。与一次性便笺密码结合,同样利用量子的神奇物理特性,可产生连量子计算机也无法破译的绝对安全的密码。2003 年,位于日内瓦的 Quantique 公司和位于纽约的 MagiQ 技术公司推出了传送量子密钥的距离超越了贝内特实验中的 30cm 的商业产品。日本电气公司、IBM、富士通和东芝等企业也在积极进行研发。目前,市面上的产品能够将密钥通过光纤传送几十公里。美国的国家安全局和美联储都在考虑购买这种产品。MagiQ 公司的一套系统价格在 7 万美元到 10 万美元之间。

　　密码学取得了巨大的成就,在科学技术的发展过程中,尤其是信息安全技术的发展过程中发挥着越来越重要的作用,而且涉及的学科也越来越多,由最初的艺术、语言学,到数学理论证明,再到物理生物学。有信息存在的地方,就离不开密码学。

　　2) 计算机病毒与信息安全保障策略

　　网络的普及给人们带来方便的同时,也对信息安全造成了威胁。网络可以加快信息传

递的速度,同样,网络也会使病毒快速传播。千万不要小看了病毒,厉害的病毒甚至可以威胁整个国家的安全,造成巨大的损失,美国的"蠕虫计算机病毒"事件就是一个例子。各个国家为了保障信息安全,也都采取了很多保护措施。

(1)蠕虫计算机病毒事件。

1998年11月2日美国发生了"蠕虫计算机病毒"事件,给计算机技术的发展罩上了一层阴影。

蠕虫计算机病毒是由美国康奈尔大学研究生罗伯特·莫里斯编写的。虽然莫里斯在编写代码时并无恶意,但是在代码放到网上后,"蠕虫"在 Internet 上大肆传染,使得数千台联网的计算机停止运行,并造成巨额损失,成为一时的舆论焦点。美国 6000 多台计算机被计算机病毒感染,造成 Internet 不能正常运行。这一典型的计算机病毒入侵计算机网络的事件迫使美国政府立即作出反应,国防部成立了计算机应急行动小组。此次事件中 5 个计算机中心和拥有政府合同的 25 万台计算机遭受攻击。这次计算机病毒事件造成的计算机系统直接经济损失达 9600 万美元。

这个计算机病毒是历史上第一个通过 Internet 传播的计算机病毒。罗伯特·莫里斯正是利用系统存在的弱点编写了入侵 ARPANET 网的"蠕虫",他因此被判 3 年缓刑,罚款 1 万美元,还被命令进行 400 小时的社区服务,成为历史上第一个因为制造计算机病毒受到法律惩罚的人。通过这个事件,人们认识到了计算机病毒的危害。

(2)国家信息安全保障策略。

为了保障信息的安全性,主要发达国家和中国都采取了一系列措施,而且自此信息安全与国家战略紧密结合在一起。

欧洲委员会从信息安全技术(IST)规划中出资 33 亿欧元,启动了"新欧洲签名、完整性与加密计划(NESSIE)",对分组密码、流密码、杂凑函数、消息认证码、非对称加密、数字签名等进行了广泛征集。日本、韩国等国家也先后启动了类似的计划。美国的 NIST 先后组织制定、颁布了一系列信息安全标准,并且高级加密标准(AES)取代 DES 成为新的分组密码标准。我国也先后颁布了一系列信息安全标准,并于 2004 年颁布了《电子签名法》。1991 年,德国在内政部下建立信息安全局(BSI),负责处理与网络空间相关的所有问题。德国重视关键基础设施信息安全保障,建立日耳曼人的"基线"防御。1995 年美国国防部指出"保护-监测-响应"的动态模型,即 PDR 模型,后来又增加了"恢复",成为 PDRR 模型,中国还加上了预警和反击。1998 年 10 月,美国 NSA 颁布了《信息保障技术框架》(IATF);2000 年 1 月,美国克林顿政府发布了《信息系统保护国家计划 V》,提出了美国政府在 21 世纪之初若干年的网络空间安全发展规划。2001 年 10 月 16 日,布什政府意识到了 9·11 之后信息安全的严峻性,发布了第 13231 号行政令《信息时代的关键基础设施保护》,宣布成立"总统关键基础设施保护委员会",简称 PCIPB,代表政府全面负责国家的网络空间安全工作。2003 年 2 月,在征求国民意见的基础上,发布了《保护网络空间的国家战略》的正式版本,对原草案版本做了大篇幅的改动,重点突出国家政府层面上的战略任务。2003 年 12 月,法国总理办公室提出《强化信息系统安全国家计划》并得到政府批准实施,提出四大目标:确保国家领导通信安全;确保政府信息通信安全;建立计算机反攻击能力;将法国信息系统安全纳入欧盟安全政策范围。我国也于 2003 年出台了《国家信息化领导小组关于加强信息安全保障工作的意见》，作为信息安全领域的指导性和纲领性文件。2005 年德国出台《信息基础设施保护计划》和《关键基础设施保护的基线保护概念》。2008 年 1 月 2 日，美国发布国家安全总统令、国土安全总统令，建立了国家网络安全综合计划（CNCI）。2009 年 6 月，英国发布首个国家《网络安全战略》，宣布成立"网络安全办公室"和"网络安全运行中心"，提出建立新的网络管理机构的具体措施。[32]

6.5　本 章 小 结

人类社会已经进入信息时代，通信网络的普及同时带来了各类安全威胁和风险。本章描述了信息科学技术的发展史及其方法论。首先，从电子管、晶体管和集成电路方面给出了计算机硬件发展史；其次，从计算机语言与编译器、计算机算法和操作系统角度给出了计算机软件发展史；然后，从原始通信时代、电信时代、网络通信时代和现代通信介绍了通信及网络技术的发展；最后，从通信安全、计算机安全、信息安全、信息安全保障 4 个阶段描述了信息安全技术的发展史。

参 考 文 献

[1] 严云洋. 计算机组成原理[M]. 北京：科学出版社，2011.

[2] 闫宏印. 计算机硬件技术基础[M]. 北京：电子工业出版社，2013.

[3] 中国数字科技馆. 真空电子三极管. http://amuseum.cdstm.cn/AMuseum/ic/index_02_01_03.html.

[4] 百度文库. 电子管的发明简介. http://wenku.baidu.com/link? url=2vC9k8unWaRvUkitxEVMFA9IME2i-0kUxsZEEZhy9q-H3TPursdztdJhscsBwqheIl4EgFsM23TMo-UuroHCpw_rpjC1GjAoiIGQGu3m0qW.

[5] 吴鹤龄，崔林. ACM 图灵奖（1966—2006）——计算机发展史的缩影[M]. 3 版. 北京：高等教育出版社，2008.

[6] 维基百科. 电子数值积分计算机. http://zh.wikipedia.org/wiki/ENIAC.

[7] 童诗白. 世纪回眸：纪念晶体管的发明和由此引出的启发[J]. 电子电气教学学报. 2001,23(3)：3-6.

[8] 胡铭娅. 百年 IBM：IBM 1401 大型机电装置. http://tech.it168.com/a2011/0616/1205/000001205376.shtml.

[9] 博言. 发明简史[M]. 北京：中央编译出版社，2006.

[10] 百度百科. 仙童半导体公司. http://baike.baidu.com/link? url=Sd9d1cMRL7dOf9-bkwb1tiXq05ajWODz-C0e5GmMKgrtucjC7y233va0aosznFdB.

[11] 任伟. 软件安全[M]. 北京：国防工业出版社，2011.

[12] 萨莎.拉瑟. 奇思妙想：15 位计算机天才及其重大发现[M]. 向怡宁，译. 北京：人民邮电出版社，2011.

[13] 张巨青. 科学研究的艺术——科学方法导论[M]. 武汉：湖北人民出版社，1988.

[14] 维基百科. Linux. http://zh.wikipedia.org/wiki/Linux.

[15] 格雷克. 信息简史[M]. 高博，译. 北京：人民邮电出版社，2012.

[16] 维基百科. 无线电. http://zh.wikipedia.org/wiki/无线电.

[17] Fahie JJ. A History of Wireless Telegraphy. http://www.radiomarconi.com/marconi/popov/pat763772.html.

[18] Weaver CESaW. The Mathematical Theory of Communication[M]. Urbana：University of Illinois Press，1949.

[19] R. Pierce J. The Early Days of Information Theory[J]. IEEE Transactions on Information Theory，1973，19(1)：4.

[20] 赵春红. 现代科技发展概论[M]. 南京：南京大学出版社，2008.

[21] http://www.kepu.net.cn/gb/special/200911_03_lztx/w1/02.html.

[22] http://www.guancha.cn/Science/2014_11_27_301758.shtml.

[23] 冯登国，赵险峰. 国内外信息安全科学技术研究现状与发展趋势//中国计算机学科发展报告[M]. 北京：清华大学出版社，2006：240-254.

[24] Claude Elwood Shannon. Communication Theory of Secrecy Systems//Collected Papers，N. J. A. Sloane，Aaron D. Wyner，ed. New York：IEEE Press；1993.

[25] 维基百科. 数据加密标准. http://zh.wikipedia.org/wiki/DES.

[26] 塔克曼 W. A brief history of the data encryption standard. Internet besieged：countering cyberspace scofflaws[M]. New York：ACM Press/Addison-Wesley Publishing Co，1997.

[27] NBS. 数据加密标准. FIPS-Pub46 NBS. 华盛顿特区：美国商务部，1977.

[28] 维基百科. Diffie-Hellman 密钥交换. http://zh.wikipedia.org/wiki/Diffie-Hellman 密钥交换.

[29] Hellman ME. An Overview of Public Key Cryptography[J]. IEEE Communications Magazine，2002：42-49.

[30] 吴军. 数学之美[M]. 北京：人民邮电出版社，2013.

[31] 冯登国，赵险峰. 信息安全技术概论[M]. 北京：电子工业出版社，2009.

[32] 互动百科. 信息安全保障. http://www.baike.com/wiki/信息安全保障.

思 考 题

1. 描述集成电路的发明过程及其方法。

2. 以 Smalltalk 的发明为例，说明艾伦·凯的科学方法。

3. 描述 UNIX 的发明史及其成功的关键因素。

4. 简述信息安全技术的发展历史。

第7章 智能科学技术发展史与方法论

本章学习目标

- 了解人工智能发展史中的重要事件。
- 掌握结构主义、功能主义和行为主义的主要特点和代表成果。
- 掌握全信息理论和机制主义的主要内容。
- 了解基于信息转换的机制主义方法论。

在第1章中讲到,科学技术的作用是辅人,科学技术所使用的方法是拟人,科学技术的前景是与世界共生。科学技术在经过体质能力的模拟、体力能力的模拟后来到了智力模拟的伟大时代,智能科学技术便是人类智力能力模拟的一门学科。[1]

"二战"结束的半个多世纪以来,传感、控制、通信、计算等领域突飞猛进,取得了长足的进步。信息科学技术的发展呈现出"万事俱备,只待智能"的态势。一方面,传感、控制、通信、计算等科学技术的进步为处于核心前沿和制高点的人工智能科学技术的发展准备了必要的基础,同时,也为它们自身的智能化以及整个科学技术和经济社会的智能化孕育了强大的社会需求。事实上,"智能化"已经成为当今世界社会各行各业普遍而强烈的共同呼唤。

智能科学技术是研究智能的本质和研究扩展人类智力能力的原理和方法的科学技术,是一个引领未来的新学科,在2008年11月16日,中国科协成立50周年的新闻发布会上,经过2000多万公众的网上投票,在10项引领未来的科学技术中智能科学技术占了2项,分别是未来家庭机器人和人工智能技术。由此看出,智能科学技术已经成为前沿的、具有影响力的科学技术。

那么,什么是智能呢?

《现代汉语词典》对"智能"的解释非常简明:智慧能力。

《韦氏大字典》的解释是"Capacity for understanding and for other forms of adaptive behavior(理解能力以及各种适应行为的能力)"。

《牛津词典》的解释则是"Power of seeing,learning,understanding,and knowing(观察、学习、理解和认识的能力)"。

为了科学研究的需要,钟义信教授在《高等人工智能原理》中给出两个不同层次而又互相密切关联的智能概念。[7]

（1）人类智能。

总的来说，人类智能就是人类认识世界和优化世界的能力。

具体地说，人类智能是指：人类为了追求不断改善生存发展条件这一永恒目的而凭借已有的先验知识去发现和定义所处环境中需要解决而且可能解决的问题，并预设求解的目标；在获得问题和目标这些信息的基础上，提取必要的专门知识，进而在目标引导下运用信息和专门知识来制定求解策略，并把策略转化成行为，从而解决问题实现目标的能力；以及在解决老问题之后又发现新问题和解决新问题的能力。

需要注意："目的"是指永恒的战略追求；"目标"是指求解具体问题的具体追求，后者是前者的局部体现。"先验知识"是先前已经具备的综合知识，求解问题所必要的"专门知识"是指直接与问题和目标相关的具体知识，在先验知识不足以支持问题求解的情况下也包括通过学习所获取的新知识。它们是"先验知识"的子集。

（2）人工智能。

总的来说，人工智能是人造机器所拥有的智能。

具体来说，人工智能是指：针对人类设计者所给定的问题、领域知识、目标，机器根据这些初始信息去提取求解问题所必要的专门知识，进而在目标引导下运用信息和专门知识制定求解策略，并把策略转化成行为，从而解决问题实现目标的能力。

同样需要注意的是，一般，求解问题所需要的专门知识可以从领域知识提取，但在领域知识不足以支持问题求解的情况下，就需要通过学习来提取新的知识。

不难看出，这里给出的两个智能概念与各词典所做的解释之间不存在矛盾，因为上述人类智能和人工智能的定义显然都需要观察、学习、理解、认识和适应能力的支持。然而这两个定义却更为明确，更为深入，更具有科学研究的可操作性，不仅阐明了两类智能概念的内涵和相互关系，而且揭示了生成智能的科学途径，使它们不仅可望，而且可及。这是科学研究所特别期待的。

定义表明，一方面，人类智能和人工智能两者是相通的，表现在两者都要通过获取信息、提取知识和在目标引导下制定策略解决问题。另一方面，它们之间又存在原则的差别：人类具有自身的目的和一定的先验知识，因而在面对具体环境的时候能够自主发现和定义需要解决的问题并预设求解问题的目标，而且，人类可以通过获取信息和提取知识创造性地制定策略解决问题；而机器则没有自身固有的目的和知识，因此机器本身不能自主地发现和定义问题以及预设求解目标，它的问题、知识和目标都是人类设计者事先给定的，机器只能在人类给定的框架内解决问题；而且，由于人类所给定的"问题-领域知识-目标"不一定充分和合理，因此，机器解决问题的"创造性"也会受到局限。

应当指出，"面对具体环境，根据永恒目的和先验知识来发现和定义问题，并预设求解目标"的能力是人类创造力的首要前提，没有这个前提就谈不上人类智能。这是人类智能特有而机器所没有的能力，而且通常在人类的思维过程中完成，因此，可以称为"隐性智能"；相应地，可以把"获取信息、提取知识、制定策略和解决问题"的能力称为"显性智能"。可见，人类智能同时包含隐性智能和显性智能以及它们之间的交互；人工智能只有显性智能。本章主要关注人工智能科学技术。

那么，应当怎样研究智能科学技术呢？

智能科学技术本身性质所固有的基础性和深刻性,智能科学技术研究工作所特有的复杂性和前沿性,智能科学技术应用所具有的普遍性和广泛性,以及智能科学技术应用可能给社会发展带来的革命性和转型性,这一切就决定了:智能科学技术的研究(包括自然智能的研究和人工智能的研究)决不可以等闲视之。

从科学研究的纵深角度看,由于智能科学技术研究的对象实质是信息(而不是人们所熟悉的物质和能量),是以信息为主导因素的开放复杂系统(而不是人们所熟悉的封闭系统和简单系统),是通过新颖的生成机制所演化的奇妙智能(而不是人们所熟悉的普通信息处理机制和普通的信息能力),深深地触及了学术研究的科学观和方法论问题,而且都不是传统科学观和方法论所能解释清楚的问题。因此,智能科学技术的研究不应当期望在传统的科学观和方法论框架内就能求得满意的结果,而必须从根本的科学观和方法论的考察做起。

换言之,智能科学技术的研究需要新的科学观和新的方法论。

从科学研究的横断角度看,由于智能科学技术的研究内容既涉及信息科学技术(包括信息理论、知识理论、智能理论、决策理论以及传感技术、通信技术、存储技术、计算技术和控制技术等),又涉及生命科学技术(神经生理科学,特别是脑神经科学),还涉及人类学、社会学、心理学、思维科学、认知科学、哲学等等众多学科,自然地形成了一个以智能科学为核心的学科群。因此,智能科学技术的研究不应当期望仅仅局限在某些个别学科领域内就可以解决问题,而应当在整个学科群的综合视野内探寻智能生成的根本规律。或者说,智能科学技术的研究应当是学科群的研究。

下面简要回顾一下半个多世纪以来人工智能发展的历程,其中各种成功的经验和不成功的教训都发人深省,并且都可以追溯到科学观方法论的根源。

7.1　人工智能发展历史

20 世纪 40 年代,随着世界上第一台计算机 ENIAC 被发明,这种可编程的数字计算机使很多科学家开始思考构造一个电子大脑的可能性。1956 年,在达特茅斯学院举行的一次会议上正式确立了人工智能的研究领域。会议的参与者在接下来的数十年都是 AI(Artificial Intelligence,人工智能)研究领域的领军人物,他们中的很多人都预言:经过一代人的努力,与人类智能具有同等水平的机器将会出现。[3]然而人工智能的发展却充满波折。

人工智能的第一个黄金时代是 1956—1974 年。在达特茅斯会议后,人工智能迎来了第一个发展的高峰。这一时期涌现了大批成功的人工智能程序,产生了许多新的研究方向。人工智能在搜索式推理方面采用回溯的方法,这种人工智能程序可以证明几何定理。同时在自然语言方面的研究成果可以让人工智能程序学习和使用英语,Joseph Weizenbaum 的 ELIZA 是第一个聊天机器人,可能也是最有趣的会说英语的程序;还有早期的一个成功范例是 Daniel Bobrow 的程序 STUDENT,它能够解决高中程度的代数应用题。麻省理工学院 AI 实验室的 Marvin Minsky 和 Seymour Papert 曾提出过关于人工智能的重要思想,他们建议人工智能研究者们专注于被称为"微世界"的简单场景。他们指出,在成熟的学科中往往使用简化模型帮助基本原则的理解,在这一指导思想下,Gerald Sussman,Adolfo Guzman,David Waltz,特别是 Patrick Winston 等人在机器视觉领域作出了创造性贡献。在

以上所有人工智能程序看似巨大成功的情况下,很多人工智能的研究者保持着一种盲目的乐观主义。当时有的研究者就提出,在 3~8 年内将会有具有与人类同等智能的机器,在一代之内创造人工智能的问题将获得实质上的解决,甚至提出 20 年内机器将能完成人能做到的一切工作。同时,这一时期人工智能的发展离不开经费的大量投入,在这种盲目乐观主义的影响下,各个国家也加大了人工智能的研究经费,特别是美国国防高等研究计划局(DARPA)每年都为几个大学的人工智能组提供充足的资金支持。但是,这种乐观并没有持续太久,在人工智能一切看似繁荣的景象下,一场危机随之而来。

到了 20 世纪 70 年代,人工智能开始遭遇批评,随之而来的还有资金上的困难。1974—1980 年是人工智能的第一次低谷。这时候由于研究者盲目乐观,曾经的承诺无法兑现,人工智能遭遇了信任危机,这使人工智能的资助也大大减少。当时人工智能发展遇到了瓶颈,即使最杰出的人工智能程序也只能解决问题中的最简单的一部分,都还不足以解决任何实际的问题,看起来只是像一个"玩具"。当时人工智能面临了众多的障碍:计算机的运算能力不足,计算复杂性和指数爆炸,无法让机器学习常识和推理、莫拉维克悖论等。由于缺乏进展和曾经的承诺无法兑现,很多对人工智能资助的机构停止了资助,同时很多人对人工智能研究者不切实际的预测进行批评,并认为很多研究者落进了一张日益浮夸的网中。此后的几年人工智能陷入了低谷,但是人工智能的发展并没有停止,而是很缓慢地进步着。

1977 年,人工智能开始走出第一次低谷,再次迎来新一轮的发展。第五届国际人工智能联合会会议上,费根鲍姆(Feigenbaum)在一篇题为《人工智能的艺术:知识工程课题及实例研究》的特约文章中系统地阐述了专家系统的思想,并提出"知识工程"的概念。专家系统成为一个巨大的进步,它第一次让人知道计算机可以代替人类专家进行一些工作。在 20 世纪 80 年代,这类专家系统的人工智能程序开始为全世界的公司所采纳,而"知识处理"成为了主流人工智能研究的焦点。日本政府在同年代积极投资人工智能以促进其第五代计算机工程发展。20 世纪 80 年代早期另一个令人振奋的事件是 John Hopfield 和 David Rumelhart 使联结主义重获新生,人工智能再一次获得了成功。1982 年,物理学家 John Hopfield 证明一种新型的神经网络(现被称为 Hopfield 网络)能够用一种全新的方式学习和处理信息。大约在同时(早于 Paul Werbos),David Rumelhart 推广了反传法(Backpropagation),一种神经网络训练方法。这些发现使 1970 年以来一直遭人遗弃的联结主义重获新生。在这一时期由于专家系统的发明和神经网络的应用使人工智能再一次获得大量的资金支持并取得长足的进步。

1987—1993 年是人工智能的第二次低谷。20 世纪 80 年代中商业机构对人工智能的追捧与冷落符合经济泡沫的经典模式,泡沫的破裂也在政府机构和投资者对人工智能的观察之中。由于专家系统的实用性仅仅局限于某些特定情景并且专家系统的维护费高居不下,难以升级,难以适用,十分脆弱。因此投资机构和部门大幅削减对人工智能的资助,甚至认为人工智能并不是下一个浪潮。1991 年人们发现十年前日本人宏伟的"第五代计算机工程"并没有实现。在这时人们又再一次发现对人工智能的期望比真正实现的要高很多。

从 1993 年到现在是人工智能发展的第三次高峰。人工智能已经实现它最初的一些目标,已经被成功地应用到技术产业中。这些成果有的是由于计算机性能的提升,有的则是在高尚的科学责任感驱使下对特定课题不断追求而获得的。实现人类水平的智能这一最初的梦想至今沉重地压在人工智能研究者的肩上,人工智能研究者们对人工智能的发展前景比以往任何时候都显得更加谨慎,却也更加成功。人工智能技术被广泛地应用在数据挖掘、工业机器人、语音识别、医疗诊断和搜索引擎等方面。但是人工智能的发展依然需要更多的突破。

　　经过几十年的发展,智能科学技术已经取得了巨大的发展和进步。在第 5 章介绍的几个具有代表性的智能机器人就是智能科学技术发展成果的体现,同时智能科学技术已经在问题求解、自然语言处理、口语识别、专家系统和机器视觉等多个方面得到了实际应用并取得了一定的成果。随着智能科学技术的不断发展,人们已经从不同的方面推进智能科学技术的研究。目前人工智能理论已基本形成结构主义、功能主义和行为主义三大体系。在上述三大体系形成后,北京邮电大学钟义信教授从智能生成的共性机制入手探讨智能的本质,提出了机制主义。结构主义、功能主义和行为主义在机制主义下得到了统一。

7.2　结　构　主　义

　　1943 年 McCulloch 和 Pitts 发表《神经元数理逻辑模型》,开创了人工神经网络算法。它的基本思想是通过模拟大脑皮层神经网络的结构特征来复现智能,因此被后人称为“结构主义”方法。人工神经网络作为结构主义的代表已经发展得相当好,目前被广泛应用在模式识别、专家系统、机器人控制等相关领域,都发挥了重要的作用。

　　人工神经网络(Artificial Neural Network,ANN)也简称为神经网络(NN),它是一种模拟动物神经网络行为特征,进行分布式并行信息处理的算法数学模型。[4]这种网络依靠系统的复杂程度,通过调整内部大量节点之间的相互连接关系,从而达到处理信息的目的。神经网络对人工智能是一个进步,它的基础是建立在真正的神经网络上,大脑是由神经元组成的,神经网络的研究者希望通过对神经元相互作用的研究让智能不可捉摸的特性变得清晰,并且希望通过复制众多神经元之间的连接,让一些令人工智能束手无策的问题得以解决。神经网络不同于计算机,它没有 CPU,不能对信息进行中央存储,整个网络的知识和记忆都分布在所有的连接之上,像真正的人类大脑。

　　神经网络模仿人类的神经元建立如图 7.1 和图 7.2 所示的模型。

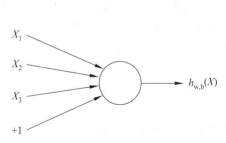

图 7.1　人工神经网络的神经元模型

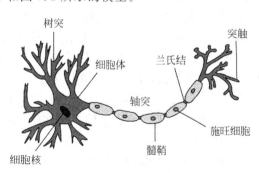

图 7.2　神经元

图 7.1 是人工神经网络的神经元模型,而图 7.2 是真正的神经元,它们的共同点是都有很多输入,同时都汇聚到一点,然后再将信息传送出去。神经网络模型如图 7.3 所示。

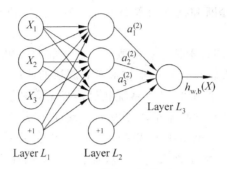

图 7.3　神经网络模型

通过这种人工网络模型来模拟真正的大脑模型,使用圆圈来表示神经网络的输入,标上"+1"的圆圈被称为偏置节点。神经网络最左边的一层叫做输入层,最右边的一层叫做输出层(本例中,输出层只有一个节点)。中间所有节点组成的一层叫做隐藏层,因为不能在训练样本集中观测到它们的值。同时可以看到,以上神经网络的例子中有 3 个输入单元(偏置单元不计在内)、3 个隐藏单元及 1 个输出单元。这种网络已经与真实的大脑模型相似。在这种模式下,信息通过神经元上的兴奋模式分布存储在网络上,信息处理是通过神经元之间同时相互作用的动态过程来完成的。神经网络通过模拟大脑的方式取得了很大的成功,但是它依然存在很多不足之处。

对于真实的大脑,输入的是大量的不断变化的信息流,大脑不停地处理这些信息流。而人工网络目前只能处理一些禁止不动的模式,与真实的大脑还相差很远。大脑中还存在很多的反馈信息,而且反馈信息比正常的信息要大一个数量级,对于人工神经网络不存在任何的反馈。人类目前对大脑的了解还不足,而神经网络只是模拟大脑一小部分最简单的功能和结构。

神经网络仅仅是结构主义的研究者的一个开始,人类对大脑的探索还继续进行着。正如《人工智能的未来》一书的作者杰夫·霍金斯(Jeff Hawkins)所说的那样:"真正认识人类大脑是开发智能机器的必由之路"。[5]根据人类目前对大脑的研究,人类已经认识到大脑重 1.4kg 左右,由 140 亿个神经细胞组成。大脑分为两个半球,左半球支配人体的右侧。右半球支配人体的左侧。90%的人的语言中枢位于左半球,左半球倾向于按顺序处理信息,还能从事分析性的工作;右半球去习惯同时处理信息,具有较强的形象思维和观察的能力。两个半球之间存在两亿条神经纤维并以每秒 40 亿个神经冲动的速度传递信息。同时认识到大脑皮层在调节机能上起着主要的作用,并根据皮层的不同,分为 3 类机能区:皮层感觉区、皮层运动区和皮层联合区,大脑皮层虽有不同的区域之分,但是整个皮层结构是一个协同整合的机能系统。

上面讲了人类大脑的结构,下面讲述大脑内部人的思维是如何运行的。在《人工智能的未来》一书中,描述了一种记忆-预测模型,这一模型的特点是我们的大脑时时刻刻都在用过去的记忆预测下一步将要发生的事情,并与外界输入的信息进行对比,正是因为如此,我们才拥有智能。有的记忆并不是与生俱来的，而是后天学习而来的，在后天的学习过程中，我们在大脑中不断地为新事物建立了模型或者修正事物在大脑中的原有模型，这样对于很多事物我们都建立了相应的模型，这就是这些事物在我们大脑中的恒定表征。这种识别方式远优于计算方式，大脑储存的并非事物的图像而是世界的本质。当我们通过感觉器官如眼、鼻子等输入外界的信息的时候，我们就根据输入信息的恒定表征去预测信息的别的特点。例如，你看着某个人的眼睛，这些信息通过你的眼睛上传到大脑皮层，由下而上，细节构成整体，过去的记忆形成的关于"眼睛"的模式让你知道你看到的是眼睛。这个过程不是单向的，同时，你的大脑皮层做出预测："哦，往下看我应该可以看到这个人的鼻子，往上看应该是额头。"这样的预测从上往下传递，并且配合你的感觉器官得以验证。所谓智能就是这样一个不断验证记忆中的"模式"（或者称为"恒定表征"），不断做出预测的过程。

那么在此模式下，什么是意识、创造力和想象呢？意识在这种模式下本质上是基于记忆-预测模型的陈述性记忆，意识不断地从记忆模式里面提取出关于时间的记忆序列。创造力虽然看似很神奇，但是在这种记忆-预测模式下面，当我们精通一样技艺之后，在我们的大脑中就会形成关于这项技艺的方方面面的"模式"，当需要去学习新的一项技艺的时候，这可能会激发我们对相似的场景的模式记忆，通过类比去解决问题。这样的行为就是创造力。对于想象，则是新大脑皮层对输入的信息与长期训练形成的"恒定表征"相验证，同时不断地去预测，预测从皮层较高层次往下传递。如果将预测的传输方向倒转，也就是将预测作为输入，显然，这就是想象。想象其实就是策划，不断对行为产生的后果进行预测。基于以上的理论，杰夫·霍金斯认为人们可以制造出真正的人工智能。

不论是神经网络还是杰夫·霍金斯关于人类大脑的理论，或者是人类不断地对人类大脑的探索，应用的这些方法都是基于结构主义的。目前结构主义对大脑尚未正确地认识，并且这将需要更多的时间，结构主义依然存在很多的障碍，而实际的研究进展却越来越明显地面临着"进退两难"的尴尬局面：一方面，若是向人脑神经网络的目标前进，就会面临"规模太庞大，规则太奥妙，无法企及"的巨大困难；而另一方面，若是向着工业可实现的人工神经网络后退，却又面临着"智能水平几近消失"的境地。真可谓"前进不得，后退不能"，一时还难以找到突破难关的良策。但是目前看来结构主义的研究具有光明的前景，并且有可能制造出真正的人工智能。

7.3　功能主义

功能主义也是较早出现的关于人工智能的一个分支，由于功能主义方法一开始就使用Artificial Intelligence(人工智能)这一名称，后来有很多人就把人工智能等同于功能主义。功能主义者不关心系统的结构特征，只关注系统的功能表现。刻意回避了结构模拟的困难。功能主义起始于 1956 年一批年轻学者在美国达特茅斯(Dartmouth)会议期间倡导的以计算机硬件平台支撑、用符号逻辑描写、由软件编写程序实现的"符号主义"方法。[6,7]

功能主义者深受图灵测试的影响，他们的目标是尽可能对功能进行模拟，使之通过图灵

测试。图灵测试是图灵提出的一个关于机器人的著名判断原则,是一种测试机器是不是具备人类智能的方法。被测试者中一个是人,另一个是声称自己有人类智力的机器。图灵测试是测试人在与被测试者(一个人和一台机器)隔开的情况下,通过一些装置(如键盘)向被测试者随意提问。问过一些问题后,如果测试人不能确认被测试者哪个是人、哪个是机器的回答,那么这台机器就通过了测试,并被认为具有人类智能。图灵预测 2000 年将会出现足够好的计算机,但是直到目前为止依然不存在通过图灵测试的计算机程序。图灵随后又发表了一篇题为《机器能思考吗?》的论文,成为划时代之作。因为这些成果,图灵赢得了"人工智能之父"的桂冠。

功能主义研究者具有代表性的一大突出成果是专家系统。专家系统是一个智能计算机程序系统,其内部含有大量的某个领域专家水平的知识与经验,能够利用人类专家的知识和解决问题的方法来处理该领域问题。也就是说,专家系统是一个具有大量的专门知识与经验的程序系统,它应用人工智能技术和计算机技术,根据某领域一个或多个专家提供的知识和经验进行推理和判断,模拟人类专家的决策过程,以便解决那些需要人类专家处理的复杂问题,简而言之,专家系统是一种模拟人类专家解决领域问题的计算机程序系统。

专家系统出现较早,20 世纪 60 年代初,出现了运用逻辑学和模拟心理活动的一些通用问题求解程序,它们可以证明定理和进行逻辑推理。但是这些通用方法无法解决大的实际问题,很难把实际问题改造成适合计算机解决的形式,并且对于解题所需的巨大的搜索空间也难于处理。1968 年,费根鲍姆等人在总结通用问题求解系统的成功与失败经验的基础上,结合化学领域的专门知识,研制了世界上第一个专家系统 dendral,可以推断化学分子结构。20 多年来,知识工程的研究以及专家系统的理论和技术不断发展,应用渗透到几乎各个领域,包括化学、数学、物理、生物、医学、农业、气象、地质勘探、军事、工程技术、法律、商业、空间技术、自动控制、计算机设计和制造等众多领域,开发了几千个专家系统,其中不少在功能上已达到甚至超过同领域中人类专家的水平,并在实际应用中产生了巨大的经济效益。专家系统的发展已经历了 3 个阶段,正向第四代过渡和发展。第一代专家系统(dendral、macsyma 等)以高度专业化、求解专门问题的能力强为特点。但在体系结构的完整性、可移植性、系统的透明性和灵活性等方面存在缺陷,求解问题的能力弱。第二代专家系统(mycin、casnet、prospector、hearsay 等)属单学科专业型、应用型系统,其体系结构较完整,移植性方面也有所改善,而且在系统的人机接口、解释机制、知识获取技术、不确定推理技术、增强专家系统的知识表示和推理方法的启发性、通用性等方面都有所改进。第三代专家系统属多学科综合型系统,采用多种人工智能语言,综合采用各种知识表示方法和多种推理机制及控制策略,并开始运用各种知识工程语言、骨架系统及专家系统开发工具和环境来研制大型综合专家系统。在总结前三代专家系统的设计方法和实现技术的基础上,已开始采用大型多专家协作系统、多种知识表示、综合知识库、自组织解题机制、多学科协同解题与并行推理、专家系统工具与环境、人工神经网络知识获取及学习机制等最新人工智能技术来实现具有多知识库、多主体的第四代专家系统。

现阶段国内外专家系统应用停留在相对狭义的以规则推理为基础的阶段,应用也更多针对的是实验室研究以及一些轻量级应用,远不能满足大型商业应用对实时智能推理以及大数据处理的需求。从专家系统的缺点我们也可以看出,当前人工智能功能主义的缺点是:

功能主义者主要是利用程序去模拟功能,不考虑系统的结构特征,设计出来的系统就像一个黑盒子,使用者不用关心其内部结构,只需要使用这个黑盒子的功能。虽然目前看来,功能主义者已经研制实现和投入使用很多产品,但是在因为其局限性,功能主义者遇到了很多的困难,甚至对于某些事情是不能用功能主义来实现的。

7.4　行　为　主　义

在功能主义和结构主义发展的同时,出现了一种新的智能模式,这便是行为主义。20世纪 90 年代初期,Brooks 等人提出了"无需知识表示和推理的智能系统"的"行为主义"方法,该方法在分析智能系统的输入(刺激模式)输出(动作模式)关系的基础上,系统首先鉴别输入的模式,然后根据输入和输出之间的关系决定输出的动作方式,这便是行为主义,行为主义的代表是感知-动作系统。[6,7]

人工神经网络的研究遭遇到"规模结构复杂和学习机制深奥"的困难,物理符号系统的研究方法又面临"知识瓶颈"和"逻辑瓶颈"的困扰。人们在向"智能"进军的道路上真是难关重重。不过,既然人们深知智能是最复杂的研究对象之一,而人工智能的研究对人类社会的进步又具有极为重大的意义,因此,人们决不会轻易放弃自己的努力。

20 世纪 70 年代以来,机器人的研究和应用在世界各地方兴未艾。但是,初期研制的机器人基本上是处理简单操作的机械式工业机器人。进入 20 世纪 80 年代以后,"智能机器人"的研究开始在国际学术界受到越来越多的重视。在专家系统和人工神经网络的研究双双受阻的情况下,智能机器人的研究为人们寻求新的出路燃起了希望。

为了绕开专家系统遭遇的"知识瓶颈"和人工神经网络面临的"结构复杂性",MIT 的Brooks 教授领导的"智能机器人"研究队伍转向"黑箱方法"寻求解决出路。他们认为,在给定问题、约束和目标的前提下,智能机器人不必像专家系统那样通过获取知识和演绎推理来产生行动策略,它们可以直接模拟智能原型(人或生物)在同样情况下的"输入(刺激)输出(响应)行为",也就是让智能机器人模拟智能原型"在面对什么样的情况(输入)下应当产生什么样的动作(输出)"。如果能够把这种"输入(刺激)输出(响应)行为关系"模拟成功了,就意味着在给定情况下机器人能够和智能原型一样解决问题。换言之,在给定的任务下,这样的机器人就具有与原型一样的智能。

用这种思路研究智能机器人系统的原理很直接:首先,明确"给定的任务"是什么,其次,把完成给定任务所需要的"输入(情景)与输出(行为)的关系"表达成为"若出现什么情景,则产生什么动作(If…Then…)"的规则形式,然后,把这些规则存入智能机器人的规则库。当智能机器人面对给定任务的时候,只要能够感知和识别当前面对的"情景模式",它就自动产生与之对应的"动作",从而可以按部就班地完成任务。所以,这种智能系统也被称为"感知-动作系统"。

按照这种思路,Brooks 的研究团队研制成功了一种"爬行机器人",它能够模拟"六脚虫"在高低不平的道路环境下行走,不会撞墙,不会跌倒。1990 年,他们在国际学术会议上成功地演示了这个能行会走而不翻倒的智能机器人。同时,他们还在会议上发表了学术论文,介绍这种智能机器人的研究思路,宣传"无需知识的智能(Intelligence without

Knowledge)"和"无需表示的智能(Intelligence without Representation)",给人们留下了深刻的印象。"黑箱方法"成功地回避了人工神经网络和物理符号系统所遭遇的困难,成为研究人工智能的新方法。

虽然这种"无需知识"也"无需表示"的感知-动作系统能够模拟比较简单的智能系统行为,但是也面临着新的挑战:对于复杂智能系统的行为模拟,这种方法也有效吗?

7.5 机 制 主 义

虽然目标都是同为人工智能的研究,但是由于研究的方法思路各不相同,上述人工智能研究的结构模拟方法、功能模拟方法、行为模拟方法相继发展起来之后,很少相互沟通与合作,一直未能形成合力。相反,它们之间究竟"孰优孰劣"的争论却时有发生,终于形成互不认可、鼎足而立、各自为战的研究格局,在一定程度上延缓了人工智能研究的发展。

既然社会对于智能科学技术已经涌现强烈的需求,而目前人工智能的研究现状又处于三足鼎立的分离状态,那么,智能科学技术工作者就天然地肩负着一项神圣的使命:在已有发展成果的基础上寻求人工智能研究的新方法,把人工智能研究的"分力"转化为"合力",促进人工智能的新发展。

有鉴于此,国内外不少有识之士都注意到了这个矛盾和克服这个矛盾的社会需求,并主动担负起了"化分力为合力"的任务。其中,最具代表性的努力是人工智能权威学者之一的 N. J. Nilsson 在 1998 年出版的 *Artificial Intelligence: A New Synthesis* 以及作为人工智能后起之秀的 S. J. Russell 与 P. Norvig 在 1995 年出版后又在 2003 年和 2006 年再版的长篇巨著 *Artificial Intelligence: A Modern Approach*。这两部学术著作分别宣称是人工智能的"新集成"和"新途径",而且都不约而同地试图以 Agent 能力扩展为线索把现有结构模拟、功能模拟、行为模拟三种人工智能研究成果拼装在 Agent 系统上。

不过,这种"拼装"只是表面的黏合和堆积,并没有揭示结构模拟、功能模拟和行为模拟三种主流方法内在的本质联系。因此,寻求"化分力为合力"的任务远远没有完成。

虽然"结构、功能、行为"都是系统的重要属性,但是对于智能系统来说,真正能够揭示系统本质的,却应当是系统的"工作机制"。于是,与结构主义、功能主义、行为主义方法不同,这里将直接关注"智能的生产机制",也称机制主义。[6,7]

那么,"智能生成的共性核心机制"究竟是什么呢?这种核心机制可以理解为:在给定的问题-环境-目标的前提下获得相关的信息,并在此基础上完成由信息到知识的转换以及由知识到智能的转换,即信息-知识-智能的转换。任何智能的生成都会遵循"信息-知识-智能转换"这样的原则,只是"转换的具体过程"会随着问题的不同而有所不同。既然智能的共性生成机制表现为"由信息到知识和由知识到智能的转换",下面就逐一考察其中包含的各种重要的转换问题。

7.5.1 由本体论信息到认识论信息(信息获取)

智能生成机制首先要解决"在给定条件下获得相关信息"的问题。即本体论信息(外部世界的问题信息与环境信息)转换为认识论信息(系统获得的信息)的问题。为了研究这个转换,需要澄清"信息"的有关概念。

香农信息论认为,信息是消除不确定性的东西,不确定性是指状态和状态出现方式的不确定。例如,对于具有 N 种可能状态 $\{x_n | n \in (1, N)\}$ 的随机变量 X,若已知各个状态发生概率的分布为 $\{p_n | n \in (1, N)\}$,那么相应的信息就可以用它的概率空间来描述:

$$\begin{bmatrix} x_1, \cdots, x_n, \cdots, x_N \\ p_1, \cdots, p_n, \cdots, p_N \end{bmatrix} \tag{1}$$

这样的信息智能表明"X 的某个状态 x_n 会以概率 p_n 发生",至于它与所关心的问题求解在多大程度上相关,却不得而知,因此,不能满足要求。

1988 年,北京邮电大学钟义信教授在《信息科学原理》中引入了本体论信息和认识论信息的概念。事物的"本体论信息"是指事物对其运动状态及其变化方式的自述;事物的"认识论信息"则是认识主体关于该事物运动状态及其变化方式(包括这些"状态/方式"的形式、含义和效用)的表述。其中关于事物运动状态的形式的表述称为"语法信息",关于事物运动状态的逻辑含义的表述称为"语义信息",关于事物运动状态对主体所呈现的效用的表述称为"语用信息"。语法信息、语义信息、语用信息的综合体则称为"全信息"。[1]可见,本体论信息是事物自身的信息,认识论信息才是主体所获得的信息。如果主体获得了事物的全信息,就不仅了解了它的形式,而且了解了它的内容和价值。

全信息需要三类参量来描述。对于一个具有 N 种可能状态 $\{x_n | n \in (1, N)\}$ 的变量 X,用状态肯定度参量 $\{c_n | n \in (1, N)\}$ 来描述 X 的语法信息(各个状态发生的肯定程度),用状态的逻辑真实度参量 $\{t_n | n \in (1, N)\}$ 来描述 X 的语义信息(各个状态内容的逻辑真实程度),用状态的效用度参量 $\{u_n | n \in (1, N)\}$ 来描述 X 的语用信息(各个状态对于用户的价值大小)。因此全信息的描述如下所示:

$$\begin{bmatrix} x_1, \cdots, x_n, \cdots, x_N \\ c_1, \cdots, c_n, \cdots, c_N \\ t_1, \cdots, t_n, \cdots, t_N \\ u_1, \cdots, u_n, \cdots, u_N \end{bmatrix} \tag{2}$$

其中 $0 \leqslant ()_n \leqslant 1, \forall n, \sum ()_n > = < 1$,()分别代表 c、t、u。符号">=<"表示"大于或等于或小于"。

既然事物的全信息提供了该事物的形式、内容、价值的信息,就可以判定这个事物的信息是否与当前所关心的问题相关以及多大程度上相关,进而就可以确定是否应当设法获取这个信息。全信息的获得是在外部本体论信息下,分别在传感系统和效用判定两个方面得到语法信息和语用信息,然后把传感系统和效用判定通过关联逻辑结合起来,即得到语义信息,从而由本体论信息得到认识论信息,即全信息。

7.5.2 由认识论信息到知识(认知)

智能生成共性机制的第二个转换是由信息提取知识。专家系统的研究曾经关注过知识的问题,但是没有涉及如何从信息提炼知识的问题,大多数专家系统的知识都是由系统设计人员手工完成的。20 世纪 90 年代以来兴起的数据挖掘和知识发现(data mining and knowledge discovery)关注了如何从数据中提炼知识的问题,但尚未形成普遍性和系统性

理论。

2000 年北京邮电大学钟义信教授给出了知识的概念、分类、描述和知识量的测度方法，探讨了"把信息提炼为知识"和"把知识激活为智能策略"的方法。钟义信教授认为，某个事物的信息表现的是"该事物运动的状态及其变化的具体方式"；而事物的知识表达的则是"该类事物运动的状态及其变化的抽象规律"。由"具体的变化方式"到"抽象的变化规律"的转化过程，正是从信息资源中提炼知识的过程。因此，由信息到知识的转换本质上是一种归纳和抽象的处理过程。在一些比较复杂的情况下，归纳过程可能需要和相关的演绎过程互相嵌套和互相调用，共同完成信息到知识的转化。

同信息有语法信息、语义信息、语用信息分量的情形相对应，知识也有形式性知识、内容性知识、价值性知识 3 个分量。其中，事物的形式性知识反映的是事物结构形态方面的知识，可以用结构关联性 L 作为描述参量；内容性知识反映的是事物逻辑含义方面的知识，可以用逻辑合理性 R 作为描述参量；价值性知识描述的是事物对于主体所呈现的价值信息，可以直接用价值 V 作为描述参量。

因此，对于一类事物 X，如果它具有 N 种可能的运动状态 $\{x_n | n \in (1, N)\}$，在知识理论框架下，利用事物运动的状态矢量、形式结构的关联性矢量、内容逻辑的合理性矢量以及相应的价值矢量，就可以把它的知识描述为如下所示的矢量空间：

$$\begin{bmatrix} x_1, \cdots, x_n, \cdots, x_N \\ l_1, \cdots, l_n, \cdots, l_N \\ r_1, \cdots, r_n, \cdots, r_N \\ v_1, \cdots, v_n, \cdots, v_N \end{bmatrix} \tag{3}$$

其中，$0 \leqslant ()_n \leqslant 1, \forall n, \sum ()_n >=< 1, ()$ 分别表示代表 l、r、v，其他符号意义同前。

对照信息和知识的定义，可以启示从信息提炼知识的基本原理。如前所说，事物的信息是事物本身关于自身运动状态及其变化方式的表述；事物的知识是认识主体关于事物运动状态及其变化规律的表述。因此从信息提炼知识的过程，就是"从具体现象到抽象规律"的归纳过程，即从同类事物的大量具体"状态变化方式"经过归纳处理，抽象出反映其中"状态变化规律"的过程。它的原理是信息在约束条件下通过归纳算法得到知识。当然，依据不同的问题和约束条件，具体的归纳和抽象算法会有所不同。但是，归纳和抽象的原则是普遍的。事实上，目前文献中关于数据挖掘中的各种算法都可以看作是归纳算法在各种不同情况下的具体实现。一般来说，事物的形式化知识可以从大量同类事物的语法信息归纳抽象出来，事物的内容性知识可以从大量同类事物的语义信息归纳抽象得到，事物的价值性知识则可以从大量同类事物的语用信息归纳抽象而成。

其实，"知识"有自己生长的过程。它的最初形态是经验，称为"经验性知识"。科学验证为真的经验性知识称为"规范性知识"，是知识生长的第 2 阶段。规范性知识经过普及成为"不证自明的公理"，称为"常识性知识"，是知识生长的第 3 阶段。当然，并非所有规范性知识最终都可以成为常识性知识；另一方面，那些"先天性的知识"也应归入常识性知识的范畴。知识理论的研究近几年受到越来越多的重视，正在取得可喜的进展。

7.5.3　从知识到智能策略（决策）

智能生成机制的第 3 个转换是由知识到策略的转换。由于策略比较集中地体现了求解问题的智能，因此也常常把它称为"智能策略"。当然，准确地说，完整的智能概念应当包含智能生成的过程以及智能应用的过程。所以，策略体现的其实只是狭义智能。

生成智能策略的重要条件是要具备相关问题及其环境的足够知识和信息，以及要有明确的目标，前者为生成智能策略提供必要的基础，后者为生成智能策略提供引导的方向。基础和方向两者缺一不可。可以认为，与其他问题不同，求解智能策略需要"目标导引"。没有目标，就谈不上智能。因此，生成智能策略的过程实质上就是在给定"问题及其环境的知识和信息以及求解目标的信息"的约束条件下求解问题的过程，其原理如图 7.4 所示。

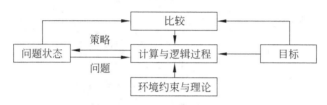

图 7.4　智能策略的生成

在图 7.4 中，智能策略的生成机制是：①按照问题、环境、目标的约束，根据相关理论知识，通过计算和逻辑处理产生初始策略；②把初始策略作用于问题，使问题的原有状态改变为新状态；③将问题的新状态与目标状态进行比较，如果新状态与目标之间的差异比原有状态与目标之间的差异小，就按照原有的计算与逻辑处理继续前进，产生策略的后续部分，直到问题最新状态与目标之间的差异足够小，表示问题得到了满意的解决。这时得到的策略就是既能满足环境约束，又能解决问题、达到预期目标的"智能策略"；④否则就要回到步骤①，在给定的知识和信息驱动下以及在目标的引导下改变原先的计算与逻辑处理，产生新的初始策略。

不过需要注意，在给定"问题-环境的知识和信息"的条件下，图 7.4 所示的这个求解过程可能有解，也可能无解，取决于设定的预期目标是否合理。如果出现无解的情形，就只能退而求其次：或者接受非最优解或满意解；或者需要修订原来设定的目标重新求解。有时预期目标本身是合理的，然而给定的"问题及其环境的知识和信息"不够充分，也会导致不满意的求解结果。在这种条件下就需要设法得到更充分的知识和信息，否则就只能接受非优的求解结果。一般给定"问题约束的知识和信息以及预设目标"之后，图 7.4 所示的求解智能策略方法原则上是可行的。不过，由于所利用的知识处于不同的生长阶段，这个一般性的原理将会有不同的具体实现方式。

生成求解问题的智能策略之后，后续的过程就是要执行这个智能策略，即把智能策略转换为智能行为，使实际问题得到真正的解决。从功能的意义上说，控制系统就是完成由智能策略到智能行为转换的技术系统。

7.5.4　机制主义小结

系统实施上述各个转换的结果，对于给定的问题-环境-目标，就可以正确地获取相关的

信息,这些信息则可以被提炼成为相应的知识(实现认知),进而在目标的引导下,这些信息和知识被激活成为解决问题、达到目标、满足约束的智能策略,显示出系统"认识问题和解决问题"的智能。因此,机制主义具有普遍意义。

机制主义认为,"信息-知识-智能转换"是智能生成的共性核心机制。尽管存在各种不同的智能生成过程,但是"信息-知识-智能转换"却是智能生成过程的共同主轴,差别主要表现为这些转换的具体实现方式的多样性。智能生成的共性核心机制可以用图7.5表示。

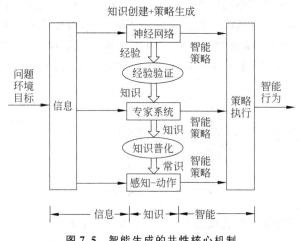

图 7.5　智能生成的共性核心机制

图7.5表明,结构主义方法(利用经验性知识的神经网络)、功能主义方法(利用规范性知识的专家系统方法)、行为主义方法(利用常识性知识的感知-动作系统方法)三者确实在机制主义(信息-知识-智能转换)框架下实现了完美的互补与统一。而且,结构主义方法获得的经验性知识经过验证就可以成为功能主义方法所需要的规范性知识,功能主义方法的规范性知识经过普及处理就可以成为行为主义方法所需要的常识性知识。

可见,在智能生成机制(机制主义)的统一框架体系下,结构主义(以人工神经网络为代表)、功能主义(以专家系统为代表)、行为主义(以感知动作系统为代表)三者之间并不存在"孰优孰劣"的分别;相反,它们之间构成了和谐分工互补的统一体。于是,"智能生成的共性机制——信息-知识-智能转换"就天然地成为了"人工智能和谐理论"的基础。"人工智能和谐理论"不仅有助于结束原来3种理论之间旷日持久的"孰优孰劣"之争,而且可以使人工智能的整体理论由此得到有效的深化和整合,为未来的发展提供新的基础以及新的研究途径。

7.6　一种新的科学观和方法论

钟义信教授的研究团队经过长期的研究发现,面对人工智能这类开放的复杂信息系统,发端于物质系统的"分而治之"方法论存在的主要问题是:把复杂信息系统分解为若干子系统的时候,丢失了各个子系统之间相互联系、相互作用的信息;而这些信息恰恰是开放复杂信息系统的活的灵魂和生命线;因此,按照"分而治之"方法论分别完成各个子系统的研究之后,却怎么也不可能通过对这些子系统的"拼装"恢复原有复杂信息系统的面貌和性质。这便明确宣告了传统的"分而治之"和机械的"还原论"方法论在开放的复杂信息系统研究领域的失效。

传统方法论失效的事实既令人沮丧,又令人振奋。这是因为,只有丢掉了对于传统科学观和方法论的幻想,才会促使我们不得不义无反顾并全力以赴地探寻新的科学观和探索新的方法论。"信息观、系统观、机制观的三位一体"才是人工智能这类开放复杂信息系统所需要的科学观,"基于信息转换的机制主义方法论"才是开放的复杂信息系统所需要的方法论。

(1) 关于"信息观"。由于"智能"系统(包括自然智能系统和人工智能系统)是以信息为主导特征的复杂系统,没有信息便不可能有智能,信息不同就可能导致系统的智能水平的不同。因此,信息的因素和信息转换的规律就成为智能系统的核心灵魂和整体命脉;而智能系统所涉及的物质因素和能量因素则只能看作是信息运动这个核心过程的支持性条件。于是,在研究和探索智能系统奥秘的时候,首先就应当抓住信息和信息转换的本质特征,而不应把物质结构和能量形式作为本质的特征。这是研究智能这类开放复杂信息系统与研究物质系统和能量系统的根本区别。

(2) 关于"系统观"。对于智能系统这类开放复杂的信息系统,必须保持信息的内涵的完整性和信息转换过程的系统性,这种信息内涵的完整性和信息转换过程的系统性是正确认识这类复杂信息系统的基本前提和根本保证。在这里,信息内涵的完整性就是指信息的形式(语法信息)、内容(语义信息)和价值(语用信息)的三位一体(全信息);而信息转换的系统性就是指信息转换在时空领域的整体规律。如果这种信息内涵的完整性和信息转换过程的整体性被"分而治之"方法所不恰当地肢解和割断,甚至被丢失,就势必会使信息系统的本性遭到破坏,并可能导致智能能力的丧失。

(3) 关于"机制观"。对于任何智能系统来说,"智能生成的机制"才是贯穿整个智能系统全局的灵魂和生命线;至于智能系统的"结构"和"功能",则都是为实现和保障智能生成的机制这个核心灵魂和生命线而服务的;而系统的"行为"则是智能生成机制所实现的结果表现。因此,"智能生成的机制"是比"系统的结构、功能和行为"更具本质意义的特征。抓住了智能生成的机制,才算真正抓住了智能系统的核心本质。

按照开放复杂信息系统的"信息观、系统观、机制观"的理念,智能系统(包括自然智能系统和人工智能系统)智能(其实也包括基础意识、情感等智能要素)生成的核心机制便是以全信息为基础的信息转换。于是,水到渠成,"信息转换"便成为智能系统这类开放复杂信息系统的基本方法论。

7.7　智能科学技术的应用前景

随着智能科学技术的发展,其应用领域日益广泛。下面从智能制造、游戏娱乐、天文计算、智能机器人和智能信息网络等几个领域的角度介绍智能科学技术的应用前景。

7.7.1　3D 打印

1984 年,3D 打印技术诞生,查尔斯·赫尔(Charles Hull,3D Systems 公司的创立者之一)发明了光固化技术——用数字化信息生成三维立体物体。该技术通过图片制作 3D 模

型,使得用户可以在大规模生产前对设计进行测试。3D 打印是添加剂制造技术的一种形式,在添加剂制造技术中三维对象是通过连续的物理层创建出来的。3D 打印相对于其他的添加剂制造技术而言,具有速度快、价格便宜、高易用性等优点。目前主流的 3D 打印技术有选择性激光烧结、三维打印、立体光固化成型法、熔融沉积造型、聚合物喷射技术。

3D 打印机就是可以"打印"出真实 3D 物体的一种设备,功能上与激光成型技术一样,采用分层加工、叠加成形,即通过逐层增加材料来生成 3D 实体,与传统的去除材料加工技术完全不同。称之为"打印机"是参照了其技术原理,因为分层加工的过程与喷墨打印十分相似。

3D 打印的步骤一般是先通过计算机建模软件建模,然后通过 SD 卡或者 U 盘复制到 3D 打印机中,进行打印设置后,打印机就可以把它们打印出来。3D 打印机的工作原理和传统打印机基本一样,都是由控制组件、机械组件、打印头、耗材和介质等架构组成的。

3D 打印与激光成型技术一样,采用了分层加工、叠加成型来完成 3D 实体打印。每一层的打印过程分为两步,首先在需要成型的区域喷洒一层特殊胶水,胶水液滴本身很小,且不易扩散。然后喷洒一层均匀的粉末,粉末遇到胶水会迅速固化黏结,而没有胶水的区域仍保持松散状态。这样在一层胶水一层粉末的交替下,实体模型将会被"打印"成型,打印完毕后只要扫除松散的粉末即可"刨"出模型,而剩余粉末还可循环利用。

3D 打印技术应用领域非常广泛,例如工业设计、建筑、工程和施工(AEC)、汽车、航空航天、牙科和医疗产业、教育等。下面以医疗和航天为例简要介绍其应用。

2012 年,荷兰医生和工程师们使用 3D 打印机打印出一个定制的下颚假体,然后移植到一位 83 岁的老太太身上。

2014 年 10 月 13 日,纽约长老会医院的埃米尔·巴查博士(Dr. Emile Bacha)医生使用 3D 打印的心脏救活一名 2 周大的婴儿。这名婴儿患有先天性心脏缺陷。在过去,这种类型的手术需要停掉心脏,将其打开并进行观察,然后在很短的时间内决定接下来应该做什么。但有了 3D 打印技术之后,巴查医生可以在手术之前制作出心脏的模型,然后决定在手术中到底应该做什么。这名婴儿原本需要进行三四次手术,而现在一次就够了,这名原本被认为寿命有限的婴儿可以过上正常的生活。巴查医生说,他使用了婴儿的 MRI 数据和 3D 打印技术制作了这个心脏模型(图 7.6)。整个制作过程共花费了数千美元,不过他预计制作价格会在未来降低。

图 7.6　3D 打印的心脏模型

2014 年 9 月底,NASA 使用 3D 技术制作成像望远镜,所有元件全部通过 3D 打印技术制造。NASA 也因此成为首家尝试使用 3D 打印技术制造整台仪器的机构。

2016 年 4 月 19 日,中国科学院重庆绿色智能技术研究院 3D 打印技术研究中心对外宣布,经过该院和中国科学院空间应用中心两年多的努力,并在法国波尔多完成抛物线失重飞行试验,国内首台空间在轨 3D 打印机宣告研制成功,如图 7.7 所示。这台 3D 打印机可打印的最大零部件尺寸达 200mm×130mm,它可以帮助宇航员在失重环境下自制所需的零件,大幅提高空间站实验的灵活性,减少空间站备品备件的种类与数量和运营成本,降低空间站对地面补给的依赖性。

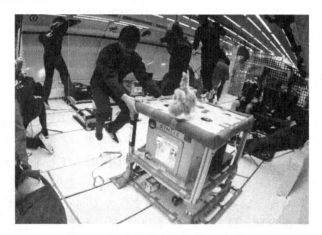

图 7.7 国内首台空间在轨 3D 打印机

7.7.2 围棋游戏

2016 年 1 月,Google 旗下的 DeepMind 公司在《自然》发表封面论文,介绍人工智能围棋程序——AlphaGo 的算法。[8] 论文同时宣布,AlphaGo 已于 2015 年 10 月完胜欧洲围棋冠军樊麾。2016 年 3 月,AlphaGo 迎战围棋界顶级高手李世石,以 4∶1 的比分完胜(图 7.8)。一棋激起千层浪。围棋的变化如恒河沙数,一直是人类最引以为豪的智力游戏,如今却被计算机智能程序无情地攻破。

图 7.8 AlphaGo 与李世石对弈

实际上,AlphaGo 主要用到的核心技术就是智能科学技术。具体说来,机器学习分为监督学习、无监督学习和强化学习,AlphaGo 就用到了其中的监督学习和强化学习。类似地,AlphaGo 用到了启发式搜索算法的一种——蒙特卡洛树搜索算法。这个算法在 AI 游戏系统里非常常见。另外,深度学习模型里的深度卷积神经网络和优化方法中的一阶方法一起构成了 AlphaGo 的核心组件。Google 通过其强大的计算平台(CPU/GPU 群)及工程师团队将上述技术完美地组成了 AlphaGo。

围棋本质上是一个计算和搜索类的游戏。其规则虽然简单,但组合变化繁多。如果用蛮力穷举,最先进的计算机也不能破解。AlphaGo 使用了两个不同的神经网络:一个"策略网络"负责评估落子选择,另一个"价值网络"负责评估局面胜算。前者减少搜索的广度,后者减少搜索的深度。这两个网络会同时被用在 AlphaGo 的蒙特卡洛搜索树算法中,得出下一步的最优解。AlphaGo 的设计者用历史上的高手棋谱训练 AlphaGo,同时还让 AlphaGo 自我对弈,双手互搏。经过三千多万对局的训练,才得以剑出江湖,挑战高手。

神经网络算法应用多层连接的网络节点,并赋予每个节点不同的参数权重来控制输出。神经网络通过大量的样本学习来不断调整每个节点的参数,学会给出"正确"的输出结果。虽然基础算法类似,针对不同的应用场景,需要开发不同的人工智能程序,并根据应用场景进行优化。每个程序只能做一件专项任务,如语音识别。一个程序不能胜任它的设计者在其设计范围之外的任何功能。这些人工智能程序更像人类的专项工具,是人类能力的延伸。

无论在围棋爱好者眼里如何神奇,AlphaGo 其实是一个弱人工智能的应用。和以往人工智能围棋程序不同的是,DeepMind 公司花了大量人力物力,根据围棋特性做了很多针对性的设计和优化。AlphaGo 能够战胜李世石是完全依靠它强大的运算能力和模仿能力,但本身并不具备人类拥有的智慧。面对新的规律、不确定性、更复杂的环境,机器的作用还是有限的。相反,围棋的规则和搜索空间是确定的,不具备任何的不确定性,这也是为什么在这种问题上机器打败人类实属正常。

7.7.3 天文计算

爱因斯坦在 1916 年的广义相对论中预言了引力波的存在,激发了近百年的猜测和无果的寻找。1992 年,美国开始建设一个巨大的激光干涉仪引力波探测器(Laser Interferometer Gravitational-Wave Observatory,LIGO)。2015 年 9 月 14 日,在中午 11 点前,引力波到达了地球。Marco Drago,一位 32 岁的意大利籍博士后学生,全球 LIGO 科学合作组织的成员,成为第一个注意到它们的人。Marco 当时坐在位于德国 Hannover 阿尔伯特·爱因斯坦研究所的电脑前,远程观看 LIGO 的数据。引力波出现在他的屏幕上,就像一个被压缩了的曲线,不过 LIGO 装置着全宇宙最精致的耳朵,可以听到千亿分之一英尺的振动,应该仿佛听到了被天文学家称为"啾啾叫"的声音——一声微弱的由低到高的呼叫。2016 年 1 月 LIGO 团队正式宣布那个信号即为历史上第一个直接观测到的引力波。[9]

LIGO 探测器由 10 个子系统组成,其中之一是数据和计算系统(DSC),LIGO 获取的数据不但包括激光干涉仪引力波探测器输出的数据,还包括各种独立的对探测器的环境和探测器设备状态进行监控的探测器和记录仪,对诸如温度、气压、风力、大雨、冰雹、地表震动、声响、电场、磁场等环境条件进行监测,以及对引力波探测器内部的平面镜和透镜的位置等探测器自身状态进行监测的数据。在数据获取方面,例如在 LIGO 汉福德天文台,DAQ 的 H1 和 H2 干涉仪记录共 12 733 个通道,其中 1279 个是快速通道(数字化速率为 2048Sa/s 或 16 384Sa/s)。升级的 LIGO 的设计为记录大于 300 000 个通道的数据采集,其中大约 3000 个快速通道。[10]

这是典型的大数据分析处理问题,需要强大的计算资源与先进的算法,才能有效处理如此巨大的数据量。一些人工智能技术被应用到 LIGO 的 DSC,例如 Einstein@home 项目(http://einsteinathome.org/)。该项目的长期目标是直接检测旋转中子星(脉冲中子星)的引力波发射,目前采用了分布式计算技术,即利用大众的计算机闲暇机时来搜寻较弱的引力波信号。这可以看作是一种众包技术,是群体智能技术的具体应用。

清华大学的曹军威研究团队探索了将人工智能技术应用到引力波数据噪声的分析中。[11]他们应用了随机森林算法、人工神经网络和支持向量机 3 种不同的算法来分析引力波数据道中的噪音,对引力波数据道上捕捉到的事件进行分类。

正如 MIT 校长就这次引力波发现致全校信中所说:"我们今天所庆祝的这项发现很好地体现了基础科学中的悖论:基础科学的研究是艰苦、严格且缓慢的——但与此同时,它也是激动人心的、革命性的和具有催化作用的。如果没有基础科学,我们最好的猜想将不能得到任何改进,而"创新"也只能是周围的边缘修修补补。只有随着基础科学的进步,社会也才能进步。"[12]对智能科学技术等学科而言,研究引力波大数据分析处理技术,是这些学科在基础自然科学研究领域的应用,因为天文大数据完全可以在全球范围内实现数据资源的公开和共享。

7.7.4　智能机器人和智能信息网络

钟义信教授在《高等人工智能》一书中指出,智能机器人和智能信息网络是智能技术在微观(局部空间)应用领域和宏观(全部空间)应用领域的两种实现形态,是人类智能的两种具体物化形态,具有无比广阔的应用空间和无比美好的应用前景:

- 在工业领域,如果智能机器人和智能信息网络成为了各种生产流水线(冶金、化工、电力、制造等耗能大户)的主力军,就可以通过各个生产环节和系统整体的"智能化"实现工业生产方式从工业时代到智能时代的彻底转变(这就是"经济发展方式的转变"),实现大幅度的资源和能源的节约,极大地降低废弃物的排放,避免环境污染和生态破坏,保障可持续的发展,而同时又可以大大改善工业产品的质量和效率,不断开辟能够满足人们日益增长的需求的工业产品新品种。

- 在农业领域,如果智能机器人和智能信息网络成为了农业生产的主力军(给每一台农业机械安装相应的传感器、人工智能芯片、控制器就可使每一台农业机械成为一个智能机器人;如果再使这些农业机械联网,就可以把它们变成多智能体系统),就可以大大提高农业生产的效率和质量,把农业领域的大量劳动力解放出来,经过培训教育充实到工业和服务业领域,从而大大缩小和逐渐消除工农差别和城乡差别。

- 在服务业领域,如果智能机器人和智能信息网络成为各种服务业的生力军(把智能机器人设计成为面向各种服务的"智能服务机器人",它们有不错的意识和智力,也有一定的情感),就可以把服务业的大量工作人员解放出来,让他们通过培训和学习

成为能够从事各行各业的创新工作者（这种创新工作是不可能由智能机器人替代的）。这样，不但可以大大提高服务业的质量和水平，而且将使全社会全民族成为创新性的社会和民族。

- 在国防领域，如果智能机器人和智能信息网络能够成为国防战线的生力军（完成各种侦察、信息传递与存储、信息处理、知识提炼、策略生成、策略执行的任务；并且通过大规模智能信息网络把全国武装力量组织成一个高度有机有序的智能化整体），就可以极大地改善武器装备的质量和性能，极大地提高部队的作战效率和水平，极大地提高部队的指挥能力和战斗力，极大地提升国家的安全和防御能力。

实际上，人们很难用枚举的方法来展现智能机器人和智能信息网络的应用。人们有充分的理由相信，智能机器人和智能信息网络的应用将是无时不在和无处不在的。智能机器人和智能信息网络不但可以作为有情感有理智的智能助手协助人类的工作，而且在那些不适合人类工作的场所（如高温、高压、真空、太空、深海、危险、有毒以及许多救灾抢险等场合）可以代替人类去从事认识世界和改造世界的活动，名副其实地发挥着"支持和扩展人类认识世界和改造世界的能力"的伟大作用。

由此，也在学术界引发了一场关于"人类与智能机器人类的关系：究竟谁主沉浮"的旷日持久的大讨论。具体来说，争论的由来和焦点是：通过人类的潜心研究，智能机器人和智能信息网络的能力越来越强；如果有朝一日以智能信息网络为背景的智能机器人群的能力超过了人类自身的能力，会不会出现智能机器人群统治人类其至淘汰人类的前景？

考虑到整个生物界"物竞天择，优胜劣汰"的自然法则，这显然是一个十分严肃的话题，也是一个严峻的课题。人们在努力促进智能技术发展的同时，确实也不能不考虑这些严峻的科学伦理和社会伦理的问题。

有鉴于此，国际机器人领域的学者们曾经为机器人的研究制定了明确的"戒律"，称为机器人的三大法则，即：

法则1，机器人不得伤害人类，或袖手旁观坐视人类受到伤害。

法则2，机器人必须服从人的命令，但不得违背第一法则。

法则3，在不违背第一和第二法则的前提下，机器人必须保护自己。

显然，这里所说的"机器人"是指"智能机器人"，特别是指"以智能信息网络为支撑的智能机器人"，因为普通机器人不可能对人类构成威胁。可以看出，国际机器人领域的学者不怀疑智能机器人的能力有朝一日会超过人类，所以才会产生"人类生存受到智能机器人类威胁"的担心。

其实，我们完全理解国际机器人领域学者们的担心。这是因为，智能机器人，特别是以智能信息网络为支撑的智能机器人，确实具有许许多多超越人类的本领，让人们不得不产生种种忧虑。具体来说，在人类拥有的三大能力类型中：

- 在体质能力方面，智能机器人拥有远比人类体质坚硬的身躯。
- 在体力能力方面，智能机器人拥有远比人类体力强大的力量。
- 在智力能力方面，智能机器人拥有远比人类高超的运算速度和精度。

然而，值得庆幸的是，智能机器人（即便是在智能信息网络支撑下的智能机器人）在智力能力的核心方面，也是最重要的方面——创造力，却不但不可能超越人类，而且根本不可能与人类的创造能力相提并论和同日而语。这是因为,如已多次指出的那样,智能机器人没有生命,没有自身追求的目的,没有自身创造的知识(智能机器人的目的和知识都是人类为它设置的),因此,不可能发现问题和定义问题(而发现问题是创造力的源泉);此外,人类赋予智能机器人的知识也天然地存在局限,智能机器人凭借这些知识去解决问题,它们在求解问题方面的创造力也不可避免地会受到限制。可见,智能机器人在发现问题和解决问题方面的创造力都不如人类。凭借坚硬的体质、强大的体力、高速度高精度的运算能力,仍然不可能对具有高度创造能力的人类造成生存的威胁。相反,人类却可以把智能信息网络支持下的智能机器人作为自己认识世界和优化世界的聪明助手,更好地认识和优化我们的世界。

如果从科学技术发展的根本规律——辅人律、拟人律和共生律来分析,那就可以得出更加明确的认识:

(1) 科学技术之所以会发生,根本原因是为了"辅人"的需要,否则,人类就根本不会创造科学技术。这就是科学技术的辅人律。

(2) 科学技术之所以会发展,根本原因是"辅人"的需求在不断地深化,因此,科学技术发展的根本的轨迹必然沿着"拟人"的路线前进。这就是科学技术的拟人律。

(3) 科学技术发展的结果,必然是以"拟人"的成果为"辅人"服务,因此,前景必然是"人为主、机为辅的人机共生合作"。这就是人与科学技术的共生律。

因此,正确的结论必然是:为了人类更好地生存和发展,人类应当积极和大力地发展智能科学技术,特别是高等人工智能科学技术。

7.8　本 章 小 结

智能系统是一类以信息为主导特征的开放性复杂信息系统,它与以物质和能量为主导特征的物质系统有着迥然不同的性质和运动规律。然而,人们所熟悉的传统科学观和方法论基本上是在近代物质科学研究过程中逐渐形成和发展起来的,它们已经不能完全适应智能科学技术研究的需要。人工智能的发展亟需新的科学观和方法论。

具体来说,近代形成和逐渐发展起来并曾在近几百年科学技术发展中发挥了巨大积极作用的"分而治之,各个击破"和"系统结构决定论(认为系统的结构是系统能力的决定性因素)"、"系统功能主导论(认为系统的功能是系统能力的主导因素)"以及"系统行为表现论(认为系统的行为是系统能力的主要表现方式)"等传统的科学观和方法论,已经不能完全适应智能科学技术研究的需要,因而在相当程度上制约了智能科学技术的发展,使智能科学技术经历了一段颇为复杂曲折的探索过程。

本章讲述了智能科学技术的发展历史和到目前出现的分支,首先通过介绍智能的历史引出智能发展的各个分支,然后分别介绍了结构主义、功能主义和行为主义的发展以及它们的代表作:神经网络、专家系统和感知-动作系统。最后把上述的3种主义统一到了机制主义的框架之下。通过本章学习,读者可以了解到智能科学技术各方面的发展现状,方便以后进行深入的学习和研究。

参 考 文 献

[1] 钟义信. 信息科学原理[M]. 3 版. 北京：北京邮电大学出版社, 2000.

[2] 钟义信. 高等人工智能：观念·方法·模型·理论[M]. 北京：科学出版社, 2014.

[3] 念君. 人工智能的历史[J]. 中国青年科技, 2003(11)：34-35.

[4] Simon Haykin. 神经网络与机器学习[M]. 3 版. 申富饶, 徐烨, 等译. 北京：机械工业出版社, 2011.

[5] 杰夫·霍金斯, 桑德拉·布拉克斯莉. 人工智能的未来[M]. 贺俊杰, 译. 西安：陕西科学技术出版社, 2006.

[6] 钟义信. 人工智能理论：从分离到统一的奥秘[J]. 北京邮电大学学报, 2006, 29(3)：53-55.

[7] 钟义信. 高等智能·机制主义·信息转换[J]. 北京邮电大学学报, 2010, 33(1)：19-21.

[8] Silver, David, et al. Mastering the game of Go with deep neural networks and tree search[J]. Nature, 529.7587 (2016)：484-489.

[9] B. P. Abbott, et al, Observation of Gravitational Wavesfrom a Binary Black Hole Merger, PRL 116, 061102 (2016).

[10] https://www. advancedligo. mit. edu/daq. html.

[11] R. Biswas, et al. Application of machine learning algorithms to the study of noise artifacts ingravitational-wave data[J]. Physical Review(D), 2013, 88(6), id. 062003.

[12] LIGO Open Science Center. Data release for event GW150914. https://losc. ligo. org/events/GW150914/.

思　考　题

1. 如何理解人类智能和人工智能？

2. 在智能科学技术中, 结构主义、功能主义和行为主义的主要特点是什么？

3. 描述"基于信息转换的机制主义方法论"的主要内容。

第8章　科学技术发展的展望

本章学习目标

- 了解科学技术发展的成果及负面影响。
- 思考并树立对待科学技术的正确态度。

经过漫长岁月的积累和发展,科学技术给我们带来了什么成果? 科学技术在帮助人类的同时是否也带来了很多负面的影响? 在将来,是机器人代替了大多数人的工作更好地为人类服务,还是像电影 *Matrix*(《黑客帝国》)所展现的那样——人类被机器人奴役? 科学技术究竟是带领人类走向美好的生活,还是将使人类坠入万劫不复的深渊? 本章将探讨这些问题。

8.1　科学技术的成果

正如邓小平所说"科学技术是第一生产力",随着科学技术的发展,科学技术所带来的成果就愈加凸显。科技成果极大地便利和丰富了人们的生活,科技的进步为人类创造了巨大的精神财富和物质财富,随着知识经济的到来,科学技术以其永无止境的发展及其无限的创造力必定继续为人类文明做出巨大的贡献。科学技术在各个领域显示出百花齐放、百家争鸣的景象,在各个领域都展示了重大的成果。

物理学领域的科技成果格外耀眼,自牛顿开始,物理学得到了巨大的发展并取得巨大的成就。在牛顿之前,哥白尼和伽利略对地心说发出了挑战,提出了日心说,虽然这个观点日后证明也是错的,但是我们不能否定他们对推动科学进步的意义;继而,牛顿发现了万有引力定律以及牛顿三定律,为近代物理学奠定了基础;在热力学领域,热力学第一定律和第二定律的发现奠定了热力学的理论基础;在电磁学领域,安培定律和法拉第的电磁转换的研究,以及麦克斯韦把电、磁、光等过去认为互不联系的现象统一起来,实现了经典物理学的第3次大的综合。在许许多多科学家的努力下,物理学看似建成了坚实完美的物理学大厦。正当物理学家踌躇满志,陶醉于对自然界的胜利之中时,物理学的天空出现了几片乌云:电子和放射性的发现以及黑体辐射和光电效应实验等工作与经典物理学发生了尖锐的矛盾,物理学开始面临危机。经过以爱因斯坦为代表的一批物理学家的努力,建立了相对论和量子力学,为现代物理学奠定了基石。特别是爱因斯坦方程($E=mc^2$)的提出,极大地影响了

人们对世界的认识。物理学朝着宏观的更大的宇宙和微观的更小的粒子探索。物理学的发展不仅仅体现在科学方面,它还极大地改善了人民的生活。瓦特发明蒸汽机,解放了生产力,以蒸汽为动力代替了人力、畜力和水力,提高了生产效率,带动了第一次科学技术革命。爱迪生发明电灯,克服以往照明工具的不足,可以适应很多场合并且很安全,为人民生活提供了便利,延长了劳动时间。核能的发明为未来的能源供应绘制了一幅美好的蓝图,可以改变当前燃煤所带来的环境问题。当然物理学给生活带来的改变远不止于此。

在生物学和医学领域也取得很多有意义的成果。早期盖伦和维萨留斯针对人体解剖进行研究,《人体结构》一书在许多方面都堪称优秀。达尔文在《物种起源》一书中提出生物进化论,特别是"物竞天择、适者生存"思想的提出,推翻了特创论等唯心主义形而上学在生物学中的统治地位,使生物学发生了革命性的变革;除了生物学外,他的理论对人类学、心理学及哲学的发展都有不容忽视的影响。琴纳通过种牛痘的方法达到了天花免疫的效果,使天花成为在世界范围内第一个被人类消灭的传染病。1928年英国细菌学家弗莱明首先发现了世界上第一种抗生素——青霉素,它能够破坏细菌的细胞壁并在细菌繁殖期杀菌,在"二战"中拯救了数万人的生命,被称为"二战"时最伟大的"救命药"。胰岛素的发现可以使糖尿病患者得到拯救。孟德尔通过豌豆实验发现了遗传规律、分离规律及自由组合规律,是遗传学的奠基人,被誉为现代遗传学之父。沃森和克里克的DNA双螺旋结构的发现和基因的本质的发现使人类掌握了"遗传密码"。1985年人类基因组计划的启动对人类和自然界未来必将产生重大的变革。当然生物学的成果远不止如此,我们只是列举出了几个具有代表意义的成果,它们都建立在大量默默无闻地为科学事业奋斗终生的科学家的工作之上,已经改变了或正在改变着我们的生活和我们所生活的世界。

在信息技术领域,虽然自第一台计算机ENIAC出现至今还不到80年的历史,但计算机作为20世纪最先进的科学技术发明之一,对人类的生产活动和社会生活产生了极其重要的影响,并以强大的生命力迅猛成长和发展。它的应用领域从最初的军事科研应用扩展到社会的各个领域,已形成了规模巨大的计算机产业,带动了全球范围的多个领域的技术进步,由此引发了深刻的社会变革,计算机已遍及银行、电力、交通等多个行业,进入寻常百姓家,成为信息社会中必不可少的工具。随着计算机的发展,计算机学科出现了很多分支,像系统与网络、理论与算法、人工智能、图形学与多媒体、信息安全和软件工程等,人工智能作为一个重要的分支,在机器人、语言识别、图像识别、自然语言处理和专家系统等方面做了大量的研究,取得了很多成果,并在实际生活中为人类做出了贡献,像一些拥有特殊功能的智能机器人、汽车自动导航系统、自动翻译系统等都已为人类服务,极大地改善了人类的生活。

人类进化学中有一种理论说,小狗这种宠物是从野兽进化而来的,几千年前狼群在人类聚集地的周围活动,逐渐开始熟悉了人类的意图和心情。随着时间的演化,它们的行为甚至是外观都变得不那么凶猛,更适应人类的情感,更具有共生性。这个时候,它们就变成了狗。其实,人类目前正在与另外一个"物种"共生在一起,和犬科动物相比,它更加危险也更有威力,这就是算法。百度和微信的内容是算法决定的,淘宝网、当当网和京东网的内容是算法决定的,优酷和乐视上的内容也是算法决定的。现在,某种算法可能通过你家里的恒温器正在控制室温。只要你和数字世界有交互,你就会与算法产生联系。我们需要确保这些代码系统了解我们的需求和意图,以便设计出能够体会人类感受且人性化的产品。在狗进化的同时,人类也在为了和小狗一起生活而进化,狗成为了人类生态系统的一部分。有证据表明狗和人类共同驱动了大脑处理过程的进化,例如血清素(一种神经传导物质)这样的化学物质。只要有足够的时间,算法可能也会对我们产生这种影响,改变我们思考的方式。(与小狗不同)算法可能不会在基因层面上改变我们,但是正在改变我们的行为。算法尤其擅长五件事情:快速执行重复的任务,在不同选择之间做逻辑判断,分析预测,评估历史数据,发现被忽视的环节。所有这些都是人类最不擅长的。例如,算法能够很出色地评估过往的事件和历史数据集合,以便改进对未来的预测,给出可能的行动建议。如今这个时代人类正在制造大量的数据,既有大型系统中的大规模数据,也有个人设备、量化自我的小规模数据,我们需要依靠算法来弄清楚这些数据意味着什么,数据的价值在哪里。

机器人(robot)在西方文字里是"奴隶"的意思,即人类的仆人。国际标准化组织曾经给它下过这样的定义:"一种可编程和多功能的操作机;或是为了执行不同的任务而具有可用计算机改变和可编程动作的专门系统。"钟义信教授在《高等人工智能》中提出,凡是拟人的机器系统都称为"机器人"。"拟人"是指各种各样机器人共同具有的本质特征,包括机器人在外部形象、工作方式、工作内容、工作复杂程度等方面的拟人。机械机器人是指没有学习应变能力的机器人,例如,人们非常熟悉的沿着固定路线搬运某种确定物件的机器人,为机械系统的部件连接而执行焊接操作的机器人等。自动型机器人是指具备简单感知思维执行功能的机器人,例如,人们经常见到的集成电路半自动打孔机器人,在工业生产流水线担当某部分局部工作的工业生产机器人,能够表演某种体操或舞蹈动作的娱乐机器人等。智能机器人是指不但有自己的"感知"功能和"执行"功能,还有自己的"学习"和"思维"功能的机器人,例如,陪伴老人幼儿的伴侣机器人,执行远程运输的军用机器人等。

以上仅列举出三个领域的科技成果,还有许多重要的领域没有谈及。例如,作为基础学科的数学其重要性毋庸置疑,还有化学和医学等都对人类认识世界和改造世界做出了重大贡献。随着科学技术的进步和学科交叉不断推进,它们的作用将会愈加凸显。总的来说,科学技术的发展改变了人类,改变了世界,改变了人类认识世界和改造世界的方式,推动了人类的进步和社会的发展。

8.2　科学技术所带来的问题

科学技术是一把双刃剑,对人类社会有积极的一面,也有消极的一面。正如恩格斯所说:"我们不要过分陶醉于我们人类对自然界的胜利,对于每一次这样的胜利,自然界都对我们进行了报复。"科学技术发展至今,这样的例子比比皆是。当我们在享受科学技术所带来的好处时,也必须面对它所带来的问题。

当谈到科学技术的负面影响时,原子弹这个名词经常会浮现在人们的脑海里。20世纪30年代初,纳粹德国开始迫害犹太人,爱因斯坦被纳粹列入要逮捕的犹太人名单,1932年他永远地离开了德国,移居美国并成为美国公民。1941年,日本偷袭了美国珍珠港,美国宣布参加第二次世界大战。一些科学家提议要先于纳粹德国制造出原子弹。费米、吉拉德等科学家担心德国法西斯可能首先研制成功原子弹,他们认为只有直接将建议交给罗斯福,才有可能尽快开始原子弹的研制工作,为了增加说服力,他们一致决定推举爱因斯坦

作为代表,爱因斯坦马上在科学家们的建议报告上署上了自己的名字。1941 年 12 月 6 日,美国正式制定了"曼哈顿"计划以研制原子弹,虽然爱因斯坦并没有参加曼哈顿计划,但是他著名的质能转换方程和在建议书上签字无疑对曼哈顿计划有重要作用。曼哈顿计划的负责人是 L. R. 格罗夫斯和 R. 奥本海默,虽然他们应用了系统工程的思路和方法,极大地缩短了工程所耗的时间,但是一直到纳粹德国战败,原子弹也没有试爆,直到德国投降后两个月,世界上第一颗原子弹才在新墨西哥州阿拉莫戈多的一片沙漠地带试验成功。此时第二次世界大战还没有结束,曾经给过美国巨大伤害的日本依然继续着侵略战争。1945 年 8 月 6 日和 9 日,美国分别在日本的广岛和长崎投下了原子弹。日本成为了世界上第一个也是到目前为止唯一被原子弹轰炸过的国家。当原子弹爆炸的蘑菇云在广岛和长崎上空升起的消息传到美国,很多科学家并没有那种应有的激动,而是陷入沉默,并对这种新武器进行深刻的反思。美国原子弹之父奥本海默当时就后悔地低头叹息:"人类制造出一种毁灭性的武器,这无疑打开了一个潘多拉魔盒。"他以后一直致力于原子能的国际控制与和平利用,反对美国率先制造氢弹。爱因斯坦也对原子弹的爆炸感到极度震惊。作为推动美国开始原子弹研究的第一人,爱因斯坦不无遗憾地说:"我现在最大的感想就是后悔,后悔当初不该给罗斯福总统写那封信。我当时是想把原子弹这一罪恶的杀人工具从疯子希特勒手里抢过来。想不到现在又将它送到另一个疯子手里……我们为什么要将几万无辜的男女老幼作为这个新炸弹的活靶子呢?"二战结束后,美苏冷战开始,两国研制了大量的核武器,足以把整个地球毁灭千百次。原子弹的影响不仅仅停留在过去,现在人们也处在原子弹阴影之中,美国和俄罗斯依然拥有摧毁地球的原子弹,越来越多的国家已经制造出原子弹或者掌握了相关技术,整个世界变得越来越危险。

与原子弹一样令人生畏的生化武器是一种以细菌、病毒、毒素等使人、动物、植物致病或死亡的物质材料制成的武器,是一种非人道的大规模杀伤性武器,对人类构成了巨大的威胁。臭名昭著的 731 部队就是二战时期日本在中国建立的生物武器研制机构之一,日军使用细菌武器杀害了大量中国军民。同样是科学技术发展的产物,生化武器给人类带来的是危险和灾难,有时科学技术的好与坏只在一念之间。

1928 年 9 月的一天,弗莱明在一间简陋的实验室里研究一种病菌——葡萄球菌。由于培养皿的盖子没有盖好,从窗口飘落进来一颗青霉孢子落到了培养细菌用的琼脂上。弗莱明惊讶地发现,青霉孢子周围的葡萄球菌消失了。他断定青霉会产生某种对葡萄球菌有害的物质,因此发明了神奇的抗菌药物青霉素。青霉素作为人类发明的第一种抗生素,在"二战"中挽救了大量的战士的生命,甚至被誉为"二战"时最伟大的"救命药"。然而形势看起来一片大好的情况下,殊不知其也有很多副作用。随着像青霉素一样的抗生素被滥用,很多细菌产生了抗药性,这些细菌不断繁殖,不断变异,就会产生一些令人类束手无策的细菌,会让更多的人因为病菌的感染无法医治而死亡。

以 8.1 节中提到的算法为例,伊安·博格斯特(Ian Bogost)曾经在《异类现象论》(*Alien Phenomenology*)中写道:我们不需要去其他星球寻找异类,它们正在以算法的形式生活在我们中间。算法不是人类,它们不懂得关心或反馈人类的意图和情感,除非能够像远古的狼一样进化,满足人类的需求。但是与狼群不同的是,算法没有几千年的进化时间。算法发展带来的问题和后果是严重的。2010 年美国股票市场的闪电崩盘就是个例子,算法导致某小型股票市场崩溃,几分钟内道琼斯指数就跌了 1000 点;2014 年的中国股票市场发生光大乌龙指事件,几分钟内中国上证指数上升了 1000 多点,也是算法问题造成的。可以想象同样的情况如果发生在电网或是无人驾驶汽车时的情景。这些以代码形式存在的异类,这些存在机器里的幽灵,正在变得比它们的造物主(人类)更不可思议。随着算法开始接管我们的关键系统,人类需要确保算法和小狗一样能够理解人类。只有这样,或许未来人类才会将算法看作最好的朋友。但是,我们有足够的信心吗?

再以 8.1 节中提到的机器人为例,直到最近,科幻领域才有了机器人权利的概念。或许是因为我们周围切实存在的机器人没有那些人情世故,所以没人会为丢掉的乐高机器人或遥控玩具车感到难过。然而,社交机器人的到来改变了这一切。麻省理工学院的研究员凯特·达琳(Kate Darling)说,它们就像宠物或类人动物一样有自主行为,还能传达动机。也就是说,它们给人感觉是有生命的,这能触动我们内心的情感。例如,广播节目广播实验室(Radiolab)在 2011 年进行了一个小试验,达琳的同事弗里德姆·贝尔德(Freedom Baird)要求孩子们将一个芭比娃娃、一只仓鼠和菲比机器人倒提着,直到他们觉得难受为止。孩子们很快就不再折磨那只蠕动着的仓鼠,随后也不再折磨菲比机器人了,尽管他们懂得菲比只是玩具,但无法忍受它哭喊“我害怕”的方式。达琳还举了一个被设计用于踩踏地雷去除其引信的军用机器人的例子。在一次测试中,爆炸炸毁了机器人的大部分腿部,然而跛腿的机器人仍坚持一瘸一拐地继续任务。据华盛顿邮报,看到挣扎着的机器人,负责人陆军上校因觉得“不人道”就取消了测试。一些研究人员认为,如果机器人给人感觉有生命,那么它任何体现思维的细微举动都会让我们对机器产生同理心,即使我们知道它们是人造的。欧洲的机器学家们在很多年前就认为有必要为机器人建立新式道德准则。他们认为要将作家艾萨克·阿西莫夫(Isaac Asimov)著名的“机器人定律”进行修改,以适应现时情况。他们增加的一条原则是:“设计出来的机器人不应具有欺骗性……他们应当表现出明显的机器本质。”达琳认为仅靠道德指引还不够,她说或许我们需要借助法律体系来保护“机器人权利”。达琳举出禁止虐待动物法作为先例:我们究竟为何要立法保护动物呢?仅仅是因为它们能感受到痛苦吗?如果真是这样的话,为何只有某些动物受到严格的法律保护,而其他的则没有?或许在将来的某一天,机器人最终获得感知自己存在的能力,机器人真的可以感受到痛苦——只是与我们的不一样罢了。为此,哲学家汤玛斯·梅辛革(Thomas Metzinger)认为我们应当完全放弃建造智能机器人的努力。梅辛革说,第一个有意识的机器人会像个迷茫、无自理能力的婴儿一样。如果机器人有基本的知觉,它能感知到自己的生命,能体验到痛感,把他们当作典型机器来对待的行为会是残忍的。“我们应当避免给宇宙增加痛苦的总量”,梅辛革如是说。

当然科学技术对人类的影响远不止如此:计算机的发明提供人类工作效率的同时,使部分人沉溺于计算机游戏;毒品最初是有效的治疗药物,最终被部分人吸食以致无法自拔;工业的发展为人类创造巨大财富的同时,破坏了我们的环境,二氧化碳的排放增强了温室效应,氟化物的排放破坏了能够阻挡紫外线的臭氧层。科学技术在给我们带来巨大便利的同时也带来了一些我们不得不面对的问题,我们应该怎么看待科学技术的发展呢?

8.3　对科学技术未来的思考

科学技术给我们带来巨大便利的同时也带来了诸多的问题,对于科学技术的未来发展,存在两种截然不同的观点:

一种观点认为,科学技术的发展会给人类带来更多的问题,例如艾滋病等疾病,以及原子弹或者生化武器等能够毁灭整个世界的武器。因此他们对科学技术的发展持反对态度,希望回到那种蓝天白云、刀耕火种、日出而作日落而息的原始生活状态,与自然和谐发展,敬畏大自然,感恩大自然。

而另外一些人则持相反的意见,他们认为人类应该主动认识世界,按照自己的意愿改造世界,并且相信科学技术的发展能给人类带来更好的生活。他们希望科学技术与大自然和人类协调发展,达到一种和谐的境界。

对于科学技术的发展,马克思认为,"科学是一种在历史上起推动作用的、革命的力量。"科技是生产力,是"历史发展的有力杠杆",是"最高意义上的革命力量"。这是人类历史发展的真实反映。但这种反映的正确性是具有社会历史时空条件的,它仅对于以近代科技为主要内容的科技发展来说才是正确的,对现代科技来说则需附加各种条件并重新阐述才能适用。恩格斯也曾对科技发展的前景充满了乐观主义预见,他在《自然辩证法》中论述上帝在不断地受到科学的排斥时说,"在科学的推进下,一支又一支部队放下武器,一座又一座堡垒投降,直到最后,自然界无边无沿的领域全都被科学征服,不再给造物主留下一点立足之地。"这种用科技"征服"自然的态度正是近代科技的核心价值观。当然恩格斯曾对人类滥用科技无限度征服自然提出警告,但这种警告仍然是以近代科技发展、科技发展对人类未来的积极作用、近代科技蕴含的价值观为基础的,因此它实质上并没有否定人类依仗科技对自然的征服态度。马克思和恩格斯关于科技发展和人类未来的设想基本上是乐观的,对科技的社会作用是肯定的。其局限性主要在于它是以科技对社会发展的正面作用为依据,实质上是把科技作为中性应用工具。因此,在马克思、恩格斯那里,科技问题实质上就是如何应用科技的问题,就是生产力问题。马克思的科技观的精华在于它是建立在人的自由全面发展理想这一价值支点上的,这是我们今天进一步思考科技问题的价值坐标之一。

科技发展到今天所造成的一切都是自然与历史的命运使然,具有"客观必然性"。如果认为环境污染、核大战的威胁、克隆技术等类似问题完全是偶然的事件,也就是说它们完全可以不出现于人类历史上,那么它们就没有资格成为理性思考的对象,探讨这些问题就失去了意义。在哲学本体论层面上,科技发展的正负面效果具有同样的性质,它们都是同一"命运"的展现。现代文明中的高楼大厦、飞机电脑等难道与核武器、克隆人具有不同的性质吗?实质上它们都是同一种技术逻辑的结果和表现。

我们要正确对待科学技术的双重作用,发挥其积极的作用,克服其消极的作用。既要反对唯科学主义又要反对反科学主义,要看到二者合理的方面,反对以偏概全。科技兴国是要发挥科学技术正面的社会价值特别是经济价值;可持续发展是要消除科学技术的社会应用所带来的负面影响,为科学技术与经济发展提出了约束条件。两者是有矛盾的。如何消除矛盾、协调两者的关系是世界各国面临的重大课题。发展已不能仅仅归结为经济的增长,因而对于科学技术的发展也不能仅看其对经济增长的贡献,更要看其是否有益于人与自然的协调、环境的改善乃至子孙后代的持续的发展。人类社会经济增长的模式、科学技术发展的模式必须改变。我们有理由坚信,只要人类合理地利用科学技术,人类的明天会越来越美好。

8.4　本 章 小 结

本章以物理学、生物学和医学领域、信息技术领域为例,阐述了科学技术的发展成果为人类认识世界和改造世界作出了重大贡献;又以原子弹、计算机算法和机器人等为例,描述了科技发展给人类带来的一些负面影响;最后,从辩证唯物主义角度对科学技术的未来发展趋势提出了建议。

参 考 文 献

[1] 雷·斯潘根贝格,黛安娜·莫泽.科学的旅程[M].郭奕玲,等译.北京:北京大学出版社,2008.
[2] 钟义信.高等人工智能[M].北京:科学出版社,2014.
[3] 曹天元.上帝掷骰子吗?——量子物理史话[M].北京:北京联合出版公司,2011.
[4] 姜明敏.浅析科学技术的负面影响[J].学理论,2009(28):23-51.
[5] 马克思,恩格斯.马克思恩格斯全集:第19卷[M].北京:人民出版社,1963.
[6] 马克思,恩格斯.马克思恩格斯全集:第4卷[M].北京:人民出版社,1995.
[7] 白新欢.科技发展与人类未来的思考[J].理论与现代化,2003(6):37-39.

思 考 题

1. 列举你喜欢的 3 个科技成果并阐述喜欢的原因。
2. 列举你认为当前亟需解决的科技发展带来的问题及其可能的解决方法。
3. 你认为当前哪些科技领域的发展是不适当的?